涡轮机械与推进系统出版项目
航空发动机技术出版工程

航空发动机室内整机试验

艾克波 吴志勇 等 编著

科学出版社
北京

内 容 介 绍

本书全面介绍航空发动机室内整机试验概述、试验类型、试验设备、试验流程、试验方法、测试方法、试验安全控制、试验结果分析与评定、试验常见问题及处理、先进试验测试技术的应用及发展等内容,提炼多年来航空发动机室内整机试验的经验,并对试验流程和试验方法等进行详细描述。

本书可作为航空发动机及燃气轮机等相关专业试验技术人员的参考书,也可作为高等院校航空发动机及燃气轮机相关专业的辅助教材。

图书在版编目(CIP)数据

航空发动机室内整机试验/艾克波等编著. —北京:
科学出版社,2022.12
航空发动机技术出版工程　国家出版基金项目
涡轮机械与推进系统出版项目
ISBN 978-7-03-074385-5

Ⅰ.①航… Ⅱ.①艾… Ⅲ.①航空发动机—整机—试验　Ⅳ.①V263.3

中国版本图书馆 CIP 数据核字(2022)第 246437 号

责任编辑:徐杨峰／责任校对:谭宏宇
责任印制:黄晓鸣／封面设计:殷　靓

科学出版社 出版
北京东黄城根北街 16 号
邮政编码:100717
http://www.sciencep.com

南京展望文化发展有限公司排版
上海颛辉印刷厂有限公司印刷
科学出版社发行　各地新华书店经销

*

2022 年 12 月第 一 版　开本:B5(720×1000)
2025 年 5 月第六次印刷　印张:16 1/4
字数:320 000
定价:130.00 元
(如有印装质量问题,我社负责调换)

涡轮机械与推进系统出版项目
顾问委员会

主任委员

张彦仲

委 员

(以姓名笔画为序)

尹泽勇　乐嘉陵　朱　荻　刘大响　杜善义
李应红　张　泽　张立同　张彦仲　陈十一
陈懋章　闻雪友　宣益民　徐建中

航空发动机技术出版工程
专家委员会

主任委员
曹建国

副主任委员
李方勇　尹泽勇

委　员
（以姓名笔画为序）

王之林　尹泽勇　甘晓华　向　巧　刘大响
孙　聪　李方勇　李宏新　杨　伟　杨　锐
吴光辉　吴希明　陈少洋　陈祥宝　陈懋章
赵振业　唐　斌　唐长红　曹建国　曹春晓

航空发动机技术出版工程
编写委员会

主任委员

尹泽勇

副主任委员

李应红　刘廷毅

委　员

（以姓名笔画为序）

丁水汀	王太明	王占学	王健平	尤延铖
尹泽勇	帅　永	宁　勇	朱俊强	向传国
刘　建	刘廷毅	杜朝辉	李应红	李建榕
杨　晖	杨鲁峰	吴文生	吴施志	吴联合
吴锦武	何国强	宋迎东	张　健	张玉金
张利明	陈保东	陈雪峰	叔　伟	周　明
郑　耀	夏峥嵘	徐超群	郭　昕	凌文辉
陶　智	崔海涛	曾海军	戴圣龙	

秘书组

组　长　朱大明
成　员　晏武英　沙绍智

航空发动机技术出版工程
试验系列
编写委员会

主 编

郭 昕

副主编

徐朋飞　艾克波　崔海涛

委 员

（以姓名笔画为序）

丁凯峰　王永明　王振华　王晓东　艾克波
江　平　吴法勇　张志学　陆海鹰　侯敏杰
姚　华　徐　国　徐友良　徐华胜　徐朋飞
郭　昕　崔海涛　梁宝逵

航空发动机室内整机试验
编写委员会

主 编

艾克波

副主编

吴志勇

委 员

（以姓名笔画为序）

韦海龙　艾克波　刘宏博　刘明春　吴志勇
邹植伟　贾宗芸　徐　斌　熊荆江　魏秀利

涡轮机械与推进系统出版项目
序

　　涡轮机械与推进系统涉及航空发动机、航天推进系统、燃气轮机等高端装备。其中每一种装备技术的突破都令国人激动、振奋,但是由于技术上的鸿沟,使得国人一直为之魂牵梦绕。对于所有从事该领域的工作者,如何跨越技术鸿沟,这是历史赋予的使命和挑战。

　　动力系统作为航空、航天、舰船和能源工业的"心脏",是一个国家科技、工业和国防实力的重要标志。我国也从最初的跟随仿制,向着独立设计制造发展。其中有些技术已与国外先进水平相当,但由于受到基础研究和条件等种种限制,在某些领域与世界先进水平仍有一定的差距。在此背景下,出版一套反映国际先进水平、体现国内最新研究成果的丛书,既切合国家发展战略,又有益于我国涡轮机械与推进系统基础研究和学术水平的提升。"涡轮机械与推进系统出版项目"主要涉及航空发动机、航天推进系统、燃气轮机以及相应的基础研究。图书种类分为专著、译著、教材和工具书等,内容包括领域内专家目前所应用的理论方法和取得的技术成果,也包括来自一线设计人员的实践成果。

　　"涡轮机械与推进系统出版项目"分为四个方向:航空发动机技术、航天推进技术、燃气轮机技术和基础研究。出版项目分别由科学出版社和浙江大学出版社出版。

　　出版项目凝结了国内外该领域科研与教学人员的智慧和成果,具有较强的系统性、实用性、前沿性,既可作为实际工作的指导用书,也可作为相关专业人员的参考用书。希望出版项目能够促进该领域的人才培养和技术发展,特别是为航空发动机及燃气轮机的研究提供借鉴。

张彦仲

2019 年 3 月

航空发动机技术出版工程

序

航空发动机被誉称为工业皇冠之明珠,实乃科技强国之重器。

几十年来,我国航空发动机技术、产品及产业经历了从无到有、从小到大的艰难发展历程,取得了显著成绩。在世界新一轮科技革命、产业变革同我国转变发展方式的历史交汇期,国家决策进一步大力加强航空发动机事业发展,产学研用各界无不为之振奋。

迄今,科学出版社于2019年、2024年两次申请国家出版基金,安排了"航空发动机技术出版工程",确为明智之举。

本出版工程旨在总结、推广近期及之前工作中工程、科研、教学的优秀成果,侧重于满足航空发动机工程技术人员的需求,尤其是从学生到工程师过渡阶段的需求,借此也为扩大我国航空发动机卓越工程师队伍略尽绵力。本出版工程包括设计、试验、基础与综合、前沿技术、制造、运营及服务保障六个系列,2019年启动的前三个系列近五十册任务已完成;后三个系列近三十册任务则于2024年启动。对于本出版工程,各级领导十分关注,专家委员会不时指导,编委会成员尽心尽力,出版社诸君敬业把关,各位作者更是日无暇晷、研教著述。同道中人共同努力,方使本出版工程得以顺利开展、如期完成。

希望本出版工程对我国航空发动机自主创新发展有所裨益。受能力及时间所限,当有疏误,恭请斧正。

2024年10月修订

前 言

本书是由中国航空发动机集团主持编撰的"航空发动机技术出版工程"试验系列之一。中国航空发动机集团湖南动力机械研究所为主编单位,中国航空发动机集团湖南动力机械研究所艾克波担任主编,中国航空发动机集团湖南动力机械研究所吴志勇担任副主编。

本书总结和提炼了作者多年来从事航空发动机室内整机试验的成果,对航空发动机室内整机试验类型、试验设备、试验流程、试验方法、测试方法、试验安全控制、试验结果分析与评定、试验常见问题及处理、先进试验测试技术的应用及发展等内容进行了系统阐述。

航空发动机是一种高温、高压、高转速的热力机械,其工作条件极其恶劣,现代高性能航空发动机采用了大量新技术、新结构、新材料和新工艺等,需要进行大量试验验证,因此发动机试验是航空发动机研制过程中的重要阶段,是完善和发展高可靠性、高耐久性、高经济性、高可维护性航空发动机的关键。以往,国内在航空发动机研制过程中更关注性能,致使航空发动机试验技术严重落后,航空发动机整机试验验证不够全面,导致发动机在装备后频繁出现故障,相关的安全性和可靠性问题逐渐暴露,造成了巨大的损失,使行业内对航空发动机整机试验重要性的认识得到了空前提高,推动了本书的编撰。另外,国内航空发动机设计规范一般只规定试验项目和要求,对试验的开展细则无明确规定,不能从操作层面做出指导,本书的编撰正好解决了这一问题。

全书共 10 章,第 1 章概述由吴志勇编撰,第 2 章试验类型由魏秀利编撰,第 3 章试验设备由邹植伟编撰,第 4 章试验流程由贾宗芸编撰,第 5 章试验方法由熊荆江编撰,第 6 章测试方法由徐斌编撰,第 7 章试验安全控制由韦海龙编撰,第 8 章试验结果分析与评定由刘明春编撰,第 9 章试验常见问题及处理由韦海龙编撰,第 10 章先进试验测试技术的应用及发展由刘宏博、徐斌编撰。中国航空发动机集团湖南动力机械研究所魏秀利、刘明春负责统稿,龙合良、吴伟力、贾宗芸对全书进行了审稿。

由于作者水平有限,书中不足之处在所难免,敬请读者批评指正。

作者
2022 年 5 月

目 录

涡轮机械与推进系统出版项目·序
航空发动机技术出版工程·序
前　言

第 1 章　概　　述

1.1　航空发动机室内整机试验概述 …………………………………… 001
1.2　国外相关概况 …………………………………………………… 003
1.3　国内相关概况 …………………………………………………… 005

第 2 章　试 验 类 型

2.1　初始飞行前规定试验 ……………………………………………… 006
　　2.1.1　试验项目 …………………………………………………… 006
　　2.1.2　主要试验项目特点 ………………………………………… 007
2.2　设计定型试验 …………………………………………………… 014
　　2.2.1　试验项目 …………………………………………………… 014
　　2.2.2　主要试验项目特点 ………………………………………… 015
2.3　生产定型试验 …………………………………………………… 020
　　2.3.1　试验项目 …………………………………………………… 020
　　2.3.2　主要试验项目特点 ………………………………………… 020
2.4　质量一致性检验 ………………………………………………… 021
2.5　适航审定试验 …………………………………………………… 021
　　2.5.1　试验项目 …………………………………………………… 021
　　2.5.2　主要试验项目特点 ………………………………………… 022
2.6　试验规范 ………………………………………………………… 024

2.6.1　军用规范 ………………………………………………… 024
　　　2.6.2　适航规章 ………………………………………………… 025
参考文献 ……………………………………………………………… 025

第3章　试　验　设　备

3.1　概述 ……………………………………………………………… 026
3.2　试车台分类 ……………………………………………………… 027
3.3　试车台功能与用途 ……………………………………………… 027
3.4　试车台选址原则 ………………………………………………… 028
3.5　试车台总体要求 ………………………………………………… 028
3.6　试车台基本组成 ………………………………………………… 029
　　　3.6.1　试车间 …………………………………………………… 029
　　　3.6.2　操纵间 …………………………………………………… 032
　　　3.6.3　测试间 …………………………………………………… 033
　　　3.6.4　燃油间 …………………………………………………… 034
　　　3.6.5　试车台台架 ……………………………………………… 034
　　　3.6.6　发动机工艺进气道 ……………………………………… 035
　　　3.6.7　发动机进气加温装置 …………………………………… 035
　　　3.6.8　典型试车台布置简图 …………………………………… 036

第4章　试　验　流　程

4.1　总体流程 ………………………………………………………… 038
　　　4.1.1　试验策划 ………………………………………………… 038
　　　4.1.2　试验设计 ………………………………………………… 039
　　　4.1.3　试验准备 ………………………………………………… 040
　　　4.1.4　试验实施 ………………………………………………… 041
　　　4.1.5　试验总结 ………………………………………………… 041
4.2　试车主要工艺流程要求 ………………………………………… 042
　　　4.2.1　发动机接收和安装 ……………………………………… 042
　　　4.2.2　发动机下台和交付 ……………………………………… 043
　　　4.2.3　发动机内部启封和假起动开车 ………………………… 044
　　　4.2.4　冷运转 …………………………………………………… 045

  4.2.5 起动 ·· 046
  4.2.6 磨合运转 ··· 047
  4.2.7 发动机加温和冷却运转 ·· 047
  4.2.8 发动机控制系统工作检查 ·· 048
  4.2.9 发动机稳态性能验证 ··· 050
  4.2.10 推力瞬变或功率变换检查 ·· 051
  4.2.11 发动机滑油系统工作检查 ·· 052
  4.2.12 发动机密封性检查 ·· 054
  4.2.13 停车 ·· 054
4.3 试验过程质量控制 ··· 055
  4.3.1 试验准备阶段质量控制 ··· 055
  4.3.2 试验实施阶段质量管理 ··· 056

第 5 章 试 验 方 法

5.1 初始飞行前规定试验 ·· 059
  5.1.1 持久试车 ·· 059
  5.1.2 高空试验 ·· 061
  5.1.3 结构试验 ·· 063
  5.1.4 发动机放热和滑油冷却试验 ·· 066
  5.1.5 发动机电源失效试验 ·· 067
  5.1.6 发动机振动测量试验 ·· 069
  5.1.7 飞机系统引气试验 ··· 069
  5.1.8 滑油中断试验 ·· 070
  5.1.9 起动扭矩测量试验 ··· 072
5.2 设计定型鉴定试验 ·· 073
  5.2.1 持久试车 ·· 073
  5.2.2 高空试验 ·· 074
  5.2.3 发动机环境和吞咽试验 ··· 076
  5.2.4 结构试验 ·· 094

第 6 章 测 试 方 法

6.1 测试需求综述 ··· 097

6.2 常规测试 ·· 100
 6.2.1 压力测试 ··· 100
 6.2.2 流量测试 ··· 110
 6.2.3 温度测试 ··· 118
 6.2.4 转速测试 ··· 127
 6.2.5 扭矩测试 ··· 131
 6.2.6 功率测试 ··· 135
 6.2.7 推力测试 ··· 140
 6.2.8 导叶角度测试 ··· 141
 6.2.9 脉动参数测试 ··· 143
 6.2.10 振动参数测试 ··· 152

6.3 特种测试 ·· 156
 6.3.1 动应力测试 ··· 156
 6.3.2 轴向力测试 ··· 158
 6.3.3 叶尖间隙测试 ··· 160
 6.3.4 特种测温技术 ··· 162
 6.3.5 内流场测试技术 ··· 167

6.4 测试系统集成 ··· 169
 6.4.1 测试系统集成技术简介 ·· 169
 6.4.2 测试系统硬件集成 ·· 170
 6.4.3 测试系统软件集成 ·· 171
 6.4.4 典型测试系统集成案例 ·· 174

第 7 章　试验安全控制

7.1 试验风险辨析与安全控制 ·· 177
 7.1.1 整机试验概述 ··· 177
 7.1.2 试验风险辨析 ··· 178
 7.1.3 安全控制 ··· 180

7.2 试验限制值及保护值 ··· 181
 7.2.1 发动机紧急停车(AM2) ··· 181
 7.2.2 发动机稳定 1 min 后停车(AM1) ································ 182
 7.2.3 动力涡轮转速限制范围 ·· 182
 7.2.4 发动机限制值 ··· 182

7.3 安全防护技术及方法 ·· 184
  7.3.1 试验技术 ··· 184
  7.3.2 试验方法 ··· 185
7.4 安全监控及应急处置 ·· 185
  7.4.1 安全监控 ··· 185
  7.4.2 应急处置 ··· 186

第8章　试验结果分析与评定

8.1 试验结果处理方法 ·· 188
  8.1.1 稳态数据处理 ··· 188
  8.1.2 动态数据处理 ··· 201
8.2 试验结果分析 ·· 203
  8.2.1 试验记录 ··· 203
  8.2.2 测量参数误差分析计算 ······································· 204
  8.2.3 试验结果主要性能参数分析 ··································· 212
  8.2.4 试验结果偏离及问题处理 ····································· 214
8.3 试验结果评定 ·· 214

第9章　试验常见问题及处理

9.1 点火不成功 ·· 217
9.2 不明情况的燃油、滑油泄漏 ·· 217
9.3 冷悬挂 ·· 218
9.4 热悬挂 ·· 218
9.5 喘振 ·· 219
9.6 起动过程中滑油压力无正向指示 ······································ 219
9.7 起动过程中转速和温度不上升 ·· 219
9.8 起动过程中尾喷管喷火 ·· 220
9.9 试验过程中滑油压力波动或降低 ······································ 220
9.10 试验过程中金属屑报警 ··· 220
9.11 发动机余转时间变长或变短 ··· 220
9.12 转速/温度/功率大范围波动 ··· 220
9.13 尾喷管喷出火星或不正常火舌并伴随异响和振动变化 ·········· 221

9.14 明显的燃油或滑油泄漏 ······ 221
9.15 试验时燃油压力波动 ······ 221
9.16 试验时振动值突变或超限 ······ 221
9.17 试验时数据采集系统死机 ······ 221
9.18 试验时测功器故障或保护停车 ······ 222
9.19 试验时设备故障 ······ 222
9.20 发动机自主起动和尾喷口起火 ······ 222
9.21 发动机达不到最大状态 ······ 222
9.22 发动机起动时超温或超转报警停车 ······ 223
9.23 涡桨发动机不能反桨 ······ 223
9.24 涡桨发动机桨轴抱死 ······ 223

第10章 先进试验测试技术的应用及发展

10.1 技术应用综述 ······ 224
    10.1.1 现状分析 ······ 224
    10.1.2 发展趋势 ······ 225
10.2 测试前端受感、传感技术 ······ 226
    10.2.1 先进发动机内流流场测试技术研究 ······ 227
    10.2.2 高温测试技术 ······ 227
10.3 特种测试技术 ······ 229
10.4 综合测试系统集成技术 ······ 231
10.5 先进试验测试技术发展展望 ······ 235

附录 典型试车台简介 ······ 237

第1章
概　述

1.1　航空发动机室内整机试验概述

　　自20世纪30年代以来,航空发动机技术的发展日新月异,取得了巨大进步,并呈现出继续加速发展的态势。以涡轮喷气式发动机技术为主线,战斗机的发动机发展了五代,推重比从2提高到11以上;军用和民用大涵道比涡扇发动机朝着高可靠性、高安全性、更经济、更清洁的方向发展;涡桨发动机性能、可靠性持续提高,耗油率持续降低,单位空气流量产生的功率由180 kW/(kg/s)提高到270 kW/(kg/s),耗油率由0.41 kg/(kW·h)下降至0.21 kg/(kW·h);高超声速飞行器动力和非传统新型发动机也在研究开发之中;利用航空发动机技术改型发展的舰船用燃气轮机和作为地面动力设施的燃气轮机得到了广泛应用。航空动力已形成军机、民机、燃机三足鼎立的格局,成为国防武器装备建设和国民经济发展的重要支柱和高科技战略性产业。

　　由于航空动力技术的复杂性和研制的高风险性,特别是工作范围的不断扩大和设计指标的日益提高,包括概念研究在内的航空动力发展的每个环节都离不开广泛而深入的研究与试验。据统计,一台航空发动机有数以万计的零部件,一种新型发动机研制工作一般需要进行10 000 h以上的整机试验,数千小时高空台模拟试验和飞行试验。尽管设计手段日趋成熟和进步,基于大量整机与部件试验数据的积累和计算机仿真与故障诊断技术的长足进步,使得设计更加优化、常规试验时数不断减少和试验效率不断提高,但飞机战技指标的日益增长使得发动机研制对试验(特别是新功能验证和考核的试验)需求有增无减。例如,据英国《防务新闻》2007年5月11日报道,以经过数千小时飞行验证的F119核心机为基础发展的F135发动机,已进行累计超过7 400 h的研制和验证地面试验,这还不包括F-35计划概念验证阶段试验累计的3 600 h。可见,发动机设计技术和手段的进步,尽管对常规试验的需求有所下降,但对总的试验需求不降反升。

　　一般来说,按照试验项目分类,航空发动机整机试验主要分为以下类别:

1) 基本性能试验

基本性能试验包括基本性能调试试验（常规、矢量、变循环、垂直起降）、各部件性能匹配优化试验、节流特性试验、发动机过渡态试验（加减速特性）、进气道/发动机相容性试验、发动机工作稳定性试验等。

2) 基本功能试验

基本功能试验包括发动机起动试验、发动机防冰试验、发动机功率提取试验、发动机引气试验、发动机电器加载试验、发动机反推和矢量推进装置试验、发动机燃油加温试验（满足主燃油泵进口温度要求）、发动机控制及调节系统适应性/匹配性试验等。

3) 发动机可靠性试验

发动机可靠性试验包括发动机低循环疲劳试验、发动机振动测量试验和应力特性试验（核心机）、发动机转子结构完整性试验、发动机滑油中断试验、发动机飞行姿态试验、发动机电源失效试验、发动机起动扭矩试验、发动机超温/超转试验、发动机包容性试验、发动机机动载荷模拟试验（发动机陀螺力矩试验）、发动机新材料应用试验等。

4) 发动机环境试验

发动机环境试验包括发动机结冰试验、发动机腐蚀敏感性试验、发动机吞鸟试验、发动机吞冰（冰块、冰雹、冰风暴）试验、发动机外物（机械硬件）损伤试验、发动机吞砂试验、发动机吞水试验、发动机吞烟试验（武器排烟）、发动机侧风试验、发动机排气污染试验、发动机地面效应试验等。

5) 生存能力试验

生存能力试验包括雷达横截面测量试验、红外辐射试验、电磁干扰试验、核辐射试验、发动机噪声水平试验等。

开展上述试验主要有四大类别的试验设施：地面室内整机试车台、高空模拟试车台、露天试车台和飞行试车台。其中，发展最早、应用最广泛、试验时数占比最大的是地面室内整机试车台。

航空发动机地面室内整机试车台作为航空发动机整机试验的主要试验设施，一般布置在室内，并且采取了满足噪声控制要求的特殊措施，因而其试验不受大气条件的影响和限制，而且对周边环境影响较小。与高空模拟试车台、露天试车台、飞行试车台等相比，地面室内整机试车台可以满足航空发动机科研、生产的大多数试验需要，具有建设和运行成本低、可用运行时间长、试验改装灵活程度高等诸多优点，因此广泛装备于航空发动机研究所、生产厂等。地面室内整机试车台承担的任务多、适用范围广，其应用范围从单项技术验证、验证机研制到型号定型，再到服役发动机排故与改进改型的全产品生命周期，应用领域涉及所有类别和型号的发动机。

1.2 国外相关概况

美国、俄罗斯、英国、法国等航空发达国家,为了持续提高民机适航能力和军机作战威力,一直致力于功能完备的试验研究、测试手段的建设和试验测试技术的研究。功能强大的零部件与整机试验手段和先进的试验与测试技术的拥有,确保了其在发动机研制方面特别是超声速飞行与机动性能研究方面的领先地位。这些国家正是在注重航空发动机理论研究的同时,重视试验和测试技术的同步发展,促进了航空发动机日新月异的发展,同时垄断了航空发动机这个巨大的高科技市场,使这些国家相比其他国家具有政治、经济和军事的突出优势。

燃气涡轮发动机作为航空飞行器的主动力,其研究和发展是一个"设计—制造—试验—修改设计—再制造—再试验"的反复迭代过程。国外航空发动机试验技术经历了以性能试验、适应性试验、耐久性试验为特征的前三个阶段,20 世纪 70 年代后开始进入数值仿真与实物试验紧密结合的第四个阶段。针对不同阶段的要求建设试验设备,并不断补充、扩建、更新测试技术。目前,发达国家研制航空发动机的特点:一是研制手段齐全、设备配套、试验设备能力适应范围广,为发动机研制技术的进步留有一定的发展空间;二是规模大、投资多、考虑全面,研制能力相当强大;三是随着发动机技术的发展,不断地扩建、改建和增建试验设备,提高设备能力,扩大其适应范围,特别是应用信息技术不断更新和提高测试手段、试验数据采集处理能力和自动化控制水平。例如,通用电气公司、普拉特·惠特尼集团公司、罗尔斯·罗伊斯公司等都拥有几十年甚至上百年的经验,借助计算机技术的发展,发展了能全面考核发动机和验证设计技术的试验设备与试验测试技术,而且在现有试验测试技术体系的基础上不断积极探索先进的试验测试方法。

随着微电子技术、传感器技术、光电测量技术、计算机技术、仿真技术、网络技术的迅速发展,航空发动机测试技术水平不断提高,主要表现在:非接触式传感技术、激光与光纤技术、薄膜传感技术等有了较大发展,以计算机为中心的集散式实时数据采集、处理与控制系统日趋完善,动态测试、信号处理与试验测试数据库技术有了较大进步。

适应飞机动力需要更优越的性能、更可靠的工作、更高的机动性、更低的成本与使用维护费用要求,围绕发动机研制的试验与测试研究呈现以下显著的发展趋势。

1) 数字化试验技术发展迅猛

随着计算机技术和数字化技术的不断发展,特别是发动机研制与试验研究的日积月累,数字化技术在高风险的发动机试验研究领域得到了积极应用和深度拓展。几乎在计算流体力学发展的同时,航空发动机数字化试验技术开始发展。航空发动机数字化试验技术可以替代相当一部分航空发动机试验,降低试验成本,而且可以消除受试验设备能力限制而难以达到的或付出太高代价才能进行的具有很大危险性的试验状态等。数字化试验技术可以优化真实试验(实物试验)方案,培训试验操作人员,监控整个试验过程,实时判断航空发动机试验的有效性,辅助航空发动机试验数据的处理,从而提高航空发动机试验数据的质量和试验效率,缩短试验周期。据估计,该计划将使发动机的研制时间和成本减少 25% ~ 40%。数字化试验技术在高性能航空动力研制试验中的应用越来越广泛,而且呈日益深化发展和与试验研究融汇发展的趋势。

2) 智能化、综合化和集成化发展迅速

航空推进系统是一个知识和技术高度密集型的大学科跨度产品,具有难度大、投入多、周期长、风险高等显著特点,因此综合试验是航空动力研制和先进航空推进技术研究必不可少的最有效保障手段。发达国家已经建成了较为完善的航空推进系统综合试验技术体系,在第四代战斗机动力和大型民机动力的全寿命过程中纵向集成了试验与测试的体制,实现了试验自动化。国内的试验手段更新和技术研究基本上依附于科研生产,其通用化和自动化水平远落后于美国等发达国家,在相当程度上影响了我国高性能航空产品的研发进程,加剧了航空动力"瓶颈"的形成及其影响。试验技术的研究对先进航空推进关键技术的机理认识和重点攻关具有直接推动作用。

为了更深入地了解和掌握发动机的真实工作情况,为设计和修改设计提供准确可靠的依据,发动机试验要求越来越多、越来越全、越来越高。因此,测试参数越来越多,测点容量、测量速度和测量精度越来越高,测量参数范围越来越宽,测量环境越来越恶劣,常规测量越来越难以满足需求;非接触式、特种测试技术的快速发展解决了对测量参数的"扰动"和对发动机结构的"破坏";电子和计算机技术的广泛应用,使数据采集和处理的速度越来越快;测试设备更加智能化、更加精准,更新换代速度越来越快。虽然国外 20 世纪五六十年代建设的许多试验设备尚能满足试验要求而仍在使用中,但其测试设备平均 3~4 年就要更换一次,并难以做到试验数据自动采集、实时处理以及试验过程的自动化控制。

3) 故障诊断与健康管理促进试验安全

高性能航空发动机结构复杂,而且工作在高温、高压、高应力及高交变载荷的苛刻条件之下,因此目前的设计、生产、维护和工艺材料还不能充分满足发动机使用中对可靠性、耐久性和维修性的要求,不能确保试验的安全性和可靠性。为了有效降低发动机在研制试验与使用过程中的风险,充分利用以往多型号发动机试验研究与使用维护中积累的成熟经验,降低试验与使用成本,需要开发功能强大的发动机监控系统(engine monitoring system,EMS)和故障诊断系统、状态监控与性能分析软件系统等专家系统,以确定发动机的技术状态和健康状况,有利于进行趋势分析和风险分析;缩短试验周期、节省试验费用,促进试验方式由定期试验检查向视情试验检查发展;能够根据试验情况分析和确定发动机自身的薄弱环节,为设计改进和使用维护提供技术支持。

4) 大数据驱动的航空发动机试验应用日益受到重视

航空发动机试验数据库的设计和开发是发动机设计、试验和使用维护中的一个重要课题。一方面,随着发动机性能、可靠性和操纵性水平的提高,试验工作日趋复杂,数据量也日趋庞大,对试验研究和试验数据管理的要求也日益提高;另一方面,试验数据与试验信息是发动机试验中的宝贵资源,对发动机设计、验证和改进改型,以及发动机试验专家诊断系统的建立和数值仿真都有十分重要的意义。因而,试验数据库的开发和应用研究在现代发动机试验和研制中日益受到重视。

1.3 国内相关概况

地面室内整机试车台一般分为三类:涡喷涡扇发动机整机试车台、涡轴/涡桨发动机整机试车台和辅助动力装置(auxiliary power unit, APU)整机试车台。目前,国内航空发动机试车台主要建设在中国航空发动机集团沈阳发动机研究所、中国航空发动机集团湖南动力机械研究所、中国航空发动机集团涡轮院、中国航空发动机集团贵阳发动机设计研究所、中国航发商用航空发动机有限责任公司等研制机构和相关批生产厂。

在发动机研制过程中,地面室内整机试车台主要承担发动机技术研究验证整机试验任务、型号设计调整整机试验任务以及 GJB 241A—2010《航空涡轮喷气和涡轮风扇发动机通用规范》、GJB 242A—2018《航空涡轮螺桨和涡轮轴发动机通用规范》、CCAR-33-R2《航空发动机适航规定》、相应型号规范等文件规定的部分鉴定试验任务。另外,在地面室内整机试车台上还能够进行核心机试验、叶尖间隙检测、进气温度调节、发动机气动稳定性检查等特种试验。

从地面整机试验专业试验内容的完整性来看,国内基本具备了较完整的试验研究能力。通过总结提炼,在参考国外相关标准规范的基础上,各研制机构和相关批生产厂形成了一批军用航空发动机试验测试技术方面的国家军用标准、行业标准和企业标准,基本建成了在役、在研、预研航空发动机的试验技术标准体系。但与发达国家相比,差距较为明显,主要体现在以下方面:

(1) 试验基础技术薄弱,部分生存能力方面的试验及其技术研究开展明显不足;

(2) 智能化技术起步较晚,试验数据分散管理,缺少智能挖掘技术,自动化程度相对较低;

(3) 故障诊断技术基本处于空白,在协同试验方面也有待进一步提高。

第 2 章
试验类型

航空发动机整机试验项目多,周期长,各种整机试验贯穿于发动机研究、研制、生产和使用发展全寿命期的各个过程,是耗时最长、投入经费最多的环节,也是一项基础性和多学科综合应用技术。航空发动机整机试验所包含的内容广泛,对其试验最终目的和试验阶段来说,可分为研究与探索性试验、调整试验、国家鉴定试验等。

(1) 研究与探索性试验主要是验证发动机的设计理论、结构、概念的正确性,研究发动机的通用特性,研究发展和使用中的特定问题。

(2) 调整试验是发动机在研制过程中为了验证发动机性能、功能、寿命等是否达到设计要求而进行的试验,主要包括:改进发动机的工作过程和调节系统以达到所要求的参数;修改发动机结构、材料,并改进工艺,以保证发动机的性能、强度和可靠性等。

(3) 国家鉴定试验是型号发动机为了取得合格证或适航许可证,按照国家军用标准通用规范或者民用适航标准规定的项目、程序和要求进行的考核试验。军用发动机鉴定试验包括初始飞行前规定试验、设计定型试验、生产定型试验、质量一致性检验;民用发动机适航审定试验包含耐久性试验、结构试验、环境和吞咽试验等项目。

本章主要对国家鉴定试验涉及的主要项目和特点进行介绍。

2.1 初始飞行前规定试验

初始飞行前规定试验是在发动机初始飞行前必须进行的试验项目,目的是提供发动机初始飞行试验用的有限性能和耐久性,以评定发动机在飞行包线指定区域内的安全飞行能力。在初始飞行前的试验阶段应达到飞行试验要求的寿命和耐久性,以确保发动机飞行期间结构安全。如果发动机圆满地完成了所有飞行前规定试验,使用部门同意了飞行前规定试验的全部试验报告和分析,则允许发动机进行飞行试验。

2.1.1 试验项目

初始飞行前规定试验的试验项目如下:

(1) 初始飞行前持久试车；
(2) 发动机附件试验；
(3) 高空试验；
(4) 结构试验；
(5) 发动机放热和滑油冷却；
(6) 电源/光源失效试验；
(7) 发动机振动测量试验；
(8) 飞机系统引气试验；
(9) 滑油中断试验；
(10) 起动扭矩测量试验；
(11) 材料腐蚀试验；
(12) 负扭矩载荷试验；
(13) 修正系数的验证；
(14) 电磁环境效应试验；
(15) 发动机重量质心验证；
(16) 保障性评估；
(17) 可靠性评估；
(18) 维修性验证/评估；
(19) 测试性验证/评估；
(20) 安全性评估；
(21) 寿命(耐久性)评估。

国家军用标准通用规范规定的飞行前规定试验共21项,前15项均需要进行试验验证,后6项(即保障性评估、可靠性评估、维修性验证/评估、测试性验证/评估、安全性评估以及寿命(耐久性)评估)通过有关科研试验和相关设计等进行综合分析评估[1,2]。

2.1.2 主要试验项目特点

1. 初始飞行前持久试车

初始飞行前持久试车是为了评定发动机性能、耐久性、可操纵性等能否满足初始飞行试验需要,是评定发动机初始飞行试验工作能力的重要依据。在初始飞行前试验阶段应试验到飞行试验要求的寿命,验证其耐久性,以确保发动机飞行期间结构上的安全。涡喷涡扇发动机和涡轴涡桨发动机初始飞行前持久试车的程序和要求有较大区别。

对于涡喷涡扇发动机按GJB 241A—2010《航空涡轮喷气和涡轮风扇发动机通用规范》的规定[1],初始飞行前持久试车是由与飞行任务有关的至少60 h持久试车程序以及前后各连续 5 h 的阶梯/遭遇试车程序组成,有效试车时间共计 70 h。阶梯/遭遇试车程序是规定好的,包括两个 1 h 的转速递增循环、1 h 的遭遇运转和两个 1 h 的转速递减循环。60 h 加速模拟飞行任务持久试车,与设计定型阶段持久试车中的 300 h 加速模拟飞行任务持久试车、生产定型阶段的 1 000 h 加速模拟飞行任务持久试车的试车循环一样,只是试车时间不一样。

考虑到现实情况,在发动机研制阶段制定加速模拟飞行任务持久试车循环可能存在困难,飞行前规定持久试车中的与飞行任务有关的程序也可以根据初始飞行阶段飞机预期的飞行任务和飞行包线来制定。60 h 持久试车的试车时间是模拟发动机在设计定型前飞行试验大状态工作时数和当量循环数的 2 倍,也就是说模拟的大状态工作时数和当量循环数应该是发动机试飞期间实际使用值的 2 倍。另外,为了验证发动机温度极限中的温度裕度,要求在中间推力状态和中间推力以上的状态,发动机控制系统在规定的进口温度和压力状态,将第一级涡轮转子进口燃气温度调整到至少等于发动机温度极限所规定的最高允许稳态燃气温度再加 30℃。

飞行前规定试验持久试车的起动次数至少达到 100 次,包括 10 次假起动和 10 次再起动,具体起动次数根据试飞预计。在试车中还规定了如附件安装座和功率分出装置要施加规定的载荷和悬臂力矩;整个试车要有最大允许的飞机引气;防冰系统、点火系统则只要模拟规定的飞行任务操作;尾喷管、进气道和引气等连接界面处要分别加有规定的最大允许载荷;燃油进口压力保持在规定的最低值等条件,这些条件是为了使试车比较符合实际使用,以便较真实(或严格)地评定本阶段所需寿命、性能保持和可操纵性要求。在试车合格判据中,有关性能的要求有两个:一是重新校准期间,不调整发动机,对于中间状态和最大状态的油门杆位置,发动机推力不小于初始校准值的 95%,单位燃油消耗率不大于初始校准值的 105%;二是重新校准期间,调整发动机,对应初始校准期间同一推力值,单位燃油消耗率不大于初始校准值的 105%。这样要求是为了保证发动机使用到该阶段的最后,其性能仍应满足飞行任务要求,这也与发动机性能衰减要求相一致。

对于涡轴涡桨发动机,按 GJB 242A—2018《航空涡轮螺桨和涡轮轴发动机通用规范》的规定,飞行前持久试车程序包括 10 个阶段,每个阶段 6 h。每个阶段的程序是规定的,与飞行任务并不相关。飞行前规定试验持久试车的起动次数至少达到 100 次,包括 10 次假起动和 10 次再起动。若发动机有应急功率状态,还应经受 1 次应急持久运转。对于并装发动机,持久试车应增加两个阶段。在试车条件中也与涡喷涡扇一样规定了如温度极限、最大引气、附件安装座和功率分出装置要施加规定的载荷和悬臂力矩等要求。

2. 结构试验

初始飞行前在整机进行的结构试验包括低循环疲劳试验、超转试验、超温试验、超扭试验、姿态试验、发动机压力平衡试验、发动机放热和滑油冷却。

1) 低循环疲劳试验

低循环疲劳试验的目的是验证发动机结构可靠性,保证在初始飞行期间发动机的低循环疲劳寿命具有一定储备。低循环疲劳试验的时间至少为要求的初始飞行时间的2倍。在进行整机低循环疲劳试验之前,应在试验器上进行关键件的低循环疲劳试验,具体试验件数量和试验时数应在型号规范中进行规定。

飞行前规定试验阶段对低循环疲劳试验的要求与定型阶段是不同的,这个试验仅为保证首飞安全。

低循环疲劳试验应体现离心力、压力和气动力引起的应变,以及热应变的全部影响。在各种功率状态下停留的时间应足够长,以达到相当于使飞行任务循环中出现的应变能达到稳定的状态。低循环疲劳试验完成后,在部件检查中发现的裂纹尺寸必须在限制值以内。

GJB 241A—2010《航空涡轮喷气和涡轮风扇发动机通用规范》在初始飞行前试验中对低循环疲劳试验没有专门的试验要求,其低循环疲劳寿命的考核是结合在持久试车中进行的。

2) 超转试验

超转试验是一项转子结构完整性试验,验证当发动机控制系统失灵、主轴承或润滑系统故障引起轴的断裂和松脱或由其他非正常原因引起的超转时,发动机的转速极限裕度。

试验要求在最大允许涡轮温度或第一级涡轮转子进口燃气温度限制值下,发动机转子转速至少为115%的稳态最高允许转速,涡轮和压气机转子应至少稳定工作5 min。

超转试验应在发动机整机试车台上进行,考虑到国内的实际情况,也可在试验器上进行。当在试验器上进行超转试验时,试验温度参考最严酷的温度场(如最大热负荷状态)给出盘心(内孔)温度、辐板温度、轮缘温度等,并应在盘上装叶片或配重块进行试验。试验后零、组件尺寸在允许的限制值内,且没有出现即将破坏的迹象,即认为试验圆满完成。

3) 超温试验

超温试验的目的是验证发动机在控制系统失灵或其他异常情况导致出现超温时,发动机的温度极限裕度。试验要求发动机在超过第一级涡轮转子进口稳态最高允许燃气温度45℃、不低于稳态最高允许转速下至少工作5 min。

用于超温试验的发动机转子应是完成超转试验或同一台发动机。超温试验需要对发动机进行必要的改装和调整,主要包括调整压气机导叶角度、调整喷口面积、调整涡轮导向器面积、压气机后放气等。

在进行超温试验后,零件和组件的尺寸在允许极限内,且没有出现即将失效的迹象,即认为试验圆满完成。

4) 超扭试验

超扭试验是 GJB 242A—2018《航空涡轮螺桨和涡轮轴发动机通用规范》中对涡轴涡桨发动机要求的一项转子结构完整性试验项目,涡轴涡桨发动机以输出功率为主,超扭试验验证发动机的功率输出传动链的安全裕度。

超扭试验要求带有动力涡轮的发动机应在最大允许稳态扭矩极限值(机械的)不低于扭矩规定值 120% 下工作 15 min。试验可分阶段进行,每阶段至少进行 2.5 min,涡轮进口燃气温度等于最高允许稳态温度。

试验可在整机上作为持久试验的一部分进行,也可在部件试验器上进行。试验后发动机或其单元体分解后的状态仍可继续正常运行,即认为试验圆满完成。

5) 姿态试验

姿态试验是验证发动机工作姿态和工作条件,以及在这些工作姿态和工作条件下润滑系统性能要求的一项试验。当发动机滑油箱内油量高于规定的"不可用"油量时,分别在发动机给定的姿态包线空白区的 6 个试验点起动发动机,并在中间功率状态至少工作 30 min,分别在姿态包线阴影区的两个试验点以中间功率至少工作 30 s。要求发动机在空白区的边缘姿态能连续正常工作,在阴影区的边缘姿态能瞬时工作。发动机姿态极限如图 2.1 所示。

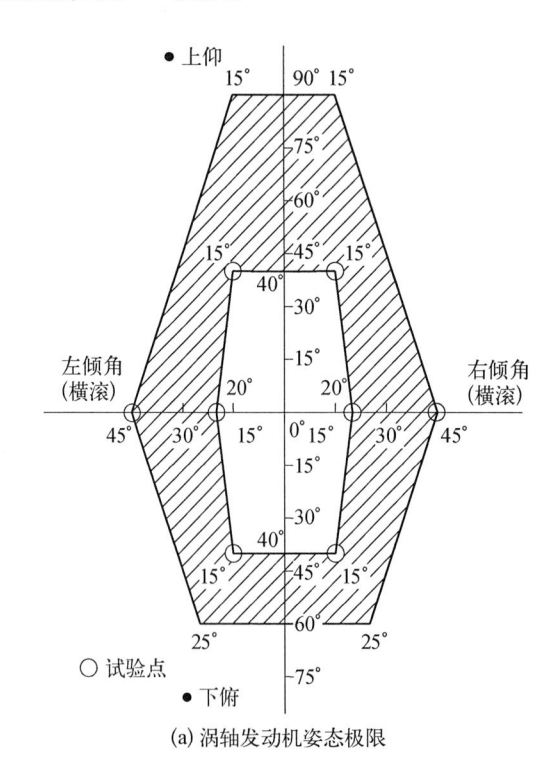

(a) 涡轴发动机姿态极限

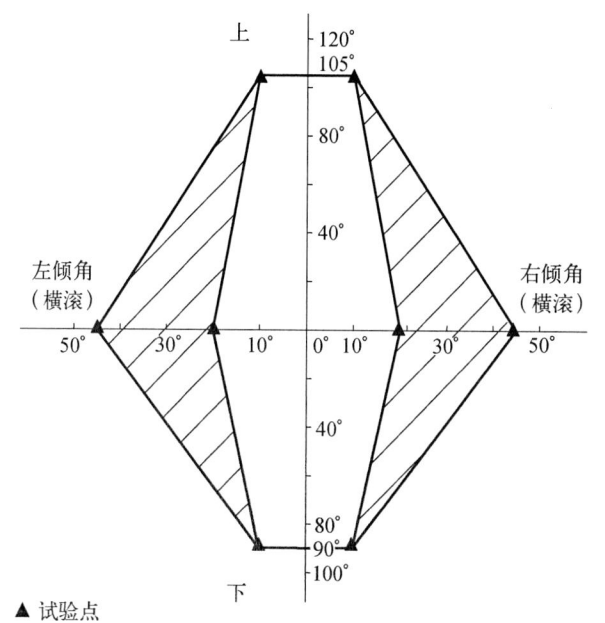

▲ 试验点

(b) 涡桨发动机姿态极限

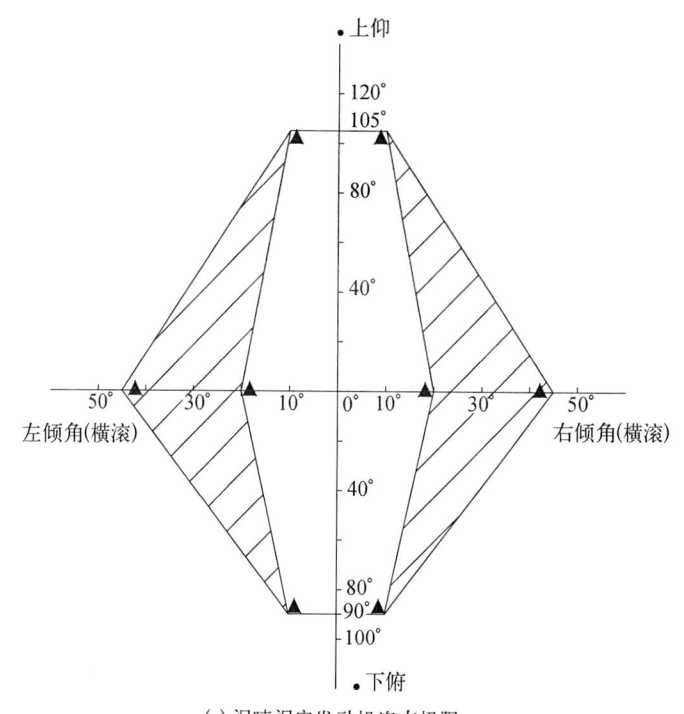

(c) 涡喷涡扇发动机姿态极限

图 2.1 发动机姿态极限

发动机在姿态试验时滑油温度、滑油压力和滑油消耗率不应超过规定值,如发动机在所有工作极限内能够满意地工作,并且无机械损坏迹象,即认为试验圆满完成。

6)发动机压力平衡试验

发动机压力平衡试验的目的是验证发动机在所有功率状态下轴承能满意地工作而无打滑损伤。发动机主轴推力轴承在正常工作状态下一般不允许换向。轴承无载荷时会引起瞬态转子动力学振动。零载荷轴承会在工作包线内引起导致轴承破坏或降低寿命的转子振动问题。在发动机地面台架或高空台调试时,应进行发动机转子主轴承轴向力的直接测量(可采用应力环测量),通过卸荷腔压力调整,最终达到转子推力轴承规定的轴向力。

7)发动机放热和滑油冷却

发动机放热和滑油冷却试验是为了保证发动机和所有关键附件都在规定的温度限制值范围内,要求测取发动机(包括滑油系统在内)的表面放热和冷却要求的数据,这些数据包括发动机各附件及各部位的冷却要求、放热率和对应表面温度,并要求在发动机整个环境条件和工作包线内的不同工作状态、功率分出和引气条件下测得。由于要完成发动机整个工作包线内不同工作状态、功率分出和引气条件下的放热和冷却测量是不现实的,所以通常采用分析方法,进行发动机某些工作状态的放热和滑油冷却试验,以验证分析结果的可信度。如果差别较大,则利用试验数据修正分析计算方法重新进行分析。

3. 电源/光源失效试验

电源/光源失效试验用来验证发动机及其控制系统在电源/光源故障条件下的工作情况是否满足要求。当发动机主电源发生故障时,发动机应能自动地接收备用电源,并能正常工作。当失去外部电源时,发动机也应能顺利地完成空中起动,并能在慢车或慢车以上的全部转速和功率范围内正常工作。主电源与备用电源之间的转换不应干扰发动机的工作。

当自给电源发生故障而转换到外部电源时,不应影响光学传感器的工作。一旦光学传感器失效,发动机的光纤控制系统应能转换到备用光学传感器上,并保持正常工作。

4. 发动机振动测量试验

整机振动是影响发动机寿命和飞行安全的重要因素,影响发动机振动的因素很多,也很复杂,需要在发动机整个飞行包线范围内对发动机不同工作状态和瞬变状态进行振动测量和分析,并且在整个使用过程中一直进行严密监测。

振动测量试验用于测量发动机工作包线内所有转速和推力(功率)状态下,包括稳态和过渡态振动的振型、频率和振动值,验证发动机试验过程中振动测量值是否符合型号规范的要求。试验不仅需要在地面台架上进行,还需要在高空试验和飞行试验中进行。

5. 飞机系统引气试验

在高空环境下飞机座舱环境温度低,同时飞机进气道容易结冰,给飞机飞行带来风险和不确定性。在无辅助动力的情况下,一般从主发压气机引出空气供飞机使用,作为环境控制或防冰用气。通过试验验证飞行包线内从最低气温到最高气温发动机引气总压、总温和引气量是否满足要求,验证引气对发动机性能的影响,并验证引气污染程度是否符合要求。

6. 滑油中断试验

在飞机机动飞行出现零过载期间,滑油中断是很正常的,为了不影响飞行任务的完成,应进行滑油中断试验以验证发动机是否损坏。通用规范中规定:试验中仅向滑油泵进口供气,发动机在中间推力工作30 s,在滑油中断期间和随后恢复正常润滑的30 min 内,发动机能正常工作而无损坏。由于推力轴承往往对滑油中断最敏感,通常在发动机滑油中断试验前,应在一个或两个推力轴承上进行多次滑油中断的试验器试验。

7. 起动扭矩测量试验

起动扭矩测量试验是用来测量发动机起动时各转速下起动机输出扭矩,检查发动机在规定扭矩条件下的起动情况。对起动扭矩和转速进行试验验证,为选购合适的起动系统提供足够的信息。

由于实施起动扭矩测量可采用多种方法,所以针对具体型号发动机应在试验前资料中规定试验方法和程序。在试验前首先选择一台合适的起动机,其扭矩特性应满足发动机的最低要求。但起动机扭矩也不应超过最低扭矩太多,起动机扭矩高于最低扭矩5%以上会引起发动机起动特性偏离要求。

8. 负扭矩载荷试验

为防止发动机失灵或故障造成过大负扭矩,涡轴涡桨发动机设置自动负扭矩限制器。在瞬变的负扭矩状态下,负扭矩限制器开始工作;在发动机失灵或故障被排除后,负扭矩限制器也应保证发动机恢复正常工作。该项试验的目的是验证负扭矩限制器工作是否正常。

9. 修正系数的验证

在利用相似原理推导发动机的性能数据换算公式时假设了一些相似条件,如发动机与外界不存在热交换、燃烧室热力过程相似、忽略雷诺数和变比热的影响等,这必然会引起换算误差。为了弥补这个误差,采用修正系数对发动机性能换算公式进行补充修正,修正系数是否准确应通过试验进行验证。

我国已有一整套涡喷涡扇发动机试验性能数据修正规范:GJB 359—87《涡喷涡扇发动机性能的湿度修正规范》、GJB 378—87《涡喷涡扇发动机性能的温度修正规范》、GJB 721—89《涡喷涡扇发动机试车台校准规范》、GJB 722—89《涡喷涡扇发动机试车性能修正规范》和 GJB 723—89《涡喷涡扇发动机性能的燃油热值修正规范》等,按这些规范确定的修正系数是否需要验证,可视情况而定。如果发动机承研单位另提出其他修正系数,则应予以验证。

涡轴涡桨发动机没有性能修正的规范,由于涡轴涡桨发动机一般在动力涡轮转速恒定的状态下工作,在应用相似理论时,动力涡轮工作状态并不相似,采用传统公式进行性能数据换算时会有较大的误差。因此,对于具体型号,应通过海平面和高空试验,研究确定其相应的修正系数。

2.2 设计定型试验

设计定型试验的目的是证明产品的性能达到批准的战术技术指标和使用要求,验证型号发动机生产和服役的可能性,因此发动机必须完成通用规范要求的设计定型试验。如果发动机满意地完成了所有规定的设计定型试验并试飞,使用部门同意了设计定型试验和试飞的全部试验报告、验证报告和分析(这个分析包括计算分析、试验分析和仿真分析等),则认为该型发动机可以设计定型,并可作为小批量生产用发动机。

2.2.1 试验项目

设计定型试验的试验项目如下:
(1) 持久试车;
(2) 发动机附件试验;
(3) 高空试验;
(4) 发动机环境和吞咽试验;
(5) 发动机外部特征试验和燃油试验;
(6) 结构试验;
(7) 电源/光源失效试验*;
(8) 飞机系统引气试验*;
(9) 滑油中断试验*;
(10) 修正系数的验证*;
(11) 电磁环境效应试验;
(12) 可靠性评估*;
(13) 维修性验证/评估*;
(14) 测试性验证/评估*;
(15) 安全性评估*;

(16) 人-机工程评估*;

(17) 发动机重量质心验证*;

(18) 飞行试验;

(19) 保障性评估*;

(20) 运输性验证*;

(21) 寿命(耐久性)评估*。

试验项目共21类,带*号的试验项目与初始飞行前规定试验项目基本相同,之所以重复安排,是因为除了确保技术状态发生变化后有些试验必须重新进行,还有初始飞行前规定试验是部分包线的验证,设计定型试验是全包线的验证,这里只对初始飞行前规定试验中没有的整机试验项目进行描述。

2.2.2 主要试验项目特点

1. 持久试车

设计定型试验持久试车的要求和程序与飞行前规定试验持久试车的基本相同,只是增加了循环数或阶段数,试验发动机为两台。

对于涡喷涡扇发动机,持久试车由前后各25 h阶梯/遭遇试车和与加速飞行任务有关的至少300 h持久试车程序组成,有效试车时间共计350 h。起动次数至少达到600次,包括20次假起动和20次再起动。

对于涡轴涡桨发动机,持久试车共25个阶段,每个阶段6 h,每个阶段的试车程序与初始飞行前规定试验持久阶段试车程序相同。持久试车中的起动次数至少达到300次,包括10次假起动和10次再起动。

2. 发动机环境和吞咽试验

发动机环境和吞咽试验包括抗腐蚀性试验、吞鸟试验、外物损伤试验、环境结冰试验、吞冰试验、吞砂试验、吞入大气中液态水试验、吸入水蒸气试验、吞入火药气体试验、噪声测量试验、排气污染试验(排烟试验、排出不可见污染物质试验)、生存力与易损性试验。

1) 抗腐蚀性试验

发动机抗腐蚀性试验的目的是考核当发动机暴露在腐蚀大气环境下工作时,发动机性能恶化程度、零部件功能、完整性和维护性。

涡喷涡扇发动机抗腐蚀性试验总的持续时间为1 200 h,分25个循环,每个循环48 h,其中包括150 h的发动机工作时间。

涡轴涡桨发动机抗腐蚀性试验总的持续时间为1 200 h,分50个循环,每个循环24 h,其中包括150 h的发动机工作时间。

发动机吞入的盐液要与规范中的规定一致,并且在吞盐液的每个循环状态中,使空气中的盐液浓度稳定在十亿分之二百(重量比)。

2) 吞鸟试验

吞鸟试验考核在吞入规定数目和大小的鸟后,发动机的工作能力。根据发动机具体型号及该发动机所装飞机的特点不同,吞鸟试验中鸟的重量与数量也不同。

(1) 鸟的重量分为三个级别。

① 大鸟：1.8~2.0 kg;

② 中鸟：0.8~1.0 kg;

③ 小鸟：50~100 g。

(2) 鸟的数量按压气机的迎风面积予以确定。

① 每 300 cm² 压气机迎风面积或大于此面积 50% 的面积上用一只小鸟;

② 每 1 500 cm² 压气机迎风面积或大于此面积 50% 的面积上用一只中鸟;

③ 每 3 000 cm² 压气机迎风面积或大于此面积 50% 的面积上用一只大鸟。

(3) 吞鸟时间不长于 1 s。

(4) 吞鸟时的鸟速和发动机的转速。

① 小鸟和中鸟：鸟速等于飞机起飞后初始爬升飞行速度,发动机转速为最大状态转速;

② 小鸟和中鸟：鸟速等于飞机在 3 000 m 高度内的巡航飞行速度,发动机转速为最大连续状态转速;

③ 小鸟和中鸟：鸟速等于飞机在 1 000 m 高度内的下滑飞行速度,发动机转速为下滑规定转速;

④ 大鸟：鸟速等于飞机在 2 500 m 高度内出现的最大极限飞行速度,发动机转速为最大状态转速或最大连续状态转速,两者以损伤较大者为主。

3) 外物损伤试验

通过外物损伤试验验证以下要求：当发动机吸入砂石、金属颗粒等外物时,外物使压气机转子和静子叶片表面形成伤痕而造成应力集中,当造成损坏的应力集中系数(K_t)至少为 3 时,发动机还能工作到规范规定的两个检查周期(翻修寿命)或小时数。

4) 环境结冰试验

发动机在易结冰大气环境下进行结冰试验,每次试验在距发动机进口截面 1.5 m 以内及在发动机进气道内,测量液态水的含量和水滴尺寸。在试验过程中,连续记录扭矩、转速和振动,并提供发动机进气道的高速摄影。发动机在无飞机系统引气或功率分出、空气相对湿度在 80%~100% 和液态水含量为零的条件下工作,以确定发动机性能损失的基准。在规定的结冰条件下工作的发动机性能与上述基准进行比较,以确定输出的轴功率和燃油消耗率的损失。发动机功率状态包括：慢车状态、25% 最大连续状态、50% 最大连续状态、75% 最大连续状态、最大连续状态、中间功率状态和最大功率状态。在每一结冰条件和每一功率状态下,发动机至少工作 10 min。在每一试验期间,在结冰形成之后的时间内,发动机迅速加速到最大功率,以验证其加速性。发动机在慢车状态运转 1 h,随后将发动机加速到最大功率状态。

5) 吞冰试验

发动机吞冰试验包括吞冰雹试验和吞冰片试验,验证发动机是否具有足够的结构性能,在吞咽一定冰雹和冰片后,不会引起压气机出现重大损伤。试验要求模拟两种情况:一是模拟发动机在飞行中突然遇到降雹的情况,试验除了规定发动机的工作状态,也对冰雹的速度进行了规定;二是模拟发动机防冰系统打开滞后、进气整流罩和发动机正面最大冰积聚脱落时的情况,不要求冰块的吞入速度(冰块自然吸入)。

冰的数量、尺寸、形状、密度等要求如下:

(1) 对于涡喷涡扇发动机,在典型的最大状态起飞、巡航和降落时,在发动机进口的截面上,进气面积小于等于 0.25 m² 时,吞入密度为 0.8~0.9 g/cm³ 的一个直径为 50 mm 的冰雹和两个直径为 25 mm 的冰雹;每增加 50% 以上的面积,就得增加一个直径为 50 mm 的冰雹和两个直径为 25 mm 的冰雹。

(2) 对于涡轴涡桨发动机,在典型的最大状态起飞、巡航和降落时,在发动机进口的截面上,进气面积小于等于 0.065 m² 时,吞入一个密度为 0.8~0.9 g/cm³、直径为 25 mm 的冰雹;每增加 0.065 m² 以上的面积,在第一个冰雹的基础上增加一个直径为 25 mm 的冰雹和一个直径为 50 mm 的冰雹。

(3) 在起飞和巡航时,吞入进气道和前缘形成的冰片,其密度为 0.8~0.9 g/cm³,冰片的尺寸、形状和厚度按使用部门要求来设定。

(4) 利用模具制作冰雹和冰片,并在 -20~-10℃ 条件下冷冻 48 h。

6) 吞砂试验

飞机长时间在砂尘环境中工作可能导致发动机零件严重磨蚀损伤,因为砂尘颗粒具有强烈的磨蚀性,大砂尘可导致叶片(动叶/静叶)磨蚀,小砂尘可造成涡轮冷却空气孔堵塞并引起烧蚀。砂尘的 SiO_2 颗粒都可熔于燃烧室排出的燃气中,并沉积在第一级涡轮导向器叶片上造成发动机功率损失、喘振裕度降低和耗油率增大等,甚至可能会对系统的安全性产生严重影响。通过该试验,验证航空发动机在规定吞砂条件下的工作性能及可靠性。

GJB 241A—2010《航空涡轮喷气和涡轮风扇发动机通用规范》和 GJB 242A—2018《航空涡轮螺桨和涡轮轴发动机通用规范》对涡喷涡扇发动机和涡轴涡桨发动机的吞砂试验给出了不同要求。

(1) 涡喷涡扇发动机吞砂试验。涡喷涡扇发动机吞砂试验包括所有附件在内,在空气含砂尘浓度为 0.053 g/m³ 和规定的砂尘颗粒尺寸分布条件下,在最大连续状态下进行吞砂试验,总工作时间至少为 10 h。

(2) 涡桨发动机吞砂试验。涡桨发动机吞砂试验包括所有附件在内,在空气含砂尘浓度为 0.053 g/m³ 和规定的砂尘颗粒尺寸分布条件下,在最大连续状态下,首先进行 0.5 h 的吞咽粗砂尘试验,然后进行 1.5 h 的吞咽细砂尘试验。在两次试验之间,应分解及检查发动机。

(3) 涡轴发动机吞砂试验。涡轴发动机吞砂试验包括所有附件在内,在空气含砂尘浓度为 0.053 g/m³ 和规定的砂尘颗粒尺寸分布条件下,在最大连续状态下,首先进行 54 h 的发动机吞咽细砂尘试验;然后进行 50 h 的发动机吞咽粗砂尘试验。在两次试验之间,应分解及检查发动机。

7) 吞入大气中液态水试验

飞机在飞行过程中遭遇暴雨,或者在起飞和着陆过程中,飞机前轮通过跑道使其上积水溅起等环境条件下,发动机的进气道可能会吞入大气中的液态水。若发动机进气道中存在大量水,则会影响发动机性能,导致失速、转速下降、燃烧室熄火等。吞入大气中液态水试验是验证航空发动机在吞入规定的大气液态水时能否满意地工作,确定吞入大气中液态水对发动机性能的影响。

在进行吞入大气中液态水试验时,发动机分别工作在最大推力状态和慢车状态,占总空气总质量流量 2.0%、3.5% 和 5.0% 的水(液态和气态)引进发动机进口,其中 50% 的液态水进入 1/3 的进口扇形面积,每个条件下工作 5 min。

不同的含水量是针对发动机不同的状态而提出的,50% 的液态水进入 1/3 的进口扇形面积,是为了模拟使用中可能出现的最大不均匀度。

8) 吸入水蒸气试验

吸入水蒸气试验是针对蒸汽弹射舰载机用发动机,要求引入发动机进口的水蒸气分别为总进气流量的 0.5%、1.0%、1.5% 和 2.0%。水蒸气的初始温度为 245℃,逐渐升温,使接收水蒸气区域的 25% 进口面积内总温提高 100℃。

9) 吞入火药气体试验

吞入火药气体试验是验证发动机在吞入规定的火药气体条件下,发动机工作的可靠性,该试验仅适用于考核安装在有航空武器系统飞机上的发动机。发动机吞入火药气体的情况与其实际使用有关,当无规定时,可按 GJB 4878—2003《航空涡轮发动机吞入火药气体试验要求》执行。

10) 噪声测量试验

发动机安装在室外试车台上,其最低处的零件与地面之间的最短距离为 2.5 m,传声器放在没有过强吸声能力的比较平坦的地面上。地面上没有对发动机噪声场产生重大影响的障碍物。天空无降落物(雨、雪、冰雹)、相对湿度 30%~90%、环境温度 0~30℃、风速小于 2.8 m/s 且没有温度逆增或不规则风向。发动机试验后不需要重新校准,信号声级至少比有关频率范围内的每个 1/3 倍频带上的背景噪声级大 10 dB。在以发动机排气平面的中心为圆心，75 m 半径的半圆上，分布 19 个噪声测点，从发动机正前方 0°开始，每次增加 10°，直到发动机正后方 180°为止。

11) 排气污染试验

排气污染试验包括两小项试验：排烟试验、排出不可见污染物质试验。排烟试验是在发动机四个功率状态上（中间状态、最大连续状态、75%最大连续状态和慢车状态）测定排烟的发烟数，在各状态取样之前，在该状态上稳定工作 10 min；试验后，发动机性能不需要检查。排出不可见污染物质试验是在发动机功率状态为最大状态、中间状态、最大连续状态、75%最大连续状态、25%最大连续状态和慢车状态时，对发动机排气中的不可见污染物质进行测量分析。试验后发动机性能不需要检查。

3. 发动机外部特征试验和燃油试验

发动机外部特征试验和燃油试验包括起动扭矩试验、雷达反射截面试验、红外辐射试验、代用燃油试验、应急燃油试验 5 项试验。

4. 结构试验

设计定型阶段的结构试验，除了进行初始飞行前的发动机压力试验、转子结构完整性试验（超转试验、超温试验、超扭试验）、发动机静力试验，还有低循环疲劳试验、振动和应力测量试验等。

1) 低循环疲劳试验

对于涡喷涡扇发动机，明确至少采用三套关键件进行低循环疲劳试验，并规定一套发动机关键件进行正式的全尺寸发动机加速任务飞行模拟试车，然后用这些零件进行单独的部件试验，直至要求的低循环疲劳寿命得以验证为止；另外两套发动机关键件进行低循环疲劳试验，可采用整机试验、单个部件试验或部件组合试验的任一方式来完成关键件的低循环疲劳试验。

对于涡轴涡桨发动机，低循环疲劳试验次数不少于 2 000 次，其他要求与初始飞行前低循环疲劳试验要求一致。

2) 振动和应力测量试验

振动和应力测量试验在发动机所有状态下进行振动和应力的测量，包括稳态和瞬态、最大进气畸变、失速、可变几何行程极限、最大压气机引气和功率分出、最大进气压力和最高温度及各种状态的组合。

5. 首次翻修期限寿命试验

验证发动机的耐久性和首次翻修期限寿命，按照通用规范的要求，涡轴涡桨发动机需要进行首次翻修期限寿命试验，涡喷涡扇发动机由于其定型持久试车是按加速飞行任务谱进行的，所以不需再进行首次翻修期限寿命试验。

2.3 生产定型试验

生产定型试验的目的是经试验和部队试用,证明产品性能符合批准设计定型时的要求和实战需要,质量稳定,具备成套批量生产条件。如果发动机满意地完成了生产定型试验和部队小批领先试用,使用部门同意了生产定型试验的全部试验报告、验证报告和分析,则确认该型发动机生产定型合格,可作为大批量生产用发动机。对于生产定型试验和部队小批领先试用中的故障或不足,已经有令使用部门满意的文件资料、分析,并已经解决或已有被试验证实的解决措施,也可认为该型发动机可以生产定型。

2.3.1 试验项目

生产定型试验包括以下 9 类试验项目:
(1) 加速模拟飞行任务持久试车;
(2) 持久试车;
(3) 高空试验;
(4) 领先试用;
(5) 可靠性评估;
(6) 维修性验证/评估;
(7) 保障性评估;
(8) 运输性验证;
(9) 寿命评估。

其中,前 2 项试验在地面试车台上进行,在进行生产定型试验前,应按 GJB 1362A—2007《军工产品定型程序和要求》规定编制生产定型试验大纲,并在获得审批后实施。试验大纲规定的试验项目可根据型号情况对规范中的有关内容剪裁后确定。生产定型试验的安排:一是考核装备性能参数和生产工艺等质量是否稳定;二是考虑到航空发动机发展成熟的特点,即不断暴露问题、解决问题逐渐成熟。

2.3.2 主要试验项目特点

1. 加速模拟飞行任务持久试车

加速模拟飞行任务持久试车的目的是评价发动机的耐久性、可靠性和维修性要求,并尽早暴露发动机在全寿命期工作中可能出现的问题。加速模拟飞行任务持久试车必须得到:热件损伤至少相当于发动机型号规范规定的、以飞行任务小时计的热件寿命要求;关键零件的低循环疲劳损伤至少相当于型号规范规定的、以飞行任务小时计的、二分之一的冷件寿命要求。

2. 持久试车

涡轴涡桨发动机还需要进行生产定型 300 h 持久试车,试车程序和要求与其设计定型持久试车相同,只是增加了试验时间和起动次数。

2.4 质量一致性检验

质量一致性检验是对批生产的产品是否符合定型状态质量的符合性检验,它由 A 组检验和 C 组检验两个检验组成。

(1) A 组检验(验收检验)为正常的发动机出厂检验,目的是确保准备交付的每台发动机的性能、可操纵性,以及质心、重量和外廓尺寸等物理特性符合要求。A 组检验试车中规定的初步运转和最终运转可与交付发动机的工厂试车和检验试车相对应,其详细的运转要求可体现在工厂试车和检验试车规程中。

(2) C 组检验(周期检验)是对一定批量的发动机进行的抽样检验,目的是确保批量生产的发动机稳定性、寿命和可靠性等符合要求,周期检验抽样的要求和试车时数由订货部门规定(也就是根据发动机生产交付情况和外场表现情况而定),这也是确保航空发动机质量稳定性的重要环节。规范要求应定期在生产批发发动机中抽取一台发动机进行持久试车。规范中没有规定试车时数,但是规定了试车的条件和程序要求,规定的试车程序由符合外场使用要求的随机混合的模拟飞行任务工作循环构成。试车时间可由订货部门在试车前规定。

2.5 适航审定试验

对于申请领取中国民用航空局适航合格证的发动机,除执行该机型号规范规定的试验外,还需要执行民航发动机适航标准 CCAR-33 规定的试验[3]。

2.5.1 试验项目

适航审定试验项目包括以下方面:
(1) 振动试验;
(2) 超扭试验;
(3) 超温试验;
(4) 超转试验;
(5) 工作试验;
(6) 初始维修检查;
(7) 进气系统结冰试验;

(8) 吞鸟试验；

(9) 吞雨和吞冰雹试验；

(10) 持久试车；

(11) 叶片包容性和转子不平衡试验。

和军用规范规定试验一样，适航审定试验也包含了耐久性试验、结构试验、环境和吞咽试验等，某些试验要求一致，但由于军机和民机使用的目的和条件不同，所以在很多试验项目上其试验要求亦有较大区别。

2.5.2 主要试验项目特点

1. 振动试验

在评定发动机振动时，除了与军机一样，要在稳态和瞬态、最大进气畸变、失速、可变几何行程极限、最大压气机引气和功率分出等情况下进行振动和应力测量，还应考虑发动机某些故障对振动造成的影响，如失去平衡、静子叶片通道局部堵塞或扩大、燃油喷嘴堵塞、不正确的压气机调节变量等。

2. 超扭试验

超扭试验发动机应在最大允许稳态扭矩极限值（机械的）不低于扭矩规定值的120%下工作15 min。

3. 超温试验

超温试验考核的试验温度要求比稳态工作限制温度高至少42℃，并且要求具有一台发动机失效（one engine inoperative, OEI）功率状态的发动机必须在30 s OEI 功率额定值至少超过工作限制温度19℃运转4 min。

4. 超转试验

超转试验的转速需要通过分析得出，要求考虑失效情况下最高瞬态转速而不是正常工作中的最大瞬态转速。目前，国外超转试验案例中超转试验转速很多大于最高允许稳态转速的122%。军用规范中要求超转试验的转速为最高允许稳态转速的115%，因此适航超转要求比军用规范更高。

5. 工作试验

工作试验包括中国民用航空局（Civil Aviation Administration of China, CAAC）认为必要的所有试验，以验证发动机在其规定的整个使用包线内所具有的安全工作特性，包括起动、慢车、加速、超转、点火、螺旋桨功能（如果规定发动机装备螺旋桨工作）、功率或推力变换。

6. 初始维修检查

试验模拟使用中所预期的发动机工作状态，包括典型的起动-停车循环，以确定要求初始维修检查的时限。

7. 进气系统结冰试验

进气系统结冰试验适航基本要求有以下两方面:

(1) 在所有防冰系统工作时,在 25 部附录 C 所规定的最大连续结冰和间歇结冰条件下,发动机在整个功率范围内工作,发动机部件上不应出现影响其工作或推力/功率严重损失的结冰情况。

(2) 在温度为 $-9\sim-1$℃、每立方米含液态水不小于 0.3 g、平均有效直径不低于 20 μm 的大气条件下,地面慢车运行 30 min,防冰引气为临界状态,没有产生不利影响,然后以起飞推力/功率短暂运转。在 30 min 慢车运行期间,发动机可以周期性地加速到中间功率或推力状态。

8. 吞鸟试验

吞鸟试验分为吞大鸟试验、吞中鸟试验和吞小鸟试验,鸟的数量由发动机进气道喉道面积决定。

吞大鸟试验要求鸟应投向第一级旋转叶片最关键的暴露位置;当吞中鸟试验要求使用 1 只鸟时,鸟应该投向发动机核心机流通道内;当使用 2 只或 2 只以上的鸟时,最大的 1 只鸟应投向发动机核心机流通道,次重的 1 只鸟投向第一级转子叶片最关键的暴露位置,其余的鸟均匀分布在发动机前表面上;吞小鸟试验也要求鸟的打击位置应首先考虑第一级转子叶片上的关键打击位置,然后将其余鸟均匀分布在发动机前表面。

大鸟的投放速度为 370 km/h,中鸟及小鸟的投放速度要求反映从地面到地面上 460 m 的正常飞行高度所使用范围内的最严酷条件。

吞鸟试验在不小于 100%起飞功率状态下进行,还需要考虑在海平面最热天气起飞条件下发动机的状态。

吞入大鸟后不得导致发动机着火和危险的碎片穿透发动机机匣飞出。吞入中鸟、小鸟后不得导致发动机持续的功率或推力损失超过 25%。

9. 吞雨和吞冰雹试验

要在发动机整个工作包线范围内进行吞雨和吞冰雹试验,雨的浓度、雨滴直径和总雨水含量分布,以及冰雹的浓度、冰雹尺寸分布等应符合审定标准。发动机可接受的工作能力是在任何连续 3 min 的降雨周期内,以及任何连续 30 s 的降冰雹周期内发动机不熄火、不降转、不发生持续或不可恢复的喘振或失速,或不失去加速和减速的能力。

10. 持久试车

CCAR-33 部中持久试车谱如图 2.2 所示,发动机在最大状态运行时间为 1 125 min,每个阶段加减速功率变换 6 次,共 30 min。

试车条件与军用规范有所不同,要求试车中达到发动机功率或推力、燃气温度、转子轴的转速,以及如果有限制(包括发动机外表面的温度),必须至少是被试

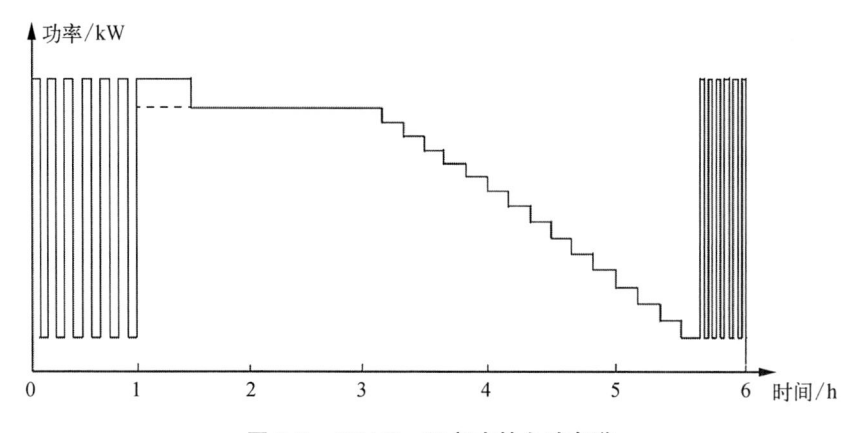

图 2.2 CCAR‑33 部中持久试车谱

的特定发动机相应规定值的 100%,完成 100 次成功起动。

11. 叶片包容性和转子不平衡试验

叶片包容性和转子不平衡试验要求发动机能包容损坏件至少运转 15 s 不着火,并且安装节也不失效。以整机试验为主要验证试验,如果通过部件试车台验证,则需要表明部件试验和整机试验是等效的,而这种等效分析是相当困难的,理论上必须以相似发动机的整机试验为基础才能进行部件试验等效分析。

2.6 试 验 规 范

2.6.1 军用规范

1. 国内军用发动机规范性文件

国内军用发动机规范性文件主要有:
(1) GJB 241A—2010《航空涡轮喷气和涡轮风扇发动机通用规范》;
(2) GJB 242A—2018《航空涡轮螺桨和涡轮轴发动机通用规范》;
(3) GJB 3971—2000《航空燃气涡轮辅助动力装置通用规范》;
(4) HB 6116—87《航空燃气涡轮发动机排气冒烟测量规范》;
(5) GJB 4187—2001《航空发动机吞冰试验要求》;
(6) GJB 3727—99《航空发动机吞鸟试验要求》;
(7) GJB/Z 101—1997《航空发动机结构完整性指南》;
(8) GJB 4878—2003《航空涡轮发动机吞入火药气体试验要求》;
(9) GJB 359—87《涡喷涡扇发动机性能的湿度修正规范》;
(10) GJB 378—87《涡喷涡扇发动机性能的温度修正规范》;
(11) GJB 722—89《涡喷涡扇发动机试车性能修正规范》;
(12) GJB 721—89《涡喷涡扇发动机试车台校准规范》;

(13) GJB 723—89《涡喷涡扇发动机性能的燃油热值修正规范》。

2. 国外军用发动机规范性文件

国外军用发动机规范性文件主要有：

(1) JSGS-87231A(1995)《航空涡喷涡扇涡轴涡桨发动机通用规范》；

(2) JSSG-2007B(2008)《航空涡喷涡扇涡轴涡桨发动机通用规范指南》；

(3) MIL-HDBK-1783B《发动机结构完整性大纲》。

2.6.2 适航规章

1. 中国民用航空局

中国民用航空局的适航规章有：

(1) CCAR-33-R2《航空发动机适航规定》；

(2) CCAR-36-R2《航空器型号和适航合格审定噪声规定》；

(3) CCAR-25-R4《运输类飞机适航标准》。

2. 美国联邦航空局

美国联邦航空局的适航规章有：

(1) FAR 25部《运输类飞机适航标准》；

(2) FAR 33部《航空发动机适航标准》；

(3) MIL-HDBK-516B(2005)《军用航空器适航性审查准则》。

3. 欧洲航空安全局

欧洲航空安全局的适航规章有：CS-E Amdt 3《合格审定规范-发动机》。

参考文献
---

[1] 航空涡轮喷气和涡轮风扇发动机通用规范：GJB 241A—2010[S]. 中国人民解放军总装备部,2010.

[2] 航空涡轮螺桨和涡轮轴发动机通用规范：GJB 242A—2018[S]. 中央军委装备发展部,2018.

[3] 航空发动机适航规定：CCAR-33-R2[S]. 中国民用航空局,2012.

第 3 章
试验设备

航空发动机室内整机试验设备一般简称为试车台。试车台包括发动机试车安装台架等机械设备、推力测量或功率测量吸收装置、各类系统管道、电气设备、各类参数测量设备、仪器仪表、厂房建筑以及噪声控制设施等,由这些设备及其建筑物所组成的航空发动机试验场所统称为航空发动机试车台。

3.1 概　　述

试车台是航空发动机研制过程中的重要试验设备。航空发动机开展整机试验是最终判断发动机各项指标是否符合设计要求和整机交付出厂的唯一手段。大量实践已经证明,要想研制一种新型的航空发动机,没有各种类型的试车台进行大量试验是不可能实现的。随着航空发动机技术的发展,试验技术、试验方法、试验设备不断更新与完善。近年来,模拟发动机实际工作中可能遇到的工作条件和工作环境的特种试验技术、试验设备得到迅速发展。航空发动机试车台一般可分为地面通用试车台、高空模拟试车台和特种试车台三大类。

(1) 地面通用试车台,按照试验时发动机所处的环境又分为露天试车台和室内试车台两种类型。露天试车台不仅用于发动机标准海平面静止条件下性能数据的确定,也用于发动机噪声测量试验及部分环境试验,露天试车台大多建设在海拔较低(接近海平面)且人烟稀少的地方,不会因噪声大而产生扰民问题,试车台常年风向较为固定,露天试车台一般也称为露天基准试车台,露天试车台在全部发动机试车台中所占比例极小。室内试车台是把发动机安装在室内台架上,通过进、排气消声和试车间隔声处理使发动机运转噪声减弱直至达到排放标准,不至于影响周边环境和居民。因大部分航空发动机研发机构和生产工厂的试车台处于科研及生产集中区(装配厂房),有的甚至靠近居民生活区,故发动机试车台绝大部分采用具有消声措施的室内试车台。本章主要介绍航空发动机室内试车台(简称试车台)。

(2) 高空模拟试车台,是研制航空发动机不可缺少的大型试验设备。它能模拟发动机在不同高度、不同速度下工作的各种试验,研究大气压力、大气温度变化和高速气流流过发动机时,对发动机的工作过程、结构强度和使用特性的影响,主要对发动机的高空性能进行鉴定,对发动机功能进行考核。高空模拟试车台通常又分为三种类型:直接连接式模拟高空试车台、自由射流模拟高空试车台和推进风洞试车台。

(3)特种试车台,是为了验证考核发动机某些特殊功能而建立的专用型试车台。根据国家军用标准 GJB 241A—2010《航空涡轮喷气和涡轮风扇发动机通用规范》和 GJB 242A—2018《航空涡轮螺桨和涡轮轴发动机通用规范》,以及民航规章 CCAR-33 部的规定内容,主要有以下几种类型的特种试车台:发动机姿态试车台、环境试车台(包括高低温起动及加速试车台、高温试车台、侧风试车台、环境结冰试车台等)、吞咽试车台(包括吞鸟、吞冰、吞砂、吸入水蒸气、吞入大气中液态水、吞入火药气体和外物损伤试验等)、陀螺试车台、X 射线测试试车台和电磁兼容全机试车台等。

3.2 试车台分类

目前,航空发动机主要包括涡喷、涡扇、涡桨、涡轴和活塞五大类。由于发动机分类不同,其试车台也不尽相同,主要分为涡喷涡扇发动机试车台和涡轴涡桨发动机试车台。涡喷涡扇发动机试车台通常需要测量发动机推力,这类试车台又可以称为推力试车台;涡轴涡桨发动机试车台通常需要测量发动机的输出功率,这类试车台又可以称为功率试车台。对于螺旋桨(包括涡轮螺旋桨发动机和活塞螺旋桨发动机)发动机,其整机试验可以分为带桨发动机试车台和不带桨发动机试车台两种,不带桨发动机试车台和涡轴发动机试车台一样,采用测功器吸收、测量功率;带桨发动机试车台主要用于桨发匹配试验和整机考核验证试验,早年还用于工厂交付出厂试验。

3.3 试车台功能与用途

试车台功能是完成发动机试车大纲(或规程)规定的试车项目,其主要工作内容包括发动机磨合运转、调整发动机参数、检查发动机装配质量、检验及交付出厂试车、发动机持久试车、军用标准与规范及民航规章所规定的考核验证试车等;科研及教学单位按科研及教学任务要求的其他试车。

试车台的用途主要分为两类:生产试车台和科研试车台。生产试车台一般是指发动机制造厂及修理厂建造的试车台,它的特点是被试发动机机种单一,试车台数量多,通常在一个厂房内有多个基本相同的试车台。科研试车台一般是指发动机试验研究机构及培养地勤飞行人员等单位建造的试车台,它的特点是能进行多种发动机试车,试车项目多,试车台功能齐全,测试及数据采集处理技术先进,但科研试车造价及成本较高,因此数量较少。

3.4　试车台选址原则

试车台所处位置不仅影响发动机的试车及试车台寿命,还影响其所在地区的环保状况。在选定试车台位置时,应按以下原则:

(1) 试车台位置应远离办公区及住宅区等人员密集的场所,以避免或减少噪声干扰。若夜间试车,则试车台与住宅区的距离应大于500 m;若夜间不试车,则此距离可缩短至300 m。

(2) 应尽量布置在厂区、住宅区的常年下风方向。

(3) 应尽量离开砂型铸造、喷砂厂房、锅炉房、煤堆场等,以避免烟尘、粉尘及砂微粒被吸入发动机。

(4) 应注意毗邻的地区有无污染源,并注意其性质、间距及风向等。

(5) 应使试车台中心轴线垂直于常年风向,以免排气口排出的燃气被风吹入进气口,重新吸入发动机。如果难以实现,则试车台进气口及排气口处应采取相应措施。

(6) 试车台附近不应有铸造、冲压等产生强烈振动的设备及高压供电线、大变电站、大电磁铁等产生强磁场的设备,以保证试车台测控仪器正常工作。如果距离较近,则应加强隔振、减振及防电磁干扰等措施。

(7) 试车台与邻近厂区的防火距离应符合 GB 50016—2014《建筑设计防火规范》的规定。如果不符合,则应加强防火设施,并要征得当地公安消防部门的同意。

(8) 试车台与发动机总装、油封包装车间的距离应尽量短,以便组织生产。出入试车台的道路应平整,不宜大坡度、小弯道,以保证运输安全。

(9) 水平进气的试车台,进气前方 15 m 内宜无建筑物,后方排气应通畅。

(10) 如果有一个以上的试车台,应尽可能集中布置,并考虑以后增建试车台的余地。

(11) 试车台噪声排放应参照 GB 12348—2008《工业企业厂界环境噪声排放标准》进行设计。

3.5　试车台总体要求

试车台布置需要考虑如下主要内容:

(1) 被试发动机的机型、数量及试车要求。

(2) 发动机试车台台架形式有地面支撑式(卧式)、悬挂式(牛腿或屋顶悬挂)、机翼型支撑或悬挂式、涡轴发动机及涡桨发动机轴功率台架与其测功装置匹配等。

(3) 安装发动机中心线的高度确定有台架校准方法、测功装置校准、测扭装置校准及其附件设备,如加载校准臂、发动机进气防尘网、快速接管装置等。

(4) 进气道、试车间及排气道的尺寸、形式、气动及消声设施,如导流片、引射筒、消声装置等及其相互间的位置。

(5) 与发动机试车相适应的各种系统及其电气控制,测量、数据采集处理等设备的操纵间、测试间及设备间等的尺寸和位置。

(6) 按发动机试车工艺流程及有关规定要求的准备间面积(跨度及长度)、设备(如起吊、运输及油封包装等设备)及其位置。

(7) 试车台各种设备及房间所需供电、供气、供油、给排水、采暖通风、空调、防火等设施而增加的设备与房间。

(8) 按使用要求需考虑的辅助性房间,如机修、电修、仪表检测存放间及生活卫生间等。

3.6 试车台基本组成

试车台由试车设备及其厂房建筑物组成。

(1) 试车设备主要包括:试车台台架;发动机各种工作系统(如燃油、滑油、尾喷口操纵等);电气控制;测量系统及其他辅助设备(如导流片、引射筒、消声装置及起吊运输设备等)。

(2) 试车台厂房建筑物通常有:试车间、操纵间、测试间、设备间(放置燃油、滑油等系统的设备);电气设备间、准备间(在此进行发动机试车前后的整理工作)、辅助房间(如机修、电修、仓库及办公室)及生活卫生间。

3.6.1 试车间

试车间是试车台的主体。其厂房一般由三部分组成,即进气通道(进气间)、试验段(试验间)和排气通道(排气间)。这三部分有四种彼此不同的进排气流道排列形式,共分为水平进气+水平排气形式、垂直进气+水平排气形式、水平进气+垂直排气形式、垂直进气+垂直排气形式。其中,水平进气+水平排气形式也称为"一"字形,垂直进气+水平排气形式和水平进气+垂直排气形式又称为"L"形和反"L"形流道布置形式,垂直进气+垂直排气形式又称为"U"形流道布置形式。"一"字形和"L"形流道布置形式主要用于大型涡喷涡扇和涡桨(带桨试验)发动机试车台,其优点是空气流量大、流阻小,缺点是厂房占地面积大,水平进排气口处的噪声处理比较困难。"U"形流道布置形式主要用于涡轴、涡桨(不带桨试验)发动机和中小型涡喷涡扇发动机试验,其优点是厂房占地面积小,噪声处理相对简单。试车台流道布置形式见图 3.1~图 3.4。试车台设计时,试车间选用何种流道布置形式,要根据拟建试车台具体位置的气象条件和被试发动机的具体情况而定。其中,最重要的原则是,要使被试发动机在各种气象条件下排出的燃气回流消除到最小,

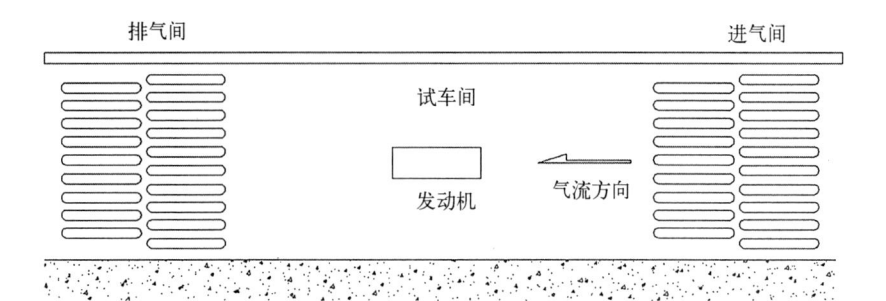

图 3.1　水平进排气形式

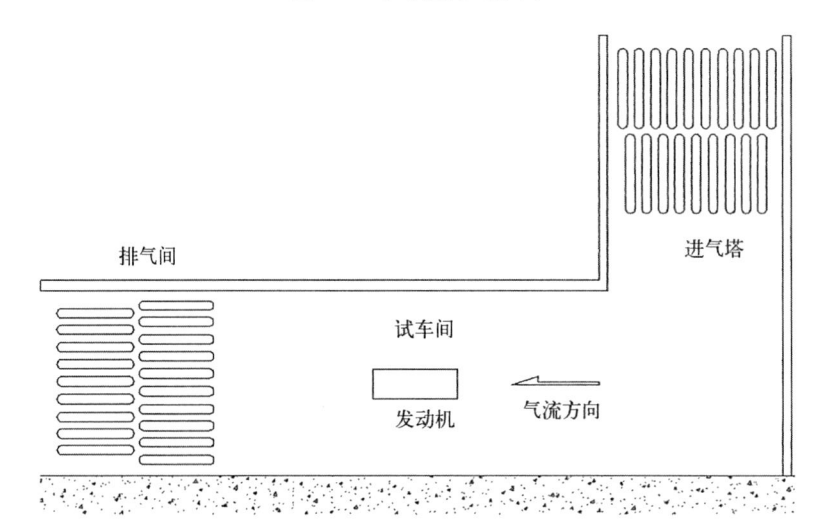

图 3.2　垂直进气+水平排气形式

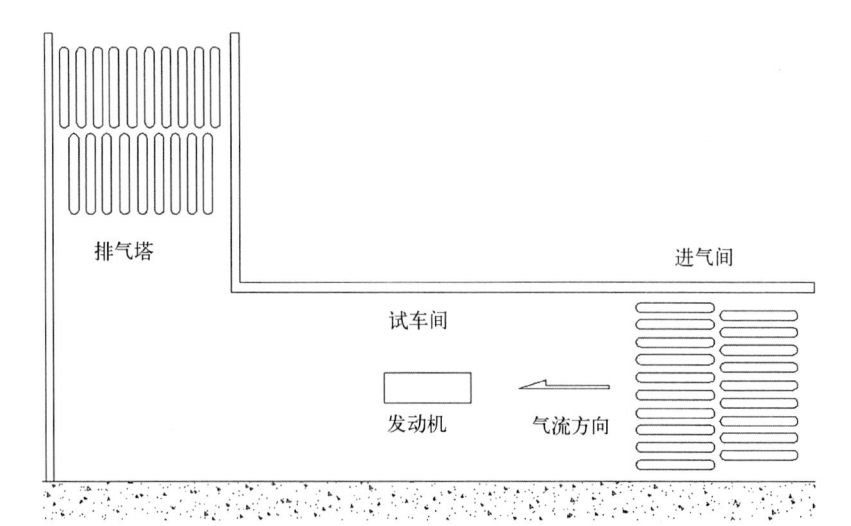

图 3.3　水平进气+垂直排气形式

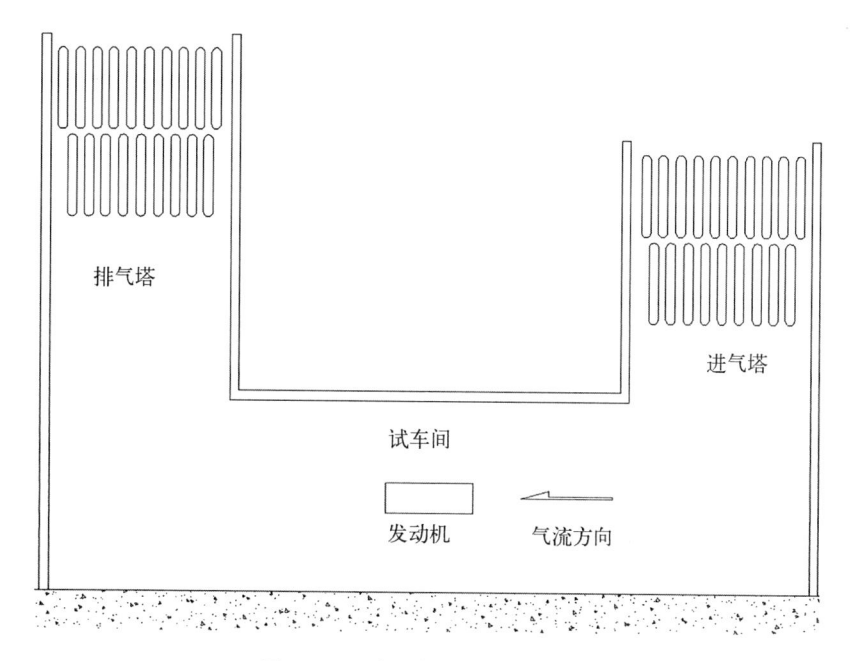

图 3.4 垂直进气+垂直排气形式

直至没有回流。

试车间和设备应符合如下要求：

(1) 试车间、进气通道、排气通道截面尺寸应根据气动设计结果确定。

(2) 试车间结构尺寸应满足被试发动机及设备运输、安装、拆卸和使用维护的要求，进气通道和排气通道应设置检修门，并采取排水措施。在进气塔口应设置防护网，保证工作人员能方便地进入试车间，在发动机周边操作位置能有良好的视野。

(3) 墙壁应有足够的强度，以防止旋转零部件破裂时碎片飞出伤人和承受房间内外压差造成的气动载荷。

(4) 必须有进排气消声装置和各种隔声措施，必要时墙和顶也应安装吸声层，限制噪声向试车间外传播的范围，使噪声排放符合 GB 12348—2008《工业企业厂界环境噪声排放标准》。

(5) 试车间气动及厂房布置、噪声控制、建筑结构、供电、供气、供油、给排水等设计应符合 GB 50454—2020《航空发动机试车台设计标准》。

试车间在空气动力设计上应满足下列要求。

(1) 试车间压力降应符合下列规定：

① 试车间进气压力降不大于 500 Pa；

② 发动机进气截面和排气截面的静压差不大于 100 Pa。

(2) 试车台平均气流速度应符合下列规定：

① 涡轮喷气发动机、小涵道比涡轮风扇发动机与涡轮轴发动机试车台一样，

试车间内的平均气流速度不宜大于 10 m/s。

② 大涵道比涡轮风扇发动机和涡轮螺旋桨发动机试车台试车间内的平均气流速度不宜大于 15 m/s。

③ 涡轮喷气发动机和小涵道比涡轮风扇发动机试车台进气消声装置内平均气流速度不宜大于 20 m/s；大涵道比涡轮风扇发动机和涡轮螺旋桨发动机试车台进气消声装置内平均气流速度不宜大于 30 m/s。

④ 迷宫式排气消声装置通道内的平均气流速度不宜大于 30 m/s，板状排气消声装置通道内的平均气流速度不宜大于 50 m/s。

⑤ 排气塔出口的平均气流速度不宜大于 30 m/s。

(3) 试车间的空气流场及保障设施应符合下列要求：

① 发动机进口空气流场应均匀、稳定、不产生畸变。发动机进气口前端面到厂房进气通道的距离，对于垂直式进气通道，应大于试车间横截面对角线的距离；对于水平式进气通道，应大于试车间的高度。

② 试车台台架及其他设备的布置对发动机进气流场和试车间内气流的流动损失应最小。

③ 涡轮螺旋桨发动机试车台应在螺旋桨工作截面处设置导流环。

④ 当采用垂直式进气通道或转折式进气通道时，宜在气流转弯处设置导流片或水平进气消声装置。

⑤ 涡轮螺旋桨发动机或大涵道比涡轮风扇发动机试车台的发动机安装中心线宜与试车间的几何中心线相同。

⑥ 测功台架迎风面积及其前缘距螺旋桨盘面的距离对发动机的振动和其他性能不应产生影响。

⑦ 排气通道应保证不产生燃气回流及排气反压振荡，排气塔口应高于进气塔口，也可在排气塔口设置折流板。

(4) 涡喷涡扇发动机试车台的排气应采取降温措施。涡喷涡扇发动机试车台排气的调节措施宜符合下列规定：

① 在排气引射筒混合段内或在开孔扩压器段表面宜设置节流装置；

② 发动机尾喷口排气截面到排气引射筒进口截面之间的距离宜进行调节。

(5) 试车台建筑结构设计中气动力负荷应符合下列规定：

① 不带螺旋桨试车台的发动机应为 −1 500 Pa；

② 带螺旋桨试车台的发动机试车桨前为 −1 500 Pa，试车桨后应为 2 000 Pa；

③ 进气通道和排气通道应根据气动力计算确定。

3.6.2 操纵间

操纵间是试车台的控制中心，当发动机试车时，操纵间内有被试发动机及各系统与设备的操作人员、记录人员,以及与试验有关的其他人员。操纵间内最重要的设备是操纵台,操纵台上安装被试发动机操纵系统,包括操纵手柄、起动、停车以及应急处置的各种开关和按钮,安装监视和测量被试发动机工作过程参数的各种仪器仪表,各种报警指示灯,被试发动机及重要装置的实时监视视频显示。现代较为先进的试车操纵台取消了大量非关键性的开关、按钮及指示灯,取而代之的是采用触摸屏点击操作、大屏幕集成显示,先进的数据采集测试系统实时监测显示和存储,自动输出试验数据记录表并可打印,全自动的报警保护系统可实施声、光、电报警及自动处置,普遍采用先进的电动伺服操纵系统并与计算机联机实现自动试车。

操纵间的位置不仅需考虑与试车间联系方便与快捷,还应考虑与测试间及仪器仪表间的联系方便。

为了确保操作人员的安全,在操纵间不宜设置各种燃油、滑油系统管道,各种管线、电缆不宜由操纵间直接进入试车间。

按照仪器仪表和数据采集测试系统对环境的要求,操纵间应对环境温度和湿度进行调节。对操纵间的噪声进行控制,使操纵间的噪声级符合国家标准($\leqslant$80 dBA,推荐$\leqslant$70 dBA)。必要时操纵间的地面与试车间的地面应考虑采取隔振措施,以保证测试仪器与工作人员的正常工作。

3.6.3 测试间

作为航空发动机研究试验机构的科研试车台,一般配有较多的专用测试设备,以全面、准确测量录取被试发动机的各种功能特性和性能参数,因此试车台通常设有专门的测试间。但也有部分功能较为简单、测量参数少的试车台把测试间合并到操纵间,例如,大部分工厂的生产交付试车台与简单的科研试车台都不再单独设置测试间。无论是否单独配备测试间,作为试车台的测试系统均包含以下几方面:

(1) 温度测量系统;
(2) 压力测量系统;
(3) 振动测量及分析处理系统;
(4) 转速、扭矩、功率/推力测量仪器或系统;
(5) 空气、燃油、滑油流量测量仪器或系统;
(6) 间隙、位移测量仪器或系统;
(7) 应力、应变测量仪器或系统;
(8) 动态参数测量系统;
(9) 数据采集系统。

测试间的温度、湿度、噪声控制和防振要求与操纵间相同。有些试车台还配备专门的仪器仪表间,用以放置测试仪器和控制设备,工作人员只在维护时进入,要求具备恒温、恒湿环境和良好隔振,主要为了确保测量和控制仪器的稳定性。

3.6.4 燃油间

燃油间的主要设备是供给被试发动机要求的燃油供应系统(或燃油供油站)。

现在大部分的试车台,发动机使用的燃油都是由燃油库集中供给的。燃油利用压缩空气或油库本身的位压将燃油输送到试车台燃油间进口,并与试车台燃油供给系统进口相连接。

试车台的燃油供应系统一般由下列部件组成:粗油滤、细油滤、增压泵、燃油加温装置、燃油压力调节及稳压装置、燃油计量仪器、防火开关、管道和各种开关等。涡轴发动机试车台一般还配有负压供应装置。

燃油计量仪器用来测量被试发动机的燃油消耗量,并计算发动机的耗油率,是决定发动机性能的一个重要参数。常用涡轮流量计和质量流量计测量燃油,质量流量计测量精度能达到 0.2%,但瞬态测量误差比涡轮流量计大。早期试车台还配有计量油箱与电子秤用于流量测量,现代新建试车台大多采用质量流量计。涡轮流量计和计量油箱是按容积法测量燃油流量的,当按容积法测量时,在燃油间或燃油供给系统中还应增加燃油温度与相对密度测量。

为了满足军用标准和规范验证要求,被试发动机必须满足最高燃油进油温度和最低燃油进口压力的试验要求,燃油系统应设置燃油加温装置和压力调节装置。涡轴发动机试车台还应设置能模拟直升机供油的负压油箱(罐)。

在应急情况下,为了能迅速切断发动机的燃油供给,在燃油供给系统入口处和进入发动机前设置快速断油开关,通常称为防火开关。防火开关宜采用电动闸板阀,便于彻底切断燃油供给,不宜采用有先导功能的电磁阀。

为了减少燃油在管道内的压力流动损失,燃油的流动速度不宜太高,一般控制在 1~1.5 m/s。燃油管道的敷设应有一定的斜度,其斜度可在 0.01~0.05 范围内选择。为了保证进入发动机的燃油的清洁度,燃油管道宜采用不锈钢管制作。

燃油间是有爆炸危险的场所。按照消防防爆要求,燃油间应设计为单层建筑,并置于试车台的端头,房间按照防爆要求设计,配备泄爆墙面,照明及其他用电设备均采用防爆设计,燃油间还应备有通风设施,以防止燃油蒸汽爆炸。

3.6.5 试车台台架

试车台台架是试车台最主要的设备,其他设备均以它为中心进行布置和安装。试车台台架必须满足以下要求:

(1) 能承受发动机在各种气象条件下可能产生的最高试车载荷及因发动机叶片断裂、发动机喘振等因素产生的短时间破坏载荷;

(2) 试车台台架的推力(或功率)测量系统应稳定、可靠,其测量精度必须满足发动机试车要求;

(3) 装有发动机的试车台台架,在由发动机转子残余不平衡量激起的所有振

动形式中,其固有频率不应高于慢车转速的80%;

(4) 台架主体结构不得对发动机进气流场造成扰流和流场畸变;

(5) 应考虑发动机型号改型和发展余地;

(6) 台架结构应紧凑、简单、实用,安装维修和使用操作方便。

3.6.6 发动机工艺进气道

发动机工艺进气道的作用是把足量的外界空气以较小的流动损失导入发动机,并通过测量流量管上的总压、静压等参数,计算出进入发动机的空气流量。发动机工艺进气道的基本要求如下:

(1) 流通能力要满足发动机的工作需要;

(2) 在发动机各种工作状况下,总压损失最小;

(3) 进气流场均匀,无畸变;

(4) 安装方便,固定可靠;

(5) 应装有测量进气参数和冬季防结冰的装置。

发动机工艺进气道按进气型面划分主要有喇叭口形(双纽线)进气道和维托辛斯基进气道两种类型。发动机工艺进气道一般包括防尘网、进气口、流量管、转接段、中间环、橡胶密封圈及固定支架等。

3.6.7 发动机进气加温装置

发动机进气加温装置的功能必须满足 GJB 241A—2010《航空涡轮喷气和涡轮风扇发动机通用规范》、GJB 242A—2018《航空涡轮螺桨和涡轮轴发动机通用规范》及发动机热试车等文件中的有关规定。技术性能应满足发动机热试车时所需的进气流量、进气温度及其温度场等要求。

涡喷涡扇发动机试车台的进气加温装置的热源一般有两种:一种是利用成熟的发动机排出的高温气体作为热源;另一种是利用多个单管燃烧室直接加热空气。现有涡喷涡扇发动机试车台进气加温装置大部分采用前一种方式。该装置在发动机不进行热试车时可移出试车间,以便发动机进行常规试车。

加温发动机的高温排气经两个蝶阀分流,其中一部分排入大气,另一部分通过进气管,在掺混段使热空气与引射的冷空气掺混,通过蜂窝器整流,经稳定段进入被试发动机进气道;如果再进入将整合发动机罩住的长筒形通道内,即可模拟流经发动机周围空气加温的试验。该装置结构庞大,将它移出试车间比较困难。现采取的办法有:在地面敷设轨道运输,使进气加温装置与被试发动机容易对中,但地面有轨道,在不进行热试车时,运送发动机和工作人员行走均不便,该装置运出试车间的存放也不方便且占地面积大。有的将该装置制成积木式,用试车间吊车将装置分成几个部分分别运出试车间,因体积小,故存放方便且占地面积小。

涡轴发动机试车台与 APU 试车台的进气加温装置,通常被加温的空气流量较小(<5 kg/s),加热温度较低(<80℃),因而多采用电热加温器。

3.6.8　典型试车台布置简图

(1) 典型涡喷涡扇发动机试车台布置简图如图 3.5 所示。

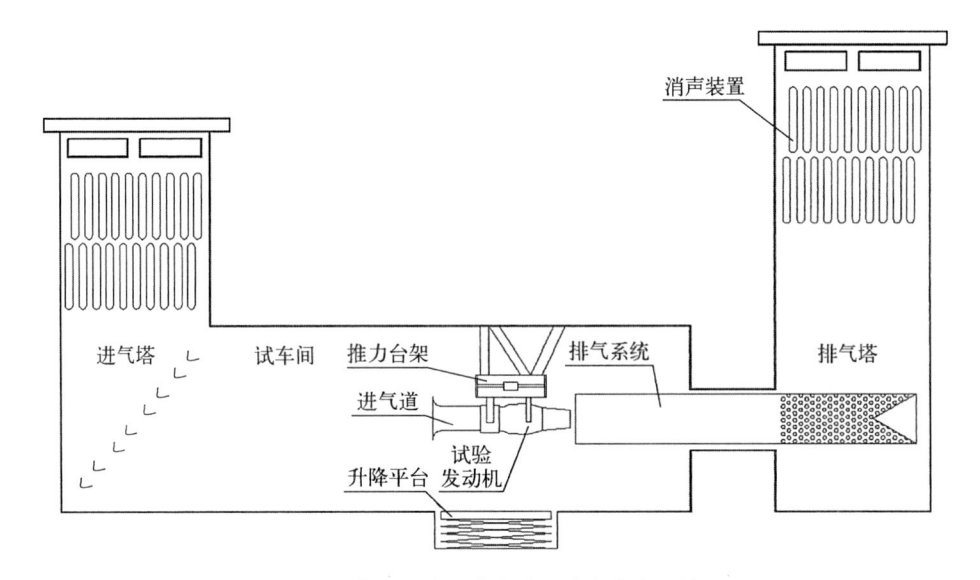

图 3.5　典型涡喷涡扇发动机试车台布置简图

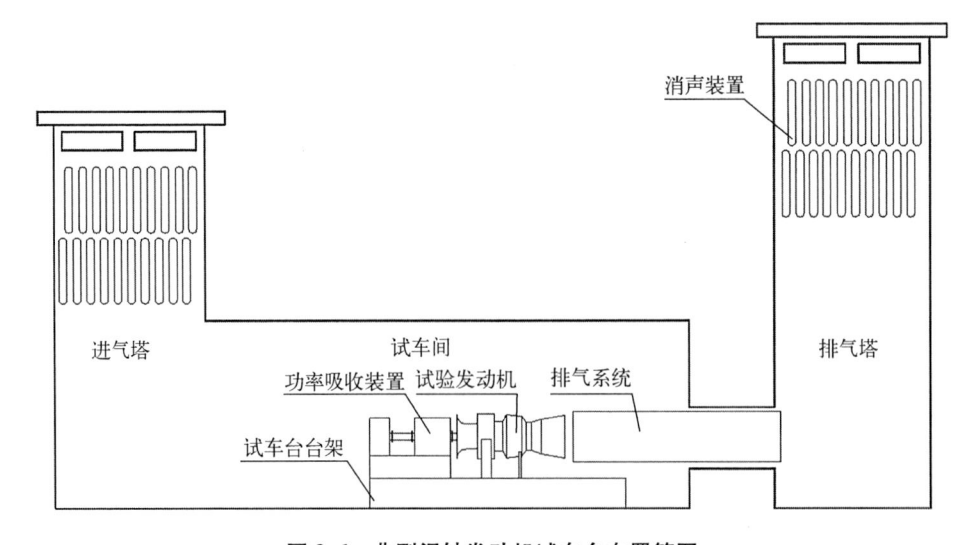

(2) 典型涡轴发动机试车台布置简图如图 3.6 所示。

图 3.6　典型涡轴发动机试车台布置简图

(3)典型涡桨发动机试车台布置简图如图3.7所示。

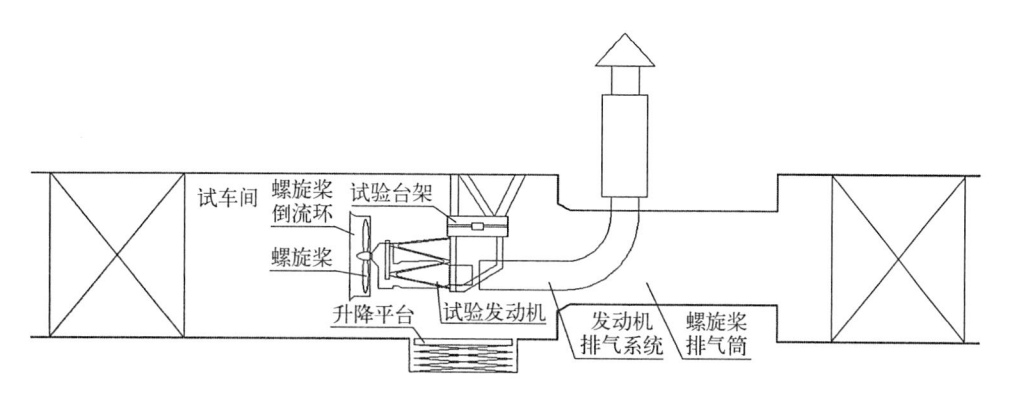

图3.7 典型涡桨发动机试车台布置简图

第4章
试验流程

发动机整机试验是指利用专门的试验和测试设备对发动机整机的性能、可靠性和耐久性进行检验,整机试验一般称为试车。为了使发动机试车能顺利进行,必须按照一定的流程要求做好工作,熟悉试车的流程对快速融入试验工作至关重要。

4.1 总体流程

发动机整机试验总体流程包括试验策划、试验设计、试验准备、试验实施、试验总结,流程图如图4.1所示。

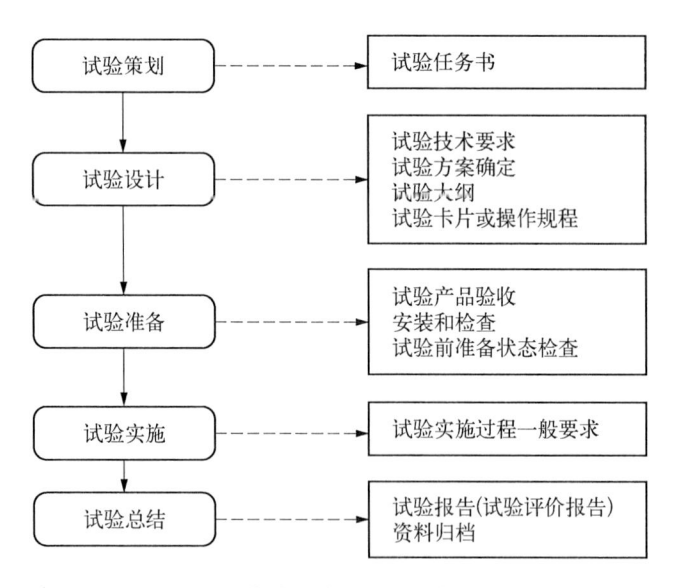

图4.1 发动机整机试验总体流程图

4.1.1 试验策划
试验策划是指研制或生产管理部门依据计划、合同、协议等文件统筹安排试验,下达试验任务,编制试验任务书。在试验任务书编制过程中,应征求试验部门意见,经试验部门及相关部门会签,按规定审批后,交顾客代表或第三方审定机构代表签署。

试验任务书内容一般包括以下方面:
(1) 试验名称、试验性质与试验目的,以及试验内容与条件;
(2) 试验产品的技术条件和技术状态;
(3) 测试系统的技术状态;
(4) 质量保证要求;
(5) 试验任务分工和技术保障内容;
(6) 试验进度要求和组织措施等;
(7) 试验测试项目、参数和精度要求。

4.1.2 试验设计

1. 试验技术要求

试验提出方负责编制试验技术要求(含测试技术要求),其内容一般包括以下几方面:
(1) 试验(测试)内容及要求(功能和性能要求);
(2) 适用的标准、规范要求;
(3) 使用时提供类似试验设计提供的信息;
(4) 试验所必需的其他要求。

2. 试验方案确定

试验实施单位根据试验技术要求确定试验方案,包括试验方法、试车台选定和改造以及测试方案确定。

3. 试验大纲

试验实施单位负责依据试验任务书、试验技术要求及其他法规标准要求,编制试验大纲。试验大纲的内容一般包括以下方面:
(1) 任务来源、试验时间、地点;
(2) 试验名称、试验性质;
(3) 试验目的、考核部位和试验顺序;
(4) 试验内容、条件、方式和方法;
(5) 试验装置的设置和安装要求;
(6) 试验安装注意事项;
(7) 试验调试和过程要求;
(8) 试验产品技术状态;
(9) 测试系统技术状态;

（10）试验准备技术状态；
（11）测试项目、测试设备、测量要求；
（12）试验程序；
（13）试验现场重大问题的预案与处置原则；
（14）安全分析与措施；
（15）质量要求与措施；
（16）技术难点及关键试验项目的技术保障措施；
（17）试验结果评定准则；
（18）现场使用技术文件清单及其他要求；
（19）当两个以上部门参与试验时，明确其分工与质量控制要求。

4. 试验卡片或操作规程

试验实施单位根据试验任务书及试验大纲编制试验卡片或操作规程。其主要内容包括以下方面：

（1）试验方法、试验步骤和试验曲线；
（2）试验中模拟参数和测量的参数项目；
（3）试验限制参数；
（4）参试设备、仪器及其精度；
（5）试验布局及试验现场的安装布置图；
（6）试验的组织机构，参试人员的数量及要求，岗位责任及彼此间的协调关系；
（7）试验数据的记录、处理方法和精度要求；
（8）试验关键过程明细表及关键过程控制方案；
（9）试验时可能出现的问题、解决办法及技术保障措施等。

4.1.3 试验准备

1. 试验产品验收

装配完成的发动机交付试车台进行试车，试验实施单位负责组织人员按规定交接程序对发动机进行检查确认后接收。

2. 安装和检查

试验实施单位负责组织人员按发动机台架安装规程完成发动机在台架上的安装工作，编制安装检查单对发动机、台架和试车台各系统设备等的安装进行检查。

3. 试验前准备状态检查

试验现场指挥负责组织对试验技术文件、试验件、试验设备、测试设备、试验环境条件等情况进行全面检查，填写试验前检查单，整机试验检验员对试验前检查工作进行监督，检查发现的问题整改归零后方可进入试验。试验前准备状态检查主要包括以下方面：

（1）检查发动机安装和所有的接口连接是否正确牢固；
（2）检查试验文件配套情况及试验准备过程的原始记录；
（3）检查试车台设备是否已按开车状态进行准备；
（4）检查操作、指令系统状态是否正确；
（5）检查工作现场准备情况，确认发动机上和试车间没有杂物，工作场地清洁，各接口、孔口、堵头、堵盖、帽罩已移去，工具清点无误；
（6）检查发动机进气道与排气口是否清洁、是否有杂物；
（7）盘转发动机，试听发动机运转时有没有杂音；
（8）检查技术保障及安全措施，确认有效；
（9）检查试验环境条件是否符合试车要求；
（10）故障处置与应急预案；
（11）检查水、电、油、气等资源供应，包括工作介质的清洁度检查和处理。

发动机开车前检查事项，在工艺操作规程中应有具体的要求。

4.1.4 试验实施

试验前准备状态检查通过后，试验现场指挥发出试验开始指令，严格按照试验大纲、试验程序、试验质量管理等规定组织实施试验。

试验完成后，需试验现场指挥宣布试验结束，方可关闭试验设备。

4.1.5 试验总结

试验完成后，应及时收集、整理试验记录和原始数据，对试验情况进行总结。试验实施单位编写试验报告（含试验评价报告）。

试验报告的内容应包括以下方面：
（1）试验概况；
（2）试验目的和性质；
（3）试验发动机数量和技术状态；
（4）试验设备；
（5）试验项目；
（6）步骤和方法；
（7）试验数据；
（8）试验结果处理及处理方法；
（9）试验中出现的主要技术问题及处理情况；
（10）试验结论。

试验评价报告的内容应包括以下方面：
（1）试验是否达到试验任务书和试验大纲的要求；

(2) 试验数据采集情况；

(3) 试验结果处理及处理方法；

(4) 试验结果与评价；

(5) 故障分析与处理情况。

将试验相关文件按规定归档,包括试验技术要求、试验大纲、试验报告、试验评审书等。

4.2　试车主要工艺流程要求

发动机试车主要工艺流程包括发动机接收和安装、发动机下台和交付、发动机内部启封和假起动开车、冷运转、起动、磨合运转、发动机加温和冷却运转、发动机控制系统工作检查、发动机稳态性能验证、推力瞬变和功率变换检查、发动机滑油系统工作检查、发动机密封性检查、停车等。

4.2.1　发动机接收和安装

1. 接收发动机

在接收发动机时,应有负责发动机设计的技术人员、整机试验检验员和试验班组工作人员在场,在三方检查并在发动机交接履历本上签字认可后,方可接收。接收发动机检查内容主要有以下方面：

(1) 交付试车台进行试车的发动机必须按装配工艺技术要求装配完毕并经检验合格,具备完整的卷宗(交接履历本)及质量证明单。

(2) 接收时检查发动机外观是否清洁、无缺陷、无伤痕。

(3) 各导管之间、导管与机匣和附件之间、发动机附件和附件之间的间隙应符合规定。

(4) 发动机所装附件齐全,并与交接履历本相符。

(5) 各管接头及孔口应有堵头、堵盖,发动机进气口、排气口等应有帽罩遮盖。

(6) 滑油油滤堵塞指示应正常。

(7) 所有电缆应无伤痕、无破损,接插件插针无弯折、损伤并固定牢靠。

(8) 发动机和附件各调整部位的保险、铅封齐全完好。

(9) 拨转燃气发生器与动力涡轮转子,应转动灵活、无阻滞和摩擦声。

2. 安装前的准备工作

安装发动机前应做好如下准备工作：

(1) 确认吊车、吊具符合安装拆卸发动机要求并处于良好状态。

(2) 检查发动机支架、连接轴、工艺进气道等设备外观,表面应无裂纹、损伤,紧固件不应松动。

（3）各导管接头、安装座等应清洁、无机械损伤和裂纹，不应有断扣、脱扣和毛刺。

（4）所有与发动机相连接的导管不应有裂纹和过度弯曲、压扁，胶管无老化、分层现象。

（5）保持试验场地清洁、整齐。拆下的零件、堵头、堵盖应清点数目，并放入专用盒内。剪下的保险丝头和导线应放在专用盒内，不得乱丢，所有工具齐全并定置摆放。

3. 发动机在台架上的安装

发动机在试车台上的安装应按该发动机的安装技术规程进行：

（1）用专用吊具将试验发动机从包装箱或装配车上吊起，将车台工艺安装座固定在发动机相应安装节上，拧紧螺栓后打上保险。

（2）将发动机吊装到台架上并固定好发动机各支点，当采用预装架时，将发动机和转接架在台架下连接好，然后将转接架和发动机一起安装在台架上，并连接好所有安装节。

（3）对于轴功率输出的发动机，需对发动机输出轴和功率测量吸收装置进行同轴度调整（又称为调心），使其满足规定的要求。

（4）安装涡喷涡扇发动机时要求进行水平度调整。

（5）安装试车台工艺进气道和工艺喷口。

（6）轴功率输出的发动机需安装发动机与测功装置之间的连接轴。

（7）安装起动发电机或空气起动机的供气管。

（8）连接所有试车需要的油、水、气等管路，电缆接头、测试与监控导线和传感器等。

（9）给试验设备或发动机滑油箱加油到规定的液面位置，并对燃油系统、滑油系统进行放气。

（10）在完成全部安装工作后，工具、工艺安装件等应齐全，并将各项安装和检查工作记入试车台记事本中并签名。

4.2.2 发动机下台和交付

1. 发动机下台

在试验任务完成后，试验实施单位填写发动机交接履历本，有关试验情况、试验中的更换件、试验时数、起动次数和冷运转次数等应如实填写，严格按照试验件交接管理规定进行试验件的交接。

发动机拆卸是以与安装工作相反的顺序进行的。在发动机下台前，应将试验时拆下的保护件（堵头、堵盖、帽罩等）恢复原状。在发动机下台起吊前，应仔细检查发动机与台架的连接螺栓等是否已经拆除，所有的连接导管和插头是否已拆除，在确认无任何障碍后方可起吊发动机。在起吊过程中应仔细观察,小心控制,保证发动机不与台架有任何刮碰等现象。

2. 发动机交付

试验实施单位和接收单位进行发动机交付,交付检查无误后,双方在交接检查记录单上签字确认,交付检查的主要内容有以下方面:

(1) 清查交接履历本是否齐全,与实物是否一致,记录是否完善。
(2) 检查发动机外观,应无压痕、划伤、碰伤和明显污渍。
(3) 检查发动机主辅安装节,安装应牢固、可靠。
(4) 检查滑油系统接头是否有堵盖,滑油油滤堵塞指示是否正常。
(5) 检查燃油系统接头是否有堵盖。
(6) 检查放气活门堵盖是否安装。
(7) 检查控制/电气系统电缆接口是否安装堵盖,接插件插针是否弯折、损伤。
(8) 检查排油口、漏油口堵盖是否安装。
(9) 目视检查发动机进气道、排气道,应无异物、无损伤并盖好帽罩。
(10) 检查发动机转子,应转动灵活、无异响。
(11) 检查发动机交接记录单,应完善。

4.2.3 发动机内部启封和假起动开车

发动机内部启封是用燃油冲注发动机燃油系统,以清除油封后留下的滑油。同时,以规定的工作滑油取代滑油系统内的油封滑油,吹干净氧气系统并检查氧气系统的密封性,排除液压油系统中的空气。

发动机内部启封应按发动机技术规范的具体要求进行。

1. 燃油系统注油

在规定的进口燃油压力下,对发动机燃油系统冲注燃油,打开燃油系统的放气活门,将放气工具装于放气活门上,使达到规定压力的燃油从燃油系统进口流入发动机冲注燃油附件,直至放气活门接头上流出的燃油中没有气泡,再继续放出一定量的燃油后,停止冲注。

2. 滑油系统注油

从发动机附件机匣和滑油箱放出油封后留下的滑油,用规定的工作滑油冲注滑油箱至规定的位置。

3. 液压系统注油

按规定的压力向液压系统注油,在规定的放油口放出液压油,直至排除系统内的空气,无泡沫和脉冲并均匀地流出液压油为止。为此,需使液压驱动作动筒活塞在全行程范围内往返移动规定的次数,以将系统内的空气有效地赶到出油口处,同时检查液压系统的密封性,不允许液压油泄漏。

4. 氧气系统检查

将发动机供氮接头与氮气瓶减压阀出口连接,减压阀保证氧气系统具有规定的压力。按试车规程规定的方法完成氧气系统密封性检查工作。补氧系统使用完毕后,应对其管路卸压,将残留在管路内的压力氧气(或氮气)排空。

5. 假开车和发动机内部启封

由起动机驱动,在规定的时间内将发动机从静止状态带转到规定的转速,仅供燃油而不点火的运转称为假开车或假起动。

假开车和假起动的目的:排除发动机燃油系统内的空气,检查系统密封性,冲洗系统内的油封油,观察起动调节器控制的起动供油情况,根据滑油压力的显示判明滑油压力是否建立等情况。

假起动步骤如下:

(1) 断开点火器;

(2) 发动机电子控制单元(engine electronic control unit,EECU)供电;

(3) 打开防火开关;

(4) 油门杆放在"慢车"位置;

(5) 按下"假开车"按钮进行假开车(一般为程序自动控制,运行规定的时间后自动停车);

(6) 检查参数;

(7) 由起动机带转达到实际转速;

(8) 检查电压、电流(或起动供气压力);

(9) 检查发动机燃烧室工作喷嘴供油压力值;

(10) 检查滑油压力应有指示;

(11) 检查燃烧室漏油活门及发动机其他部位漏油量;

(12) 检查发动机各结合面及各管道密封性;

(13) 停车过程应无异响,并记录自转时间。

如果在燃烧室排油管或尾喷管出口没有看到燃油流出,重复以上步骤两次。

当内部启封时,为充分吹除内部油封存油,必要时可将启封用油从发动机具有合适压力滑流量的规定部位引出,接到需要冲注燃油以吹除油封滑油的油路和附件接头上。

发动机在最短停车时间(一般为 10~14 min)后才允许假起动,这是因为热发动机在重新供油后可能爆燃。

4.2.4 冷运转

由起动机驱动,在规定的时间内将发动机从静止状态带转到规定转速,不供燃油也不点火的运转称为发动机冷运转。

冷运转的目的是：吹除发动机内的积油和余火；当滑油箱或滑油系统排空时，通过冷运转使滑油注入发动机滑油系统；检查转子转动有无杂音，测定起动机实际带转转速。冷运转也用于发动机停车后的加速冷却。

冷运转步骤如下：

(1) EECU 供电；

(2) 油门杆放在"停车"位置；

(3) 按下"冷运转"按钮进行冷运转（一般为程序自动控制，运行规定的时间后自动停车）。

检查参数如下：

(1) 由起动机带转达到的实际转速；

(2) 电压、电流（或起动供气压力）；

(3) 滑油压力应有指示；

(4) 燃油吹除、发动机密封性等情况。

4.2.5 起动

1. 起动的分类和定义

把发动机转子从静止状态加速到规定的慢车状态称为起动。起动分为以下几类：

(1) 冷起动。发动机停车至少 2 h 之后的起动，称为冷起动。

(2) 热起动。发动机停车后规定时间内的再起动或按排气温度指示不低于规定值的再起动称为热起动。

(3) 再起动。发动机停车后在最短允许间隔时间起动发动机，称为再起动。

2. 起动程序和极限限制要求

起动程序如下：

(1) EECU 供电；

(2) 打开防火开关；

(3) 油门杆放在"慢车"位置；

(4) 按下"起动"按钮 2~3 s 后松开，EECU 自动控制发动机至地面慢车状态。

起动极限限制要求如下：

(1) 起动时间极限，即从按下"起动"按钮到发动机达到慢车状态所需的最长允许时间。

(2) 再起动时间极限，即发动机停车和下次起动最短允许时间间隔或两次起动之间最短允许时间间隔。

(3) 起动温度极限，即起动过程中最高允许的排气温度值。

起动数据记录要求如下：
（1）从起动到点火的时间和转速。
（2）从起动到起动机脱开的时间和转速。
（3）从起动开始到稳定慢车状态的时间和转速。
（4）起动最高排气温度。
（5）慢车滑油压力、燃油压力。
（6）起动机工作参数和点火系统工作参数。
（7）其他起动过程中规定记录的数据。

3. 起动过程异常情况及其处理

起动过程中遇到下列情况之一应中断起动，当起动机未脱开时，还应按"紧急停车"按钮，终止向起动机供电：
（1）转速上升到规定值，滑油压力无正向指示。
（2）在规定的时间内工作燃油未点燃。
（3）当排气温度上升有可能超过极限值时。
（4）在出现冷悬挂、热悬挂、喘振或喷火等危险情况时。
（5）有产生火灾可能的燃油、滑油泄漏。

4.2.6 磨合运转

发动机完成装配后，在台架初次试车时，首先进行磨合运转，在磨合运转过程中，运转应该从慢车转速由低到高逐步提升到起飞转速，再由高到低逐步降到慢车转速。磨合运转的目的是使发动机的传动齿轮啮合面、转静子封篦齿和涂层之间、滑油和空气系统的接触式转动封严件以及轴承经过一定时间的跑合，使各个零件配合得更协调。

磨合运转程序的制定应遵循磨量渐进的原则，以达到各种状态的良好运行，一般情况下采用转速递增、递减台阶程序，在初始磨合时，可采用"进二退一"的运转方式。

磨合运转程序对一个发动机并不是固定不变的，例如，当新发动机进行磨合运转时，所需时间为 1 h 左右，使用过的发动机或翻修后的发动机，其磨合运转时间可能缩短到 0.5 h 之内。

4.2.7 发动机加温和冷却运转

为了减小发动机的循环应力峰值，发动机在起动到慢车运转并进行高负荷运转之前，需在规定的中转速下进行一定时间的运转，使发动机较为缓和地从冷态过渡到热态，为进一步到达高负荷运转进行预热，这种运转方式称为发动机加温运转，规定的加温运转通常是温度负荷适中且连续工作时间不受限制的转速，一般在 70%~90% 最大连续转速范围内确定。

发动机在大功率状态下连续工作时间接近或达到极限值后,在规定的中转速运转一定时间来冷却发动机,称为冷却运转。规定的发动机冷却运转速度通常是热负荷较低且连续工作时间不受限制的转速,一般在70%~90%的最大连续转速范围内确定。

发动机加温运转和冷却运转又称为暖机和冷机,暖机转速和冷机转速可以相同,也可以不同,一般冷机转速低于暖机转速。

4.2.8 发动机控制系统工作检查

发动机控制系统的任务是实现各种控制规律、安全保护、故障诊断与处理等,对发动机控制系统进行工作检查和调整,以验证系统的性能是否满足发动机型号规范要求。

1. 发动机控制系统功能

发动机控制系统功能取决于发动机的功能要求和调节规律,一般有以下几方面:

(1) 起动控制;
(2) 油门和发动机状态控制;
(3) 风扇和压气机进口导流叶片控制;
(4) 压气机放气;
(5) 可调喷口等变几何控制;
(6) 加力通断控制;
(7) 流程压力和压比控制;
(8) 转速控制;
(9) 功率轴扭矩控制;
(10) 反推力或反桨控制;
(11) 防喘、退喘和再自动点火控制;
(12) 双发匹配控制;
(13) 安全保护或限制(如温度限制、超转保护、转速限制、扭矩限制等);
(14) 故障诊断与处理(如转速信号故障、滑油压力信号故障、超转保护信号故障、停车电磁阀故障等);
(15) 其他对发动机进行的专门控制。

2. 发动机控制系统性能检查和验证

在试车过程中,检查和调整发动机控制系统的有关功能应符合型号规范要求:

(1) 当发动机控制系统达到规范规定的稳定工作状态、过渡状态和变换状态时,发动机各参数变化过程应符合规范规定。

(2) 发动机具有自动防止超过规定极限值的能力,限制功能区域符合型号规范规定的范围。

（3）在电源断电时可产生满足要求的推力和功率。

（4）在各控制系统装置进行功能检查、调整时,不仅要保证其控制功能合格,且调整部位的调整量应在允许范围之内。当外场使用中允许调整的部位在验收试车中调整时,还要给外场留有规定的调整余量。

（5）各种自动控制装置的协动和连锁条件,按规定的方法检查符合要求。

（6）在规定的条件下,发动机推力和功率可以在规定的范围内进行操纵,并有符合要求的跟随性。

（7）控制系统的故障诊断与处理功能,应按规定的方法检查,验证系统的故障模式识别能力和故障对策。

（8）对按不同飞行条件和环境进行控制的装置,有些还要按规范规定进行高空模拟条件下的检查和调整。

3. 涡轴发动机控制系统检查实例

某型涡轴发动机控制系统采用全权限数字控制系统,其控制系统整机台架试验项目如表4.1所示。

表4.1 控制系统整机台架试验项目

序 号	试 验 项 目	
1	功能试验	$T_{t4.5}$起动超温保护试验
2		控制系统超转保护功能试验
3		控制系统超温限制功能试验
4		燃气发生器换算转速n_{gc}限制试验
5		燃气发生器转速n_g限制试验
6		扭矩限制试验
7		通道切换试验
8		旋翼刹车试验
9		扭矩配平试验
10		$T_{t4.5}$配平试验
11	性能试验	起动试验
12		稳态试验
13		加减速试验

续 表

序 号	试 验 项 目	
14	故障模拟与容错控制试验	n_g 信号故障模拟试验
15		n_p/M_{kp} 信号故障模拟试验
16		L_{GT} 信号故障模拟试验
17		L_{HA} 信号故障模拟试验
18		I_{GT} 信号故障模拟试验
19		I_{HA} 信号故障模拟试验
20		P_3 信号故障模拟试验
21		T_{t1} 信号故障模拟试验
22		$T_{t4.5}$ 信号故障模拟试验
23		滑油压力 P_m 信号故障模拟试验
24		滑油温度 T_m 信号故障模拟试验
25		超转保护 n_p 信号故障模拟试验
26		停车电磁阀故障模拟试验
27		放气电磁阀故障模拟试验
28		状态控制开关操纵故障模拟试验
29		旋翼刹车信号故障模拟试验
30		电源故障试验
31		通信故障模拟试验
32	随整机进行的试验	高空模拟试验
33		高、低温起动和加速试验
34		任务化持久试车试验
35		低循环疲劳试验
36		持久试车试验

4.2.9 发动机稳态性能验证

1. 发动机性能状态

发动机性能状态的名称以相关规范中使用的定义为准,涡喷涡扇发动机性能状态一般包括最大推力状态、最小推力状态、中间推力状态、最大连续推力状态、最大反推力状态、慢车状态等。

涡轴涡桨发动机性能状态一般包括应急功率状态、最大起飞功率状态、中间功率状态、最大连续功率状态、空载状态等。

2. 发动机稳态性能试验

发动机稳态(即稳定工作状态),就是发动机内部气流与构件处于热平衡的状态,表征发动机状态参数(如转速、推力、输出轴功率、排气温度等)不随时间变换,或者在一定控制精度范围内小幅波动。发动机的稳态性能是发动机设计的一项重要指标。

型号规范中所规定的发动机稳态性能,是在标准大气海平面静止条件下基准燃油低热值(42 900 kJ/kg)时的性能,因此在发动机进行试车时,实测的性能数据应换算到标准大气性能,再与规定的验收标准进行比较。

3. 稳态性能试验内容

稳态性能试验内容主要包括以下方面:

(1) 在无飞机系统引气、无飞机附件功率分出及发动机防冰引气、无进口畸变情况下,进行稳态性能试验,录取稳态性能数据;

(2) 在最大允许引气量情况下,进行稳态性能试验,录取稳态性能数据;

(3) 在规定的功率分出情况下,进行稳态性能试验,录取稳态性能数据;

(4) 打开发动机防冰引气,进行稳态性能试验,录取稳态性能数据;

(5) 在最大允许进口畸变条件下,进行稳态性能试验,录取稳态性能数据;

(6) 在(2)~(5)综合作用下,进行稳态性能试验,录取稳态性能数据。

4. 稳态性能试验条件

稳态性能试验条件主要有以下方面:

(1) 进气道总压恢复满足型号规范要求;

(2) 指定的排气道;

(3) 使用规范中指定的发动机控制系统,规定的性能应根据产生最低性能变化的控制系统的公差来确定;

(4) 对于涡轴涡桨发动机,轴功率吸收装置的特性应符合型号规范要求。

5. 稳态性能试验方法

起动发动机到慢车后,按规程对发动机进行充分暖机,再逐一将发动机运行到验证性能的规定状态,当发动机在该状态至少稳定运转规定的时间时(一般至少5 min),录取规定的性能参数和其他特性数据。对于某些发动机录取性能参数,还要求滑油温度稳定在规定范围内。

4.2.10 推力瞬变或功率变换检查

航空涡轮发动机的推力瞬变或功率变换是在保证发动机工作稳定的前提下,以最短的时间改变推力或功率。推力瞬变或功率变换过程特性是发动机重要的设计指标和使用特性之一,对于军用飞机的发动机,其也是一项战术技术指标。

GJB 241A—2010《航空涡轮喷气和涡轮风扇发动机通用规范》和 GJB 242A—2018《航空涡轮螺桨和涡轮轴发动机通用规范》对推力瞬变和功率变换的要求:在任何状态下,当以任何顺序和速度移动油门杆时,应不存在超出瞬态极限的超转和超温,也不应引起主燃烧室、加力燃烧室、风扇或压气机不稳定工作。油门杆移动时间不大于 0.5 s,完成推力或功率 95% 变化所需的时间应满足型号规范要求,完成规定的瞬态工作并达到稳定工作状态所需的总时间,不大于规定的时间再加 10 s,并且要求所有备用控制模式的推力瞬变时间应与主模式瞬变时间相同。

1. 推力瞬变或功率变换试验内容

推力瞬变或功率变换试验内容有如下方面:

(1) 在无飞机系统引气、无飞机附件功率分出及发动机防冰引气、无进口畸变情况下,进行规定状态的推力瞬变或功率变换试验;

(2) 在最大允许飞机引气量的情况下,进行规定状态的推力瞬变或功率变换试验;

(3) 在规定的功率分出情况下,进行规定状态的推力瞬变或功率变换试验;

(4) 在发动机防冰引气打开的情况下,进行规定状态的推力瞬变或功率变换试验;

(5) 在最大允许进口畸变条件下,进行规定状态的推力瞬变或功率变换试验;

(6) 在最大允许飞机引气量、功率分出、防冰引气打开、进口畸变条件综合情况下,进行规定状态的推力瞬变或功率变换试验。

在(2)~(6)试验条件下,瞬变时间应不超过(1)条件下规定时间的 125%。

2. 推力瞬变或功率变换试验条件

推力瞬变或功率变换试验条件与稳态性能试验条件相同,这里不再赘述。

3. 试验方法

在进行推力瞬变或功率变换试验前,发动机应进行暖机。按发动机规定的瞬变状态进行推力瞬变或功率变换试验,状态变换时移动油门杆或功率杆的时间不长于 0.5 s。

4. 注意事项

在进行发动机推力瞬变或功率变换试验时,应配备动态参数实时采集系统,试验时应严密监视发动机进口压力脉动、失速、喘振、加力燃烧室压力脉动、燃烧室熄火信号、导叶跟随性、发动机转速、温度、推力、功率、振动等显示信息或报警信号。

4.2.11 发动机滑油系统工作检查

1. 滑油压力检查和调整

在规定状态,检查发动机滑油压力、滑油温度和滑油系统腔压的值是否在规定范围内,若不在,则应查明原因,排除故障后再开车。

如果发动机滑油压力设有最小滑油压力信号器,则应在停车和开车过程中,注意检查滑油压力信号报警值是否符合规范要求。

对于装配后首次试车的发动机,如果发动机滑油系统金属屑信号器报警,应清洗该信号器,若再次开车检查仍报警,则应更换发动机滑油,必要时清洗滑油系统,若第三次报警,则应立即停车,查明原因,排除故障后再开车。

2. 滑油消耗量测量方法

滑油消耗量测量方法一般是通过测量滑油箱中滑油液位下降进行计算的,各型号发动机都有具体的规定,要求两次测量滑油液位时的滑油温差值不大于规定值,测量滑油箱液位时必须按规定程序运转,停车后按规定的检查间隔时间进行检查。

滑油消耗量测量方法如下:

$$G = \frac{V \times 60}{\tau}$$

式中,G——滑油每小时消耗量(L/h);

V——滑油消耗值,等于两次测量滑油箱液位差(L);

τ——两次测量滑油液位之间发动机工作时间(min)。

3. 测量滑油消耗量的规定运转

测量滑油消耗量的规定运转有如下方面。

(1)短时间运转。在规定的中转速和慢车转速运转规定的时间后停车。

(2)长时间运转。当按短时间运转测量的滑油消耗量大于规定的极限值或不仅不消耗滑油箱液位反而增高时,采用长时间运转。长时间运转应是中转速、高转速、低转速均有,各规定一定时间,停车后间隔规定时间后测量初始液位值。然后第二遍开车,按规定的更长时间运转,停车后间隔规定时间测量最终液位值,按两次测得的液位差算出滑油消耗量。

(3)附件机匣和滑油箱油量一起计算的方法。当按长时间运转后,计算的滑油消耗量大于消耗量极限值时,为了更准确地测定滑油消耗量,采用放出附件机匣内的滑油,并与滑油箱内油量一起计算的方法确定滑油消耗量。首先放出滑油箱和附件机匣内的全部滑油,然后向滑油箱注入新的滑油至规定液位。按长时间运转的程序运转发动机,每次开车均将滑油箱和附件机匣内的滑油全部放出,并测量放出的滑油总量,再用两次滑油总量的差值算出消耗量。如果消耗量等于零或者增加,应检查是否有燃油渗入滑油系统。将滑油取样分析,确定闪点,合格后方可继续试车。

(4)某涡轴发动机滑油消耗量检查运转程序实例如下:

① 确认发动机滑油系统接口无泄漏；
② 起动发动机并加速到巡航工作状态，并保持此状态直到发动机滑油进口温度稳定；
③ 减速到飞行慢车状态，并在发动机停车前稳定运行 2 min；
④ 发动机完全停车后 3~5 min，标记油箱观察玻璃上的油面刻度（验收试验结束后擦掉标记）；
⑤ 再起动发动机并加速到巡航工作状态，发动机至少运行 1 h；
⑥ 减速发动机到飞行慢车状态，在发动机停车前稳定运行 2 min；
⑦ 发动机完全停车后 3~5 min，补充滑油到标记刻度处，并测量添加量。

4.2.12　发动机密封性检查

在规定的开车和停车期间，检查发动机附件、管路、安装边及接头等可见部位是否存在不允许的气体和液体的泄漏或超出规定的泄漏。在检查发动机密封性时，应根据泄漏部位、泄漏情况、故障的易辨性以及检查手段的分辨能力，观察部位可达性等条件，确定试车中检查密封性的发动机状态。

开车前和停车后检查停放和停车后的泄漏情况，可以通过泄漏量和泄漏痕迹检查泄漏情况。

4.2.13　停车

1. 正常停车

正常停车是发动机运行结束，按型号规范规定的正常停车程序进行的停车。一般正常停车前，要完成规定的冷机和慢车运转，再将发动机油门杆以规定的时间拉至停车位置。

2. 紧急停车

试车中出现故障现象，使用紧急停车按钮将发动机停车，或将油门杆迅速拉至停车位置，称为紧急停车。试车中紧急停车的情况应在试车规程中明确，一般包括如下方面：

（1）发动机进口滑油压力低于最低允许极限值时；
（2）出现喘振爆声时；
（3）发动机或试车台油路发生燃油、滑油、液压油的泄漏，并有发生火灾的危险时；
（4）起动过程中温度超过极限值；
（5）起动过程中起动机未脱开；
（6）尾喷口喷出火星或不正常火舌；
（7）异常刮磨声；

(8) 试车规程规定的其他危险情况。

3. 次紧急停车

试车中出现下列情况之一,应迅速将操纵杆拉到慢车位置,如果在慢车状态停留时故障依然存在,则应立即将发动机拉停。

(1) 燃油增压泵出口燃油压力降低至极限值以下时;
(2) 涡轮后温度升高超过极限值时;
(3) 转速、推力或功率突然变化时;
(4) 发动机出口滑油温度超过极限值时;
(5) 信号灯闪烁不正常时;
(6) 出现不正常的噪声时;
(7) 发动机失速、喘振监控值超过极限值时;
(8) 发动机振动、应力超过极限值时,或者虽未超过极限值,但突然有较大的变化时;
(9) 试车规程规定的其他必须降低转速观察的异常情况发生时。

4.3 试验过程质量控制

试验是检查和验证原理设计、工艺方法、新技术应用等是否满足研制任务书或合同要求的有效方法,是检查、验证产品的性能、功能、可靠性等质量特性的重要手段,通过试验发现产品的设计、生产存在的问题,为改进和完善设计制造质量提供客观依据。试验过程质量控制的目的就是要保证试验结果能够准确无误地反映产品的固有特性,达到试验任务书的要求。因此,在试验前做好试验的各项准备工作;在试验过程中,认真组织,严格检查,预防可能发生的意外事故;在试验结束后,认真总结经验,以达到提高试验水平的目的。

4.3.1 试验准备阶段质量控制

1. 试车用技术文件

试验现场图样和文件必须齐全,履行批准程序,并现行有效,作废的图样和技术文件应及时收回。需进行资料保留的作废图样和技术文件,留存前进行标识。当图样和技术文件更改时,必须进行标识,并履行审批程序。

计算机软件应由专人保管,不得使用未经批准的软件。对超出技术文件规定的运行操作,必须经过论证并办理审批手续。

2. 试验方案

在试验方案的选择上要充分考虑现有试验条件和试验技术所能达到的水平;对于首次进行的试验,要尽量选择已成熟的技术,对于不成熟的试验技术,要选择多种试验方案,聘请相关专家对试验方案进行评审;对于重要的试验项目,还要进行必要的原理性引导试验,以降低试验风险。

3. 试验条件

1) 参试人员

参试人员应具备必要的技术素质,要进行技术培训和资格考试,合格后持证上岗。

参试人员应明确岗位职责,熟悉试验件、试验大纲和试验流程等的要求,掌握试验设备操作规程和限制参数等。

2) 试验设备

参加试验的非标准试验设备必须经鉴定合格,并满足试验大纲的要求。参加试验的仪器、设备必须满足测试精度的要求,并按规定定期校验合格有效。试验仪器、设备在试验前应按规定程序进行检查。

3) 试验用油料

试车所使用的燃油、滑油、液压油应符合试验技术要求,并有化验合格结论。

4. 发动机交接和安装

交付试车台进行试车的发动机必须按装配工艺技术要求装配完毕并经检验合格,质量证明文件(合格证和交接履历本等)应齐全,并与实物相符。

发动机上台交接必须严格按照要求对发动机进行检查,接收发动机时应有检验员在场,在检验员检查并签字认可后,方可接收。

发动机在台架上的安装应严格按照其所在试车台的安装技术规程进行。在发动机吊装之前,检查起吊装置的完好性,经现场负责人同意方可起吊发动机。

安装结束后,对发动机与设备的各种连接进行检查确认,保证试验件在台架上固定的可靠性以及与台架上有关部位之间的间隙符合要求。

对现场多余物品进行清理,并记录好安装状态。

5. 试验前评审

发动机首次试验和经过较大变动后的第一次运转试验及整机新试验设备首次开车、持久试验、重大试验等,或顾客要求控制的试验,需对试验发动机的技术状态、试验设备状态、试验准备状态及试验文件、风险分析,以及控制风险预案的合理性、适宜性、一致性、符合性、可操作性等进行评审,以确保发动机技术状态试验程序合理、安全可控。对质量评审过程中发现的问题,实施整改并验证其实施效果的有效性,经批准后,方可进行试验。

4.3.2 试验实施阶段质量管理

试验实施阶段是试验研究工作的关键阶段,是获得试验数据和结果的重要环节。试验实施阶段要精心组织,试验现场要统一指挥,参试人员要职责明确,坚守岗位,各司其职,试验操作人员要严格按照试验文件、试验程序和操作规程进行操作,并按照规定的格式认真做好试验记录,与试验无关的人员未经许可不得进入试验现场。

1. 试验前检查

试验前,参试人员应按照试车台试验前开车检查单逐项检查确认并签字,试验检验员对试验前检查工作进行监督。检查发现的问题整改归零后方可进入试验。

检查项目一般包括以下方面:

(1) 确认发动机的安装连接牢固;
(2) 各管路、电气电缆、测试电缆连接正确;
(3) 水、电、油、气符合试验要求;
(4) 滑油箱油量符合要求;
(5) 验证保护装置有效,报警参数设置正确;
(6) 现场清洁、无杂物。

2. 试验过程质量控制

试验前准备状态检查通过后,试验现场指挥发出试验开始指令,严格按照试验大纲、试验卡片、操作规程等的规定组织实施试验。

试验操作人员应服从试验现场指挥的管理,在试验中按分工坚守岗位,严格按设备操作规程、试验大纲或试验卡片的要求进行操作,专心观察监控参数、告警信号以及发动机工作情况,发现任何异常情况应立即向现场指挥汇报,采取有效措施,防止事故进一步扩大。

当试验过程中需要中止试验、变更试验或临时增加和减少试验项目时,应写明充分的理由,经试验提出方同意,以技术通知单书面通知试验实施单位。技术通知单应经相关单位会签,总(副总)设计师批准,顾客同意后执行,最终应落实到试验技术要求、试验大纲等试验文件的更改上。

试验过程中不能随意改变试验件状态,原则上试验件本体状态不能改变,当试验件状态确实需要更改时,试验提出方发出技术通知单,经过试验实施单位会签,总(副总)设计师批准,顾客同意后方可执行,应保留更改记录,需要时应安排单独试验考核试验件。

当因故无法完成规定的试验内容时,试验部门可中止试验,故障排除并获取明确结论后,按要求继续开展试验。

对于试验产品发生的故障,按《FRACAS 系统运行管理规范》(FDJ/GF3.1)(FRACAS:故障报告、分析及纠正措施)的规定进行管理、记录,并对采取的纠正措施进行验证,其他问题和故障按产生后果的严重程度进行管理并采取相应的纠正措施。

在试验中出现影响人员、试验产品、试验设备等安全的事故时,按制定的应急预案处理，并及时上报。

试验期间若出现水、电、油、气供应问题，动力能源供应部门除非紧急故障无法通知试验实施单位外，应提前通知试验实施单位，待试验实施单位做好应急处理后再停止供应。

3. 试验后质量控制

试验完成后，需现场指挥宣布试验结束，方可关闭试验设备。

完成试验任务后，在发动机下台起吊之前，应仔细检查试验件在台架上的固定支点和部位是否已拆开，所有连接的导管和线路是否已拆除，在确认无任何障碍后，经试验现场负责人同意方可起吊试验件。在起吊过程中应仔细观察，小心把扶，保证试验件不与台架有任何挂碰等。

因试验需要而拆卸下来的所有固定件（包括堵盖、堵头等），试验实施单位应恢复原状，并按要求锁紧。

试验实施单位对下台发动机的外观进行全面检查，发现问题应进行详细记录，发动机下台完毕，试验实施单位填写发动机交接单和试验件交接履历本以备移交。

试验工作全部结束后，试验实施单位负责汇集、整理试验记录和全部原始数据、试验过程采取措施的记录，保证数据的完整性和真实性。试验过程产生的文件及原始资料按照规定进行签署和归档。

试验总结报告依据组织的需求，采取合理的形式，由试验部门、设计部门分别编写独立的试验报告和试验分析报告。试验总结报告应及时完成签署并归档。顾客要求控制试验的试验总结报告（或试验报告和试验分析报告）需经顾客或其代表的同意，向顾客通报试验结果。

第 5 章
试验方法

航空发动机室内整机试验的试验方法因发动机研制不同阶段的试验类型和项目不同而有所区别,如初始飞行前规定试验和设计定型鉴定试验中的试验要求和试验方法均有不同。

5.1 初始飞行前规定试验

初始飞行前规定试验是在发动机首飞前必须进行的试验项目,考核发动机的结构强度和可靠性,检查发动机是否具备首飞条件,为下一步研制工作提供依据。

初始飞行前规定试验的试验项目包括持久试车、高空试验、结构试验等。为充分考核发动机,涡桨发动机飞行前持久试车试验要求在螺旋桨台上进行。

5.1.1 持久试车

1. 试验要求

发动机在初始飞行前需完成规定的持久试车内容。试验要求主要包括:

1) 试车前检查

接收发动机时应检查发动机干质量,确认是否满足规范要求。确认发动机所有电子和电气附件是否进行过电磁干扰和敏感度试验,是否满足规范要求。检查发动机控制杆力矩是否在规范要求范围内。在试车台和发动机上检查温度传感系统,验证其在整个工作范围内能否正常工作,准确度是否满足要求。在持久试车前,控制系统附件在试验器上进行校准,确保各附件性能符合技术规范要求。

2) 校准试车

检查发动机台架性能是否满足型号规范规定,并确定扭矩传感器信号精度是否满足规范规定。

3) 持久试车

(1) 校准运转后,应调整发动机以便各状态能在规定的最大允许稳态测量燃气温度($T_{t4.5}$)下工作,该值应在每阶段开始时重新验证,调整次数予以记录。

(2) 在持久试车中,最小输出轴转速为:其输出轴扭矩不小于适用功率状态的扭矩极限的输出轴转速或者最小输出轴调节转速,两者中取先出现者。最大输出轴转速为:输出轴最大转速极限或输出轴最大调节转速,两者中取先出现者。

(3) 试验分 10 个阶段,每个阶段运行 6 h,每个阶段前应停车 2 h,试验累计运行 60 h,每个阶段的试车运转应按给定顺序进行。

(4) 所有 10 个阶段试车都应按最大直升机引气运转,第 2 阶段和第 7 阶段应在防冰引气工作情况下运转,改变功率的时间应计入较低状态的持续时间内,全部控制杆的移动,即控制杆前推或后拉,时间应该在 0.5 s 左右。

(5) 每个阶段后应确定滑油消耗量并写入报告,利用 10 个阶段的平均值来确定是否符合型号规范要求。

(6) 每次发动机起动后点火系统应断开。

(7) 整个试车中燃油供油平面应保持在燃油泵出口以下 2 m 处,燃油箱应通气。在持久试车的连续两个阶段中,燃油温度应保持在最高温度 57℃。

(8) 发动机内部清洗装置每个阶段验证一次。内部清洗装置的验证程序在型号规范中进行规定。

(9) 在持久试车完成时,验证型号规范规定的发动机滑油放油装置。该验证也应检验其位置对磁性金属屑检测器是否合适。

(10) 在每个阶段结束时,发动机控制系统应进行超温控制功能检查试验、动力涡轮超转控制功能检查试验、扭矩匹配控制功能检查试验。

2. 试验内容和方法

在持久试车前对发动机进行调整,以便发动机能在型号规范规定的最大允许稳态燃气温度下工作。该值在每个阶段开始时重新验证,并对调整次数进行记录。试验分为 10 个阶段,每个阶段运行 6 h,阶段前应停车 2 h。试验程序相对固定,一般每个阶段由下列运转组成:

(1) 最大-地面慢车状态运转;
(2) 递增扭矩运转;
(3) 功率变换运转;
(4) 中间状态运转;
(5) 修正的中间状态运转;
(6) 最大连续状态运转;
(7) 最大状态运转;
(8) 最大连续状态运转;
(9) 中间状态运转;
(10) 最大连续状态运转;

(11) 中间状态运转。

完成持久试车程序和补充起动后,清洗发动机,进行重新校准,检查发动机性能衰减情况。

3. 试验注意事项

试验开始前认真研读试验大纲,确定试验设备是否满足试验大纲要求。

(1) 试验过程中,监控发动机的性能衰减,当发现以下情况时,中止试验:

① 性能衰减温度升高超过20℃;

② 发生规定的报警;

③ 滑油光谱分析结果显示金属元素突然增加;

④ 定检发现异常。

(2) 试验期间试验设备发生故障时应中止试验,待查明原因并排除故障后方可继续试验。

4. 合格判定准则

合格判定准则有以下方面:

(1) 发动机完成规定的全部试车内容;

(2) 当发动机重新校准时,相关性能参数指标不超过试验大纲规定的限制值;

(3) 发动机满足所有校准程序能检查的其他规定的性能要求;

(4) 按照使用部门的意见,被试发动机和附件在试车结束时仍能满意地工作,重新校准未发现过度的性能恶化,分解检查未发现有危及飞行安全的零件损坏和即将出现的损坏。

5.1.2 高空试验

1. 试验要求

高空试验的试验要求包括以下方面:

(1) 与飞行前规定试验的持久试车发动机的零件目录和结构相同的发动机。

(2) 燃油温度的变化范围应能充分满足发动机所遇到的工作环境要求。

(3) 性能试验中每个状态的稳定性检验时间应不少于 5 min。

(4) 进气温度模拟要求。在稳态试验时,进气温度模拟偏差不大于3℃;在过渡态试验时,进气温度模拟偏差不大于6℃。

(5) 进出口压力模拟要求。在稳态试验时,进气压力模拟偏差不大于1%,环境压力模拟偏差不大于1%;在过渡态试验时,进气压力模拟偏差不大于3%,环境压力模拟偏差不大于3%。

2. 试验内容和方法

高空试验的试验内容包括高空校准试验、高空性能试验、功率变换试验、功能试验、起动和再起动试验等。

1) 高空校准试验

高空校准试验的目的是确定发动机性能。

校准开始之前,可调整发动机控制器,在整个校准过程中发动机控制器不能再进行调整。在校准时,发动机进气应调节到发动机要求的进气温度和压力,应验证是否符合型号规范规定的泄漏要求和停车排油要求。在校准试验中录取发动机各规定状态的性能和发动机功率变换特性,记录完成95%功率变换所需要的时间和达到稳定工作所需要的总时间。

2) 高空性能试验和功率变换试验

高空性能试验和功率变换试验的目的是验证发动机的高度特性、速度特性、稳态性能和瞬态性能。

对每个规定的高空试验点,应选择多个(足够数目)发动机功率调整位置,以确定在规定条件下的工作特性和性能特性。在每个规定的试验点上,要确定引气和功率分出单独或同时对稳定性能和瞬态性能的影响。

3) 功能试验

功能试验在发动机工作包线的极端处运转发动机,以验证发动机的工作包线。

功能试验要在功率调整范围内的每个试验点上确定发动机的稳态特性和瞬态特性。发动机工作特性的确定应在有和没有防冰引气及直升机系统引气与功率分出的情况下进行。

4) 起动和再起动试验

起动和再起动试验的主要目的是验证发动机的起动包线,考核发动机的空中起动能力。

按发动机规定的起动和再起动试验点进行空中起动和再起动试验(再起动是指发动机停车停转后30 s到最多14 min内起动发动机)。在点火系统不工作时,按照关闭试验舱燃油活门的方法实现熄火。

若发动机装有连续点火系统或自动再点火系统,则应在上述同样的空中起动点上使用相同的熄火方法,在空载状态、最大连续状态、中间状态和最大功率状态四种状态下,分别用该系统进行一次验证。

3. 试验注意事项

高空试验与常规地面试车存在较大差异,试验时应注意以下事项:

(1) 高空试验中发动机的转速 n_g 或燃气温度($T_{t4.5}$)常达到限制值,操作人员应密切关注发动机的性能参数。

(2) 发动机空中功率(载荷)较地面试车台小,在利用测功器模拟载荷时,负载杆角度根据需要进行调整。

(3) 发动机在试验舱内运转时,发动机传出来的声音较常规试车台小,甚至低于试车台供排气道噪声,因此较难通过发动机声音判定发动机工作状况,应根据试验中的实时数据判定发动机工作情况。

4. 合格判定准则

在达到以下几点要求时,就认为高空试验圆满完成。

(1) 发动机性能不低于型号规范规定的性能,且高空测得性能与海平面测得性能的比值和高空规定的性能与海平面规定性能的比值之差在±5%以内;

(2) 空中起动和功率变换符合型号规范规定;

(3) 功能试验点上,发动机能满意地工作,所测得的高空性能、空中起动和功率变换性能均符合型号规范规定。

5.1.3 结构试验

1. 超转试验

1) 试验要求

超转试验的试验要求有:

(1) 采用与飞行前规定试验的持久试车发动机的零件目录和结构相同的发动机;

(2) 通用规范要求发动机的涡轮和压气机转子在最高允许气体温度和115%最高允许稳态转速下,至少工作5 min。

2) 试验内容和方法

在正式试验开始前,对发动机压气机进口导叶角度进行调节,确保在进行超转试验时,燃气发生器转子转速能够达到要求值,且燃气温度达到最高允许气体温度。

3) 试验注意事项

试车前检查发动机技术状态,确认转子部件装配前已进行无损检验和精密测量。为使发动机达到所需要的转速、温度状态,发动机控制系统、试车台设备各参数限制、保护值相应放开,避免在试车过程中出现不必要的限制、保护。

超转试验存在较大的风险,可能出现叶片断裂或轮盘破裂等故障,试验中应做好隔离防护和消防灭火工作,并制定相应的应急预案。

4) 合格判定准则

超转试验后,对转子部件进行无损检验和精密测量,零件和组件尺寸在允许的极限值内没有损坏或即将出现损坏迹象即可认为发动机通过超转试验。

2. 超温试验

1) 试验目的和意义

超温试验是为发动机转子完整性提供工作储备的特种试验,为确保发动机在控制系统一旦失灵或出现其他异常情况的非正常情况下能安全、可靠地工作。

2) 试验要求

超温试验的试验要求有:

(1) 采用与飞行前规定试验的持久试车发动机的零件目录和结构相同的发动机。

(2) 要求在完成涡轮和压气机转子超转试验(部件试验)后进行超温试验。

(3) 在完成涡轮和压气机转子超转试验后,用同一台发动机在超过最高允许稳态气体测量温度45℃,在不低于最高允许稳态温度下工作5 min。

3) 试验内容和方法

在正式试验开始前,对发动机进行调节,确保在进行超温试验时,燃气涡轮出口温度 T_{t45} 实测值能够达到要求值。调节方式包括以下几种:

(1) 开防冰引气;
(2) 开飞机引气;
(3) 压气机进口导叶运行规律;
(4) 进气加温。

4) 试验注意事项

试车前检查发动机技术状态,确认高温部件装配前已进行无损检验和精密测量。为使发动机达到所需要的温度状态,发动机控制系统、试车台设备各参数限制、保护值相应放开,避免在试车过程中出现不必要的限制、保护。

超温试验存在较大的风险,可能出现叶片断裂或轮盘破裂等故障,试验中应做好隔离防护和消防灭火工作,并制定相应的应急预案。

规范中最高允许稳态气体温度是指最高燃气涡轮前进口温度,由于实际试验过程中无法测量燃气涡轮前进口温度,只能通过燃气涡轮出口温度计算燃气涡轮前进口温度。需根据燃气涡轮前进口温度与燃气涡轮出口温度的关系,计算出第一级燃气涡轮前进口温度上升45℃对应燃气涡轮出口温度上升的具体值。

5) 合格判定准则

超温试验后,对高温部件进行无损检验和精密测量,零件和组件尺寸在允许的极限值内没有损坏或即将出现损坏迹象即可认为发动机通过超温试验。

3. 姿态试验

1) 试验目的和意义

航空燃气涡轮发动机姿态试验的目的是验证发动机在型号规范规定的姿态包线下工作能否满足型号规范要求,获取发动机姿态试验极限能力,为航空燃气涡轮发动机的设计、结构改进和故障排查提供分析和评定依据。

2) 试验要求

姿态试验是为了验证当发动机滑油箱内油量高于规定的"不可用"油量时,分别在型号给定的姿态包线空白区的6个试验点起动发动机,并在中间功率状态至少工作30 min,分别在姿态包线阴影区的两个试验点以中间功率至少工作30 s。

3) 试验内容和方法

试验前检查确认有无燃油和滑油外部泄漏现象,前滑油放油口如有泄漏,确定泄漏量;试验过程中记录各状态点测量参数;停车过程中检查有无异响,记录转子余转时间;试验后检查滑油液面刻度并添加滑油(如有需要)至试验前标记的刻度,记录滑油添加量。

某发动机姿态包线如图 5.1 示。

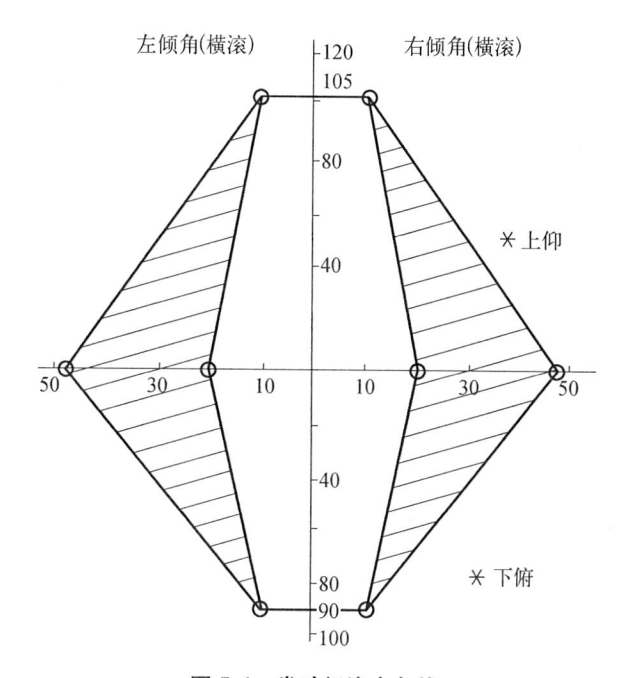

图 5.1 发动机姿态包线

姿态试验按如下内容进行:

(1)调节横滚角度至姿态包线空白区极限角度起动发动机,在最大载荷状态至少工作 30 min;

(2)调节俯仰角度至姿态包线空白区极限角度起动发动机,在最大载荷状态至少工作 30 min;

(3)调节俯仰角度和横滚角度至姿态包线空白区极限角度起动发动机,在最大载荷状态至少工作 30 min;

(4)在发动机姿态包线空白区起动发动机并上推至最大载荷状态,调节横滚角度至姿态包线阴影区极限角度,至少工作 30 s;

(5)在发动机姿态包线空白区起动发动机并上推至最大载荷状态,调节俯仰角度至姿态包线阴影区极限角度,至少工作 30 s;

(6)在发动机姿态包线空白区起动发动机并上推至最大载荷状态,调节俯仰角度和横滚角度至姿态包线阴影区极限角度,至少工作 30 s。

4)试验注意事项

试验注意事项有以下方面:

(1) 试验时密切关注振动变化,如果发现振动有较快上升趋势,应降低发动机负载;

(2) 试验时密切关注滑油压力变化,如发现滑油压力超出限制值或有突变,应立即停车;

(3) 试验时关注发动机滑油箱,不能出现滑油泄漏现象。

5) 合格判定准则

试验通过合格判定准则如下:

(1) 完成试验任务书规定的所有试验内容;

(2) 被试发动机试验过程中无滑油压力、振动超限现象;

(3) 被试发动机在所有工作极限内能满意地工作,且无机械损坏迹象;

(4) 被试发动机轴承腔无污垢;

(5) 被试发动机起动阶段和停车阶段无滑油泄漏;

(6) 滑油消耗量不超标。

5.1.4 发动机放热和滑油冷却试验

1. 试验要求

发动机放热和滑油冷却试验应在与飞行前规定试验持久试车发动机零件目录和结构基本相同的发动机上进行,获得发动机放热率,包括滑油系统在内的冷却要求数据和发动机各附件及测温点的对应表面温度。确定放热率和冷却要求所必需的数据,应在发动机整个工作包线内的不同工作状态、功率分出和引气条件下测得。

2. 试验内容和方法

试验为确定放热率和冷却要求所必需的数据,需在发动机整个工作包线内的不同工作状态、功率分出和引气条件下测得,所以该试验一般在环境台进行。一般取 3 个典型大气条件,以某涡轴发动机放热和滑油冷却试验为例,试验包括以下几种条件:

(1) 在海平面、静止状态、大气温度为 52℃、发动机燃油进口接头处温度为 57±2℃;

(2) 在海平面、$Ma = 0.5$、大气温度为 39℃、发动机燃油进口接头处温度为 57±2℃;

(3) 在 $H = 6 km$、$Ma = 0.5$、大气温度为 5℃、发动机燃油进口接头处温度为 15±2℃。

在以上 3 个大气环境条件下,各进行 1 次慢车到最大应急状态的数据采集,包括引气状态下的数据采集。试验步骤一般包括以下几点:

(1) 起动发动机到地面慢车,空中慢车状态各停留 5 min、n_{gcr} 为 93% 停留 3 min;

(2) 下拉发动机至 n_{gcr} 为 93% 状态,打开直升机引气,调节引气量为最大引气,最大连续状态停留 3 min、中间功率状态停留 3 min、最大应急状态停留 2 min;

(3) 下拉发动机至 n_{gcr} 为 93% 状态,关闭直升机引气,停留 3 min,下拉发动机至空中慢车状态,停留 3 min;

(4) 下拉发动机至地面慢车状态,停留 3 min,然后停车。

3. 试验注意事项

目前,对放热率还不具备有效的测取方法和手段,只测取各附件及测温点所对应的环境温度和表面温度,最终通过理论分析和试验验证相结合的方法来确定。

4. 合格判定准则

发动机完成了规定的所有试验内容,测得的发动机最大表面温度在型号规范规定范围内,则认为满意地完成了发动机放热及滑油冷却试验。

5.1.5 发动机电源失效试验

1. 试验要求

1) 稳态运行时断电

发动机在中间功率状态工作 5 min,切断由发动机的交流发电机向电子控制器提供的电源。在发动机稳定运转 5 min 后(发动机功率应保持稳定),减速到最大连续功率,接通交流发电机向电子控制器提供的电源。

2) 加速过程中断电

在加速过程的最临界点切断由发动机的交流发电机向电子控制器提供的电源,在电源断开期间,发动机应不超过任何瞬态极限。

3) 减速过程中断电

在减速过程的最临界点切断由发动机的交流发电机向电子控制器提供的电源,在电源断开期间,发动机应不超过任何瞬态极限。

4) 断电起动

发动机停车后,切断由发动机的交流发电机向电子控制器提供的电源,发动机点火电源线路接通,并且外部电源接通,重新起动发动机并加速到慢车状态。加速到中间功率状态并在中间功率状态运转 5 min,减速到慢车状态,在慢车状态工作 2 min 并停车。在这部分试验时,发动机不应超过任何瞬态极限。

5) 外部电源断电试验

发动机在慢车状态及慢车以上状态工作时,切断正常供给的外部电源,检查是否超出极限或功能损失。发动机停车且正常供给的外部电源仍然断开,检查发动机是否可以满意地实现起动且随后在整个转速、慢车状态及慢车以上状态的功率范围内满意地运转。

2. 试验内容和方法

1) 稳态运行时断电

(1) 起动发动机到地面慢车状态,运行 3 min;

(2) 上推发动机到空中慢车状态,运行 3 min;

(3) 加速至最大连续状态,运行 3 min;

(4) 上推发动机到中间状态,运行 5 min,切断由发动机的交流发电机向电子控制器提供的电源,运行 5 min;

(5) 减速到最大连续状态,接通交流发电机向电子控制器提供的电源,运行 3 min。

2) 加速过程中断电

(1) 上推发动机到空中慢车状态,运行 3 min;

(2) 加速至最大连续状态,在加速过程的最临界点切断由发动机的交流发电机向电子控制器提供的电源,运行 3 min,然后接通交流发电机向电子控制器提供的电源,运行 3 min;

(3) 减速到空中慢车状态,运行 3 min;

(4) 下拉发动机到慢车状态,在慢车状态工作 2 min 后停车。

3) 减速过程中断电

(1) 从最大连续状态减速到空中慢车状态,在减速过程的最临界点切断由发动机的交流发电机向电子控制器提供的电源,运行 3 min;

(2) 下拉发动机到地面慢车状态,断开外部电源,利用可用功率杆控制发动机在地面慢车状态运行 3 min,然后恢复对电子控制器供电(自给电源和外部电源都接通)。

4) 断电起动

(1) 发动机停车后,切断由发动机的交流发电机向电子控制器提供的电源,发动机点火电源线路接通且外部电源接通,重新起动发动机到慢车状态,运行 5 min;

(2) 加速到中间状态,运行 5 min;

(3) 减速到空中慢车状态,运行 3 min;

(4) 下拉发动机到慢车状态,在慢车状态工作 2 min 后停车。

5) 外部电源断电试验

(1) 起动发动机到地面慢车状态,切断正常供给的外部电源,运行 3 min,然后恢复正常供给的外部电源;

(2) 依次上推发动机到空中慢车、最大连续状态及中间状态,切断正常供给的外部电源,运行 3 min,然后恢复正常供给的外部电源;

(3) 下拉到地面慢车状态,运行 2 min 后停车;

(4) 当发动机停车且正常供给的外部电源仍然断开时,起动发动机到地面慢车状态,运行 5 min,然后按发动机试验状态点上推和下拉发动机,每个状态停留 3 min;

(5) 下拉到地面慢车状态,运行 5 min 后停车。

3. 试验注意事项

试验存在很多不确定因素,试验方案确定前要充分研判可能出现的现象,并有充分的应对措施。发动机滑油压力报警、金属屑报警等信号需有外部电源供应才能正常工作,在断电情况下,相关保护信号台面无法监视,需充分考虑应对措施。

4. 合格判定准则

当发动机的交流发电机电源或外部电源失效时,发动机及其控制系统正常工作,各参数未超过任何瞬态极限,发动机控制系统能稳定地控制发动机工作,控制系统的控制功能与控制品质未发生明显改变,可认为发动机成功地通过了电源失效试验。

5.1.6 发动机振动测量试验

1. 试验要求

通用规范中规定了发动机振动测量试验的相关细则,振动测量数据应包括真均方根值速度谱图和速度谱图,但不限于这些数据。这些数据是在发动机工作包线内最高振动点和发动机各状态点上由每个加速度计和内装加速度计得出的。速度谱图频率范围为 5~10 000 Hz。在速度谱图和加速度谱图上应标明发动机关键构件,应说明根据速度谱图确定真均方根速度总量的方法和确定最大允许的真均方根速度总量极限值的方法。

2. 试验内容和方法

在发动机工作时,进行振动扫描,测量发动机在所有转速和工作状态下的振动情况,给出单幅峰值速度谱图,该谱图包含的频率范围为 5~1 000 Hz。

3. 试验注意事项

由于发动机要运行到所有转速和工作状态下,发动机、试车台转速和温度保护要进行相应调整,确保发动机不受限制。同时,发动机输出轴转速要进行全转速扫描,发动机控制方式也要进行相应调整,动力涡轮转速由测功器控制,要密切关注发动机或设备临界转速下的振动情况。

4. 合格判定准则

所有振动测点在各状态下均不超过规定的限制值。

5.1.7 飞机系统引气试验

1. 试验要求

根据通用规范要求进行飞机系统引气试验,该试验需在一台与飞行前规定试验持久试车发动机零件目录和结构基本相同的发动机上进行,以验证总压、总温和引气量的符合性,并进行地面台架试验和高空试验。

2. 试验内容和方法

在海平面进气温度从-54~52℃最少有5个温度点,从慢车状态到中间功率状态进行试验,以验证除了发动机系统(如加速和发动机防冰)所需要的空气量外其他可提供的引气量。

(1) 在台架静止条件下,选择-30℃、-15℃、15℃、25℃、45℃五个环境温度的±5℃范围内进行试验;

(2) 每次试验从慢车状态到中间状态的4个工作状态下进行引气试验,试验时只从一个引气口引气,测量总压、总温和引气量;

(3) 选取其中一次试验的4个状态同时对发动机进口气流和直升机引气的标本进行采样,分析一氧化碳、二氧化碳、乙醇、氟(氟化氢形式)、过氧化氢、甲醇、溴代甲烷、氧化氮、臭氧的含量。为考虑发动机清洗对引气成分的影响,任选一个大气条件,在发动机清洗后进行采样分析。

3. 试验注意事项

型号规范中规定了最高引气温度和压力,以及由压气机第几级引出空气。以引出空气流量的百分比来规定每个引气口的最大连续引气量。

试验中的注意事项有以下方面:

(1) 当发动机有多个引气接口时,要防止高压引气接入低压引气口;

(2) 当引气温度较高时,流量计、电动阀、密封件应能够耐受相应温度;

(3) 为防止泄漏的易燃液体着火,表面温度超过370℃的引气管应包裹绝热材料,引气管应可耐相应高温;

(4) 由于引气采样设备无法承受高温,采样管道要考虑降温措施;

(5) 发动机引气接头有载荷规定的按规范中相关条款执行,切不可载荷过大以造成接头损坏。

4. 合格判定准则

发动机完成规定的所有试验内容,发动机工作稳定,发动机单个引气口的引气量、引气压力和引气温度满足型号规范规定,并经采样分析,引气中污染物的含量不大于型号规范中的规定值,则认为满意地完成了飞机系统引气试验。

5.1.8 滑油中断试验

1. 试验要求

GJB 242A—2018《航空涡轮螺桨和涡轮轴发动机通用规范》要求发动机进行滑油中断试验,并规定滑油中断时,仅向滑油泵进口供气,发动机在中间状态工作30 s。在滑油中断期间和随后恢复正常润滑的30 min内,发动机应无损坏地工作。分解检查发动机各零部件并重点检查发动机各润滑件无损坏,则认为满意地完成了滑油中断试验。对于涡桨发动机,在桨台试验时,发动机采用液压变矩,改变发动机负载,如果中断滑油供应,发动机将无法控制负载,因此该试验需在轴台进行,发动机负载靠试车台水力测功器控制。

2. 试验内容和方法

有些发动机滑油管路为外部管路,通过改造其外部滑油管路达到滑油通断的效果。有些发动机本身结构集成度高,在滑油箱与滑油泵附件之间没有外部管路。为了满足试验要求,达到试验目的,试验设备需进行相应改造。

以某发动机为例,在进行该试验时滑油系统需进行相应改造。图 5.2 给出了改造后的滑油管路示意图。在滑油管路中加装三通阀,三通阀两端串接在发动机滑油总供油管上,另一端通大气。这样,滑油从总供油管进入三通阀再进入滑油泵,最终进入发动机,完成循环。在试验时可通过控制三通阀来控制滑油管路的通断。

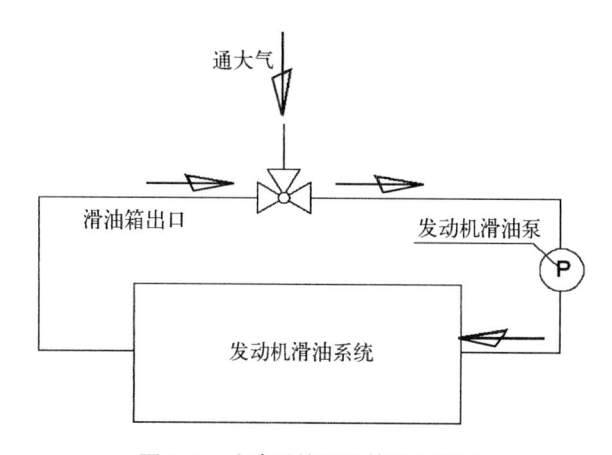

图 5.2 改造后的滑油管路示意图

在正常供滑油时,三通阀的滑油箱侧与油滤侧形成通路,滑油正常进入滑油泵;当滑油中断时,三通阀的大气侧与油大气形成通路,仅有空气进入滑油泵,从而形成滑油中断。

试验方法具体如下:

(1) 发动机稳态性能录取试验。

确定发动机正常,并检查发动机工作稳定性,性能录取试验结束后取 50 ml 滑油进行光谱分析,清理磁性屑末检测信号器,更换滑油滤芯。

(2) 滑油中断试验。

在发动机到达规定状态(中间功率状态)后停留 3 min,然后切换断油电磁阀,中止滑油箱向发动机供滑油,同时滑油泵增压级进口通大气,在此状态保持 30 s。在试验过程中密切监控发动机工作情况及各测量参数的变化情况并记录,如有异常,应立即停车。滑油中断 30 s 后,立即恢复正常供油,在该状态停留 3 min 后逐步降低发动机状态进行剩余试验直至滑油中断试验完成。试验结束后检查磁性屑末检测信号器和滑油滤芯,并取 50 ml 滑油进行光谱分析。

3. 试验注意事项

试验前滑油切断装置通电检查,反复通断检查其稳定性。在静态检查后有必要进行一次开车验证,在发动机巡航状态切断滑油 2 s,检查装置执行情况和发动机滑油压力变化情况,为正式试验提供判断依据。

滑油切断后,轴承弹支油膜变薄,减振效果降低,整机振动有小幅升高,属于正常现象。滑油中断试验振动限制值可适当放开,但需要完善质量程序。

滑油中断 30 s 结束后,发动机恢复正常供油试验,此时滑油应迅速上升到正常供油压力,若 5 s 未恢复供油压力或出现异常,则应果断停车排查。

4. 合格判定准则

发动机完成了规定的所有试验内容,分解检查发动机各零部件并重点检查发动机各润滑件有无损坏,若无,则认为该试验顺利通过。

5.1.9　起动扭矩测量试验

1. 试验要求

通用规范中规定起动扭矩测量试验的相关细则。在飞行前规定试验开始前,按起动扭矩和转速要求进行试验验证。在试验前首先要选择一台合适的起动机,其扭矩特性应满足发动机的最低扭矩特性要求。

2. 试验内容和方法

1) 冷运转

调节空气起动机进口压力(空气涡轮起动机),或起动电压(电起动机)进行多次冷运转,使转速达到规定转速,并记录扭矩值。

2) 起动

(1) 选择冷运转调定的空气起动机进口压力,起动发动机至地面慢车状态,运行 5 min 后停车;

(2) 记录起动过程中各转速下扭矩测量装置所测起动扭矩。

3. 试验注意事项

单转子涡桨发动机在进行起动扭矩测量试验时,要充分考虑试车台吸功设备慢车负载和负载转动惯量,要与装机条件下的负载和转动惯量相当。单转子涡桨发动机试验建议在桨台进行。

在试验前首先选择一台合适的起动机,其扭矩特性应满足发动机的最低扭矩特性要求。但起动机扭矩特性也不应超过最低扭矩特性要求太多,扭矩特性高于最低扭矩特性 5% 的起动机,也会引起偏离试验结果。在起动过程中不允许引气,也没有从发动机提取功率的装置,如果条件允许,需进行不同大气温度和海拔的起动扭矩测量。

4. 合格判定准则

通过起动压力的调节,使起动机输出扭矩和转速符合要求,且发动机正常起动,则认为起动扭矩测量试验顺利完成。

5.2 设计定型鉴定试验

5.2.1 持久试车

1. 试验要求

通用规范规定在两台发动机上各进行150 h的持久试车。当需要时,经使用部分和研制部门协商也可各进行两个150 h的持久试车。如果型号规范中规定两种以上的燃油和滑油,则一台发动机使用一种燃油和滑油试车,另一台发动机使用另一种燃油和滑油试车。

2. 试验内容和方法

1) 试验前检查

接收发动机时应检查发动机干质量,确认是否满足规范要求。确认发动机所有电子附件和电气附件是否进行过电磁干扰和敏感度试验,是否满足规范要求。检查发动机控制杆力矩是否在规范要求范围内(适用于机械液压系统)。在试车台和发动机上检查温度传感系统,验证其在整个工作范围内能否正常工作,准确度是否满足要求。在持久试车前,控制系统附件在试验器上进行校准,确保各附件性能符合技术规范的要求。

2) 校准试车

检查发动机台架性能是否满足型号规范规定,并确定扭矩传感器信号精度是否满足通用规范规定;确定是否符合型号规范发动机功率变换和起动系统的要求。

校准开始之前,应按规定的清洗程序清洗发动机,并可对发动机控制器进行必要调整,在整个校准过程中发动机控制器不能再调整。校准时,验证发动机性能是否满足型号规范的要求以及是否符合型号规范的漏液和易燃液体的排放等要求。

3) 持久试车

如果条件允许,在试车阶段,必要时应通过加热控制发动机进口空气,以保证发动机在规定的试车阶段工作。持久试车中,发动机各状态温度应在 $T_{t4.5}$ 等于或大于规定值下工作。

持久试车期间,发动机控制系统 A 通道与 B 通道轮流控制发动机进行试验,且要求断开试车台外部电源,由自给电源供电。

每台发动机定型持久试车只进行25个阶段,每个阶段为6 h,共150 h,要求每完成一个试车阶段后应最少停车2 h。

在每个阶段后,应确定滑油消耗量并写入报告。应使用十个连续阶段的平均值(或最大滑油温度的全部阶段的平均值)来确定是否符合型号规范的要求,应验证型号规范规定的发动机滑油放油装置。

每个阶段的试车运转应按给定的顺序进行。改变运行状态的时间应计入较低状态的时间内,控制杆的移动(即控制杆前推或后拉)时间应该在 1 s 左右(当适用时)。

根据型号规范规定,持久试车要求功率吸收装置的传动轴对发动机输出轴的角度偏差应不小于型号规范规定的最大允许角度偏差。

发动机内部清洗装置应在每个阶段结束时进行验证。内部清洗装置的验证程序按型号规范中的规定执行。

在整个持久试车过程中,对泵调节器中心油滤进行视情维护,要求台面有报警装置。

在每个阶段结束时,发动机控制系统进行功能检查试验:超温控制系统检查试验、动力涡轮超转检查试验、双发匹配功能检查试验。

3. 试验注意事项

试验中如对燃油、滑油有温度和压力要求,需引起重视,要严格执行。

持久试车试验过程中,每天试验前应仔细进行例检,并定期进行孔探仪检查,以及时发现隐患,保证试验安全。

试验过程中,监控发动机的性能衰减,发现以下情况时应中止试验:

(1) 性能衰减温度升高超过 20℃;

(2) 发生规定的报警;

(3) 滑油光谱分析结果显示金属元素突然增加。

4. 合格判定准则

当符合下列条件时,认为发动机满意地完成了持久试车试验:

(1) 两台发动机全部完成定型持久试车规定的试验项目;

(2) 当重新校准时,换算到海平面、标准状态的功率不低于初始校准值的 95%,换算到海平面、标准状态的单位燃油消耗量不超过初始校准值的 102.5%,性能衰减评判中以发动机最大连续状态性能为基准进行评判;

(3) 发动机符合校准程序检验的全部其他规定的性能要求;

(4) 使用部门认为持久试车的发动机及其配套试验的附件在持久试车试验结束时满意地工作,分解检查未发现零件损坏或即将出现的损坏。

5.2.2 高空试验

1. 试验要求

高空试验的试验要求如下:

(1) 使用与持久试车发动机的零件目录和结构相同的发动机。

(2) 燃油温度的变化范围应能充分满足发动机所遇到的工作环境要求。

(3) 性能试验中每个状态的稳定性检验时间应不少于 5 min。

(4) 进气温度模拟要求。在稳态试验时,进气温度模拟偏差不大于 3℃;在过渡态试验时,进气温度模拟偏差不大于 6℃。

(5) 进出口压力模拟要求。在稳态试验时,进气压力模拟偏差不大于 1%,环境压力模拟偏差不大于 1%;在过渡态试验时,进气压力模拟偏差不大于 3%,环境压力模拟偏差不大于 3%。

2. 试验内容和方法

高空试验项目包括高空校准试验、高空性能试验、功率变换试验、功能试验、进气畸变试验、起动和再起动试验、高空风车旋转试验等。

1) 高空校准试验

高空校准试验的目的是确定发动机性能。

校准开始之前,可调整发动机控制器,在整个校准过程中发动机控制器不能再进行调整。校准时,发动机进气应调节到发动机要求的进气温度和压力,应验证是否符合型号规范规定的泄漏要求和停车排油要求。在校准试验中录取发动机各规定状态的性能和发动机功率变换特性,记录完成 95%功率变换所需要的时间和达到稳定工作所需要的总时间。

2) 高空性能试验和功率变换试验

高空性能试验和功率变换试验的目的是验证发动机的高度特性、速度特性、稳态性能和瞬态性能。

对每个规定的高空试验点,应选择多个(足够数目)发动机功率调整位置,以确定在规定条件下的工作特性和性能特性。在每个规定的试验点上,要确定引气和功率分出单独或同时对稳定性能和瞬态性能的影响。

3) 功能试验

功能试验在发动机工作包线的极端处运转发动机,以验证发动机的工作包线。

功能试验要在功率调整范围内的每个试验点上确定发动机的稳态特性和瞬态特性。发动机工作特性的确定应在有和没有防冰引气及直升机系统引气与功率分出的情况下进行。

4) 进气畸变试验

进气畸变试验的目的是在发动机允许的进气畸变极限下,在发动机工作包线内测定进气畸变对发动机功率变换特性和稳态性能的影响,还包括测定飞机系统引气和功率分出对发动机进气畸变容限的影响。

5) 起动和再起动试验

起动和再起动试验的主要目的是验证发动机的起动包线,考核发动机的空中起动能力。

按发动机规定的起动和再起动试验点进行空中起动和再起动试验(再起动是指发动机停车后30 s到最多14 min内起动发动机)。在点火系统不工作时,按照关闭试验舱燃油活门的方法实现熄火。

若发动机装有连续点火系统或自动再点火系统,应在上述同样的空中起动点上使用相同的熄火方法,在空载状态、最大连续状态、中间状态和最大功率状态四种状态下,分别利用该系统进行一次验证。

6) 高空风车旋转试验

高空风车旋转试验的目的是验证在风车旋转包线内,发动机持续风车旋转的能力,并验证不损坏发动机、不引起滑油过量消耗及不影响发动机空中再起动以正常工作的能力。

3. 试验注意事项

高空试验与常规地面试车存在较大差异,试验应注意以下事项:

(1) 高空试验中发动机的转速或燃气温度常达到限制值,操作人员应密切关注发动机的性能参数;

(2) 发动机空中功率(载荷)较地面试车台小,在利用测功器模拟载荷时,负载杆角度应根据需要进行调整;

(3) 发动机在试验舱内运转时,发动机传出的声音较常规试车台小,甚至低于试车台供排气道噪声,因此较难通过发动机传出声音判定发动机的工作状况,应根据试验中实时数据判定发动机的工作情况;

(4) 进气畸变试验中易出现发动机不稳定工作状态;风车旋转试验中密切关注发动机滑油压力和滑油箱液位。

4. 合格判定准则

在达到以下几点要求时,认为高空试验圆满完成。

(1) 发动机性能不低于型号规范规定的性能,且高空测得性能与海平面测得性能的比值和高空规定的性能与海平面规定性能的比值之差在±5%以内;

(2) 空中起动和功率变换性能符合型号规范规定;

(3) 功能试验点上,发动机能满意地工作,所测得的高空性能、空中起动和功率变换性能均符合型号规范规定;

(4) 在试验规定的进气畸变和风车旋转条件下,发动机工作良好。

5.2.3 发动机环境和吞咽试验

1. 高、低温起动和加速试验

1) 试验要求

通用规范要求发动机应在71℃环境下保温10 h,保温时长达到后,输送温度为71℃的燃油和温度为52℃的空气进行高温起动试验;发动机应在-54℃环境温度中至少保温 10 h,保温时长达到后,输送温度为 -54℃ 的燃油和温度为 -54℃ 的空气进行低温起动试验。

2）试验内容和方法

当进行高温起动和加速试验时,将发动机环境调节至 $H=0$ km、$Ma=0$、$T_0=71℃$ 条件下浸置,当某部位（滑油箱中的滑油）温度达到 71℃ 时,开始计时,10 h 后供给 71℃ 的燃油和 52℃ 的空气进行高温起动及加速试验,试验重复 1 次。

当进行低温起动和加速试验时,将发动机环境调节至 $H=0$ km、$Ma=0$、$T_0=-54℃$ 条件下浸置,当某部位（滑油箱中的滑油）温度达到 -54℃ 时,开始计时,10 h 后供给 -54℃ 的燃油和 -54℃ 的空气进行低温起动及加速试验,试验重复 2 次。

高、低温起动和加速试验步骤如下：

（1）起动发动机至慢车状态,运行 3 min；

（2）上推至飞行慢车状态,运行 3 min；

（3）缓慢上推至最大状态,运行 3 min；

（4）下拉至飞行慢车状态,运行 3 min；

（5）下拉至慢车状态,运行 3 min；

（6）在 0.5 s 内变化控制杆,使发动机加速到最大状态,运行 2 min；

（7）在 0.5 s 内变化控制杆,将发动机下拉至地面慢车状态,运行 3 min 后停车。

3）试验注意事项

根据规范要求,低温起动成功后,当发动机达到慢车转速时,应在 0.5 s 内把功率杆从慢车状态推到最大状态,但是在实际试验中往往滑油温度较低,滑油压力可能超限,试验中要密切注意滑油压力参数。一般根据试验发动机型号来确定发动机在慢车状态停留的时间。另外,高温起动试验中要密切注意发动机转速、燃气温度、滑油温度等,以免超出试验限制值。

4）合格判定准则

当试验达到以下几点时,可认为发动机完成高、低温起动和加速试验：

（1）满意地完成 3 次连续低温起动和 2 次连续高温起动；

（2）在不超过发动机起动或工作极限的情况下,发动机能加速到最大功率状态；

（3）发动机工作时,不泄漏燃油或滑油；

（4）低温试验时,电气接头和注油装置在工作中没有出现任何损坏或故障；

（5）起动试验时,起动时间符合型号规范规定。

2. 环境结冰试验

1）试验要求

通用规范规定发动机应在表 5.1 规定的三种大气条件下进行环境结冰试验,

每次试验应在发动机进口界面 1.5 m 以内及在发动机进气道内测量液态水含量（liquid water content，LWC）和平均水滴直径（median volumetric diameter，MVD）。

表 5.1 海平面防冰条件

指 标	第 一 部 分		第 二 部 分
T_0/℃	-20 ± 1	-5 ± 1	-5 ± 1
V/(km/h)	0~110	0~110	0~110
H/m	0~150	0~150	0~150
MVD/μm	20±5	20±5	30±5
LWC/(g/m³)	1±0.25	2±0.25	0.4±0.1

在每个结冰条件和每个功率状态下，发动机至少工作 10 min，在每个试验期间，在结冰形成之后的时间内，发动机应迅速加速到最大功率以验证其加速性。

发动机若装有防冰系统，则使用防冰系统进行试验。

2）试验内容和方法

环境结冰试验是在环境试车台或冰风洞内模拟发动机在结冰环境下的工作情况，试车台应具有大气低温、高空低压、湿度调节和云雾模拟的能力。云雾模拟设备主要包括供水系统、供气系统、喷雾装置、控制系统、承载平台、检测设备等。

3）试车台校准

根据试验要求，将环境舱内建立起需要模拟的环境条件，开启云雾模拟设备，用相应的测量设备对环境结冰试验过程进行标定，以保证发动机结冰试验时液态水含量和平均水滴尺寸的准确性，以及冰层厚度的均匀性。

4）发动机校准

发动机在无飞机系统引气或功率分出，以及在表 5.1 的进气温度条件下，空气相对湿度在 80%~100% 和液态水含量为零的条件下工作，以确定发动机性能损失的基准。

5）试验过程

在每个结冰条件发动机分别在慢车状态、25%最大连续状态、50%最大连续状态、75%最大连续状态、最大连续状态、中间状态和最大功率状态下至少工作 10 min，在每个试验期间，在结冰形成之后的时间内，发动机应迅速加速到最大功率以验证其加速性。

6）试验注意事项

（1）环境结冰试验中部分设备和测量传感器应有防冰能力，否则易失效，导致

测量不准确,如进气压力传感器测量头结冰堵塞等;

(2) 发动机完成结冰过程后,在发动机运转过程中,进气温度的变化速率应较慢,以免较大和较多冰层脱落后进入发动机。

7) 合格判定准则

环境结冰试验完成后,若发动机满足以下条件,则认为试验合格:

(1) 发动机功率损失不大于 5%,耗油率的增加不超过 5%(满足型号规范要求);

(2) 加速时间满足型号规范要求;

(3) 完成环境结冰试验后发动机性能无衰减,发动机结构无损伤。

3. 抗腐蚀性试验

1) 试验要求

抗腐蚀性试验的试验要求如下:

(1) 试验发动机为一台新的或翻修后的发动机,其性能换算成海平面静止标准大气压条件下的稳定性能和瞬态特性应符合型号规范规定。

(2) 按照通用规范规定的试验程序进行抗腐蚀性试验。发动机经受每阶段 48 h,共计 25 个阶段的腐蚀敏感性试验,腐蚀敏感性试验总的持续时间为 1 200 h,其中 150 h 为发动机工作时间。

2) 试验内容和方法

抗腐蚀性试验一般按照图 5.3 中的试验内容和流程进行。

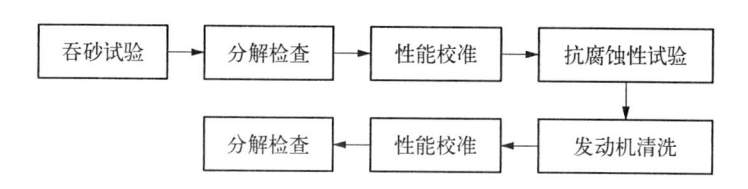

图 5.3 抗腐蚀性试验一般流程

美国联合使用规范指南显示,在抗腐蚀性试验开始前,发动机进行 2 h 的吞砂试验,之后将发动机充分分解,检查所有零部件表面情况并拍摄尽可能详细的照片,作为抗腐蚀性试验后腐蚀程度的对比依据。

组装发动机完成试车前检查工作后,发动机校准试车,作为发动机前后性能对比依据。

以上工作完成后进行腐蚀敏感性试验。完成该试验后,应用清洗程序对发动机进行清洗,清洗好后重新对发动机进行校准,录取发动机过渡态性能。

发动机性能校准完毕后,分解发动机,检查发动机所有零件腐蚀迹象,对试验结果进行分析和评估。

(1) 抗腐蚀性试验前的吞砂试验。

美国联合使用规范指南显示,在试验开始前,涡轴发动机应进行 2 个阶段共 2 h 的吞砂试验。美国军用标准之所以要求在试验前进行 2 h 的吞砂试验,可能是考虑发动机经常会遭遇砂尘环境,而经砂尘侵蚀后的零部件表面保护性涂层可能遭受一定程度的破坏,更容易受到腐蚀空气的影响。腐蚀敏感性试验前的吞砂试验由 2 个阶段组成,每个阶段中包括如下两方面内容。

① 稳态试验:最大状态 10 min,中间状态 30 min,最大连续状态 20 min;

② 加减速试验:进行 2 次发动机从慢车状态-最大连续状态和最大连续状态-慢车状态的加减速试验,推拉杆时间不大于 0.5 s。

国内通用规范并未要求在腐蚀敏感性试验前进行吞砂试验,是否在腐蚀敏感性试验前进行吞砂试验,以何种标准进行试验,可根据发动机型号规范和实际情况(如使用环境是否为砂尘环境)进行综合考虑。完成吞砂试验后,发动机应下台分解,检查所有零部件表面的情况并拍摄尽可能详细的照片。

(2) 发动机校准。

在校准前应对试验发动机进行性能验证和必要调整。发动机校准完毕,在以后的试验过程中,未经订购方认可,不得对发动机进行调整或零部件、附件的更换。地面校准试车内容如下。

① 稳态性能:录取发动机各规定状态的性能。

② 加减速特性:录取发动机从慢车状态-最大推力(或功率)状态-慢车状态和从慢车状态-中间推力(或功率)状态-慢车状态瞬变过程的时间及振动等参数。

(3) 抗腐蚀性试验。

按照通用规范的规定,发动机抗腐蚀性试验应按表 5.2 中的程序,经受每次 48 h 的 25 次循环,总持续时间为 1 200 h,其中 150 h 为发动机工作时间。第 1、5 阶段试验谱需包括表 5.3 中的发动机状态。

表 5.2 腐蚀敏感性试验程序

阶段序号	阶段持续时间/h	发动机运转情况	盐溶液浓度(十亿分率)	发动机环境大气 温度	发动机环境大气 相对湿度
1	3	运转	200	10℃	73%
2	2	不运转	0	大气	大气
3	7	不运转	200	10℃最小	73%最小
4	12	不运转	0	(43±5)℃	90%最小

续　表

阶段序号	阶段持续时间/h	发动机运转情况	盐溶液浓度（十亿分率）	发动机环境大气	
				温　度	相对湿度
5	3	运转	200	10℃	73%
6	2	不运转	0	大气	大气
7	7	不运转	200	10℃最小	73%最小
8	12	不运转	0	(43±5)℃	90%最小

注：(1) 在阶段序号1、5停车过程中，即从慢车状态减速到转子停转，持续向发动机喷入盐溶液。
(2) 在第3、7阶段中，试验吹风设备持续把含有盐溶液的气流吹向发动机内部流道和外表面。
(3) 在试验循环的各阶段，发动机进排气口保持打开状态。
(4) 所喷射的盐溶液需符合表5.4、表5.5的规定，并且在每个需要喷入盐溶液的阶段喷入质量浓度为十亿分之二百的盐溶液。此外，如果需要，可向溶液中加入蒸馏水，以达到通过发动机正面的航空盐喷雾剖面。在每个工作阶段，应当设置专门的盐取样系统，以测试浓度值。

表5.3　第1、5阶段发动机状态分布

第1阶段		第5阶段	
发动机状态	时间/min	发动机状态	时间/min
4次10 min循环（慢车状态-最大状态-慢车状态）	慢车状态：5 最大状态：5	最大连续状态	10
最大连续状态	110	6次5 min循环（慢车状态-中间状态-慢车状态）	慢车状态：2.5 中间状态：2.5
中间状态	30	90%最大连续状态	130
最大连续状态	0	最大连续状态	10

(4) 发动机重新校准。

重新校准前可以按清洗程序对发动机进行清洗。按校准程序要求对发动机进行重新校准，以检查发动机性能恶化程度及瞬变性能变化。

发动机下台进行分解检查，查看受腐蚀影响的零部件，拍摄详细的零部件照片，进行前后对比。

3) 试验注意事项

(1) 腐蚀液成分比例。

腐蚀液是由 NaCl、$Na_2SO_4 \cdot 10H_2O$ 和原溶液等混合制成的 1 L 溶液，成分见表 5.4，其中原溶液成分见表 5.5。

表 5.4 腐蚀液成分

化 学 药 品	每升的含量
NaCl	23 g
$Na_2SO_4 \cdot 10H_2O$	8 g
原溶液	20 ml

表 5.5 原溶液成分

化 学 药 品	每升的含量
KCl	10 g
KBr	45 g
$MgCl_2 \cdot 6H_2O$	550 g
$CaCl_2 \cdot 6H_2O$	110 g

（2）腐蚀液浓度。

在进行抗腐蚀性试验的过程中,要求腐蚀液浓度为 200 ppb(ppb 为质量分数的单位,1 ppb = $1/10^9$)。此浓度为溶液中所含化学药品在空气中的质量比重,200 ppb 即表示 1 kg 空气中含有 2×10^{-7} kg 的化学药品。

（3）发动机运转过程中是否喷入腐蚀液。

在进行抗腐蚀性试验的过程中,在第 1、5 阶段进行发动机运转试验,试验过程中仅要求在发动机停车过程喷入腐蚀液,而在其他阶段均不要求喷入腐蚀液。

（4）试验的过程监控。

抗腐蚀性试验是循序渐进的过程,因此为了掌握腐蚀发生情况,每个阶段均应进行外观及内流道腐蚀迹象检查,并进行图像记录,便于进行后续的分析研究。

（5）试车台的防护。

在腐蚀敏感性试验过程中,带腐蚀性的空气对试车台设备会造成同样的腐蚀,因此对试车台设备应采取必要的防护措施,减轻或消除对试验设备的腐蚀作用。

（6）试车台仪器仪表防护及检查。

由于腐蚀作用可能导致被试发动机及试车台仪器仪表出现精度降低、失效等问题,试验过程中应对相关仪器进行必要的检查和校准,并将检查、校准和更换情况进行记录。

4）合格判定准则

综合航空涡轮发动机通用规范及相关资料得出，当发动机满足以下条件时，即可判定该发动机通过了腐蚀敏感性试验：

（1）完成试验大纲规定的内容；

（2）所有接触燃气的内部部件，在清洗后未发现腐蚀对其功能有影响，当部件设计标准（如抗疲劳性）未受影响时，微小的腐蚀可以接受；

（3）清洗并去除保护层后，所有具有腐蚀保护层的部件未受腐蚀影响，对这些部件重新喷涂腐蚀保护层，恢复到新品状态；

（4）其他部件无影响附件完整性或规定维修程序的腐蚀现象。

4. 吞鸟试验

1）试验要求

国家通用规范中均要求航空发动机要进行吞鸟试验，同时 GJB 3727—99《航空发动机吞鸟试验要求》进一步明确了发动机吞鸟试验要求，根据发动机具体型号及该发动机所装飞机的特点不同，吞鸟试验鸟的重量与数量也不同。

鸟的重量分为以下三个级别。

（1）大鸟：1.8~2.0 kg；

（2）中鸟：0.8~1.0 kg；

（3）小鸟：50~100 g。

鸟的数量按压气机的迎风面积予以确定：

（1）每 300 cm² 压气机迎风面积或大于此面积 50%的面积上用一只小鸟；

（2）每 1 500 cm² 压气机迎风面积或大于此面积 50%的面积上用一只中鸟；

（3）每 3 000 cm² 压气机迎风面积或大于此面积 50%的面积上用一只大鸟。

吞鸟时间间隔应是不规则的，并应无规则地散布在进口面积上。

吞鸟时的鸟速为飞机起飞速度，发动机转速为最大转速状态。

2）试验内容和方法

吞鸟试验模拟飞行时发动机遭遇飞鸟的情况，试车台应具备常规试车所需的各种通用设备以及吞鸟试验专用设备。吞鸟试验专用设备主要包括气体炮和高速摄影装置。气体炮安装在发动机进气口前方，具体位置结合试验现场确定。根据试验大纲要求选择合适重量的鸟，并在试验前完成气体炮模拟调试，应确保鸟的投射速度和时间，以及鸟能顺利投入发动机进气口。高速摄影装置安装在试验现场的主要位置，视角覆盖整个试验现场。

以某涡轴发动机吞鸟试验为例，试验具体的内容与方法如下。

（1）试车台校准。

试车台校准一般参照 GJB 721—89《涡喷涡扇发动机试车台校准规范》规定的程序进行。

（2）发动机校准。

发动机校准前，对试验用发动机进行性能验证及必要调整，以保证发动机性能符合型号规范的要求。发动机校准包括性能录取试验与功率变换试验，录取试验大纲规定状态点的稳态性能；完成从飞行慢车状态到中间状态和从中间状态到飞行慢车状态的功率变换试验，确定发动机的性能特性。

（3）发动机吞鸟试验。

根据型号规范和试验大纲要求，进行发动机吞鸟试验。高速摄影装置与气体炮协同起动，记录鸟的运行轨迹、撞击发动机前的姿态、撞击部位以及试验件变形、破碎过程，同时对鸟的速度进行测量。

发动机吞鸟试验过程为：起动发动机，飞行慢车状态后进入试验工作状态，稳定工作一段时间，开始检查发动机各系统和所有测试仪器的工作状态，且处于完好，试车台向气体炮发出投射指令，发动机进入吞鸟阶段。

（4）发动机重新校准。

在吞中鸟、小鸟试验完成后，在不分解发动机的情况下，清理粘于发动机外部和内部的残骸，并清洗发动机，再次对发动机重新校准。根据 GJB 3727—99《航空发动机吞鸟试验要求》，吞大鸟试验后发动机不再重新校准。

（5）发动机分解检查。

试验结束后，对发动机进行分解，以检查鸟对发动机的损伤程度，以目视、磁力探伤、渗透检查、X 射线、超声波或其他检验方法检查发动机及其零部件的损伤情况。

（6）试验注意事项。

发动机在吞鸟瞬间会出现异常声响，发动机转速、燃气温度、振动、功率（推力）等参数会出现较大波动，甚至会超限，若在较短时间内恢复正常，则发动机可以继续运转，若无法恢复正常状态，则应及时停车检查。

3）合格判定准则

根据 GJB 3727—99《航空发动机吞鸟试验要求》，吞鸟试验完成后，若发动机满足以下要求，则认为试验合格：

（1）吞中鸟和小鸟后，发动机可以出现某些零件损坏，但不能引起发动机停车；

（2）发动机应不熄火，并且能在型号规范规定的时间内恢复到吞鸟前的工作状态；

（3）吞大鸟后，发动机不应发生导致飞机损坏的故障。

5．外物损伤试验

1）试验要求

在压气机一级叶片盘上选择 3 个周向均匀分布的叶片，采用空气炮或数控铣加工在叶片预制缺口。

2) 试验内容和方法

发动机调试完成后，按照持久试车程序进行一个阶段（6 h）的试验。

3) 试验注意事项

预制缺口的大小和位置要经过相关计算，应力集中系数选取应根据发动机结构确定，每个型号发动机有不同要求。该试验除有断裂叶片或轮盘飞出风险外，可能出现发动机着火风险，试车台需考虑完善的应急预案，并有合理的应对措施。

4) 合格判定准则

试验结束后未出现预置缺口以外的叶片损伤或断裂的迹象，即认为试验合格。

6. 吞冰试验

1) 试验要求

国家军用标准 GJB 241A—2010《航空涡轮喷气和涡轮风扇发动机通用规范》、GJB 242A—2018《航空涡轮螺桨和涡轮轴发动机通用规范》中均规定航空发动机要进行吞冰试验，同时国家军用标准 GJB 4187—2001《航空发动机吞冰试验要求》进一步明确发动机吞冰试验的技术要求。试验用冰分为两种：一种是冰雹；另一种是冰片。试验用冰应在尺寸、几何形状、密度和数量四个方面根据发动机的具体型号以及该发动机所装飞机的特点，符合型号规范要求。

冰雹分为以下三个种类：

(1) 直径为 5 cm 的球形冰雹；

(2) 直径为 2.5 cm 的球形冰雹；

(3) 订购方提出的特殊形体的冰雹，如正方体、长方体等。

冰片的尺寸、几何形状和厚度按所装配的飞机可能形成并被发动机吞入的典型形体或订购方专项规定。

冰的数量和密度要求有：

(1) 每 0.25 m^2 发动机进口面积或剩余面积上用一个直径为 5 cm 和两个直径为 2.5 cm 的冰雹；

(2) 特殊形体的冰尺寸和数量由订购方确定；

(3) 冰片尺寸和数量按所装配的飞机可能形成的冰片来确定，并经订购方认可；

(4) 冰的密度应符合 0.80~0.90 g/cm^3。

2) 试验内容和方法

吞冰试验模拟飞行时发动机遭遇冰雹或冰片的情况，试车台应具备常规试车所需的各种通用设备以及吞冰试验专用设备。吞冰雹试验专用设备由制冰装置（冰箱、制冰模等）、气体炮、高速摄影装置等组成。冰雹由气体炮射出，进入发动机进气口，在与冰雹运行轨迹垂直的方向上放置一架高速摄影机，记录冰雹的入射速度和入射轨迹。吞冰片试验专用设备由制冰装置、投冰片装置、高速摄影装置等组成，投冰片装置主要由储冰盒、组合滑道等组成，冰片在试验前储存在储冰盒中，当操纵台发出投冰命令时,储冰盒向下倾斜将冰片投入组合滑道中,冰片顺着组合滑道滑入发动机进气口。

试验前完成各设备的安装和模拟试验工作。以某涡轴发动机吞冰试验为例,试验具体内容与方法如下:

(1) 试车台校准。

试车台校准一般参照 GJB 721—89《涡喷涡扇发动机试车台校准规范》规定的程序进行。

(2) 发动机校准。

发动机校准前,对试验用发动机进行性能验证及必要调整,以保证发动机性能符合型号规范的要求。发动机校准包括稳态性能录取试验与功率变换试验,稳态性能录取试验大纲规定状态点的稳态性能；完成从飞行慢车状态到中间状态和从中间状态到飞行慢车状态的功率变换试验,确定发动机的性能特性。

(3) 发动机吞冰试验。

根据试验大纲要求,在进行发动机吞冰试验时,高速摄影装置与气体炮协同起动,记录冰的运行轨迹、撞击发动机前的姿态、撞击部位以及试验件变形、破碎过程,同时对冰的速度进行测量。冰应连续发射,并且在发动机进口随机分布,以模拟发动机遇冰的实际情况,吞冰时间不超过 5 s。

发动机吞冰试验过程为:起动发动机,飞行慢车状态后进入试验工作状态,稳定工作一段时间,开始检查发动机各系统和所有测试仪器的工作状态,且处于完好,车台向气体炮或投冰装置发出投射指令,发动机进入吞冰阶段。

(4) 发动机重新校准。

吞冰试验完成后,按要求对发动机进行重新校准。

(5) 发动机分解检查。

试验结束后,对发动机进行分解,以检查吞冰对发动机的损伤程度,以目视、磁力探伤、渗透检查、X 射线、超声波或其他检验方法检查发动机及其零部件的损伤情况。

3) 试验注意事项

发动机在吞冰瞬间会出现异常声响,发动机转速、燃气温度、振动、功率(推力)等参数会出现较大波动,甚至会超限,若在较短时间内恢复正常,则发动机可以继续运转,若无法恢复正常状态,则应及时停车检查。

4) 合格判定准则

根据国家军用标准 GJB 4187—2001《航空发动机吞冰试验要求》,吞冰试验完成后,若发动机能满足以下条件,则认为试验合格:

(1) 发动机不熄火；
(2) 发动机推力(或功率)恢复时间不超过型号规范的规定值；

(3) 发动机持续推力(或功率)损失最大不超过10%。

7. 吞砂试验

1) 试验要求

国家军用标准GJB 241A—2010《航空涡轮喷气和涡轮风扇发动机通用规范》和GJB 242A—2018《航空涡轮螺桨和涡轮轴发动机通用规范》规定航空发动机要进行吞砂试验,同时国家军用标准GJB 2026—94《航空涡喷涡扇发动机吞砂试验要求》进一步明确涡喷涡扇发动机吞冰试验的技术要求。其要求发动机(包括所有附件)应能在整个工作范围内,在每立方米空气中含砂尘0.053 g的地面环境条件下满意地工作。发动机及其附件应能在最大连续功率状态下,在规定砂尘条件下,总工作时间达10 h以上,其功率损失不大于5%,耗油率增加不大于5%,并且不影响功率变换能力。

试验用砂尘规定为:砂粒夹杂物由碎石英粉末组成,其粒度比例表见表5.6。

表5.6 吞砂试验砂尘粒度比例表

粒度大小/μm	数量(小于左列尺寸的颗粒按质量百分比%)
1 000	100
900	98~99
600	93~97
400	82~86
200	46~50
125	18~22
75	3~7

2) 试验内容和方法

吞砂试验用于模拟飞机飞行时发动机遭遇砂尘的情况,试车台应具备常规试车所需的各种通用设备以及吞砂试验专用设备。吞砂试验专用设备主要由投砂装置、砂尘收集系统等组成。试验前按要求完成吞砂试验设备的安装和调试,以保证发动机进气砂尘浓度,砂尘经投砂装置按一定比例与空气充分混合后,进入发动机的进气口前端被吞入发动机内部。

以某涡轴发动机吞砂试验为例,试验具体内容与方法如下:

(1) 试车台校准。

试车台校准一般参照GJB 721—89《涡喷涡扇发动机试车台校准规范》规定的程序进行。

（2）发动机校准。

发动机校准前，对试验用发动机进行性能验证及必要调整，以保证发动机性能符合型号规范要求。发动机校准包括稳态性能录取试验与功率变换试验，录取规定状态点的稳态性能；完成从飞行慢车状态到中间状态和从中间状态到飞行慢车状态的功率变换试验，确定发动机的性能特性。

（3）发动机吞砂试验。

根据型号规范和试验大纲要求，进行发动机吞砂试验。试验在发动机最大连续功率状态下，进行持续10 h的吞砂运转，每运转1 h，发动机至少进行一次到慢车状态的减速和到最大连续功率状态的加速，并应在0.5 s内移动功率杆。如果发动机装有防冰系统，在第1 h运转中防冰系统应接通10次，每次工作1 min。在全部试验中，应从发动机中引出飞机系统最大引气量。

发动机吞砂试验的过程为：起动发动机，飞行慢车状态稳定停留后进入最大连续工作状态，稳定后检查发动机各系统和所有测试仪器的工作状态，若处于完好，则试车台发出投砂指令，发动机进入吞砂阶段。

（4）发动机重新校准。

吞砂试验完成后，对发动机进行重新校准。

（5）发动机分解检查。

试验结束后，对发动机进行分解，以检查砂尘腐蚀范围及砂尘进入轴承和其他危险区的程度，以目视、磁力探伤、渗透检查、X射线、超声波或其他检验方法检查发动机及其零部件的损伤情况。

3）试验注意事项

吞砂试验的注意事项有：

（1）试验前，按要求检查发动机和试验设备；

（2）试验期间，通过监控系统严密监控投砂装置工作情况，如果发生管道或计量器漏砂、漏气等故障，则应暂停试验，待查明原因并排除故障后方可继续进行试验；

（3）在吞砂过程中，密切监控P_{s3}波动情况，如果发生失速，则适当逐步减小负载，必要时关闭喷砂开关，停车；如果发生喘振，则停车，同时关闭喷砂开关。

4）合格判定准则

根据国家军用标准GJB 2026—94《航空涡喷涡扇发动机吞砂试验要求》，涡喷涡扇发动机吞砂试验完成后，若发动机满足以下条件，则认为试验合格：

（1）发动机推力损失不大于5%；

（2）发动机耗油率增加不大于5%；

（3）推力瞬变时间符合要求；

（4）分解检查未发现破坏或即将破坏的迹象。

8. 吞入大气中液态水试验

1）试验要求

国家军用标准 GJB 241A—2010《航空涡轮喷气和涡轮风扇发动机通用规范》和 GJB 242A—2018《航空涡轮螺桨和涡轮轴发动机通用规范》中规定航空发动机定型前应进行吞入大气中液态水试验，当发动机（包括所有附件）能在整个工作包线内以最大功率状态工作时，吞入占进气空气质量总流量 2%、3.5% 和 5% 的液态水，其中 50% 的液态水进入 1/3 的进口面积，模拟由于发动机安装结构的影响而经常出现的水的集中程度。

2）试验内容和方法

吞入大气中液态水试验用于模拟飞机飞行时发动机遭遇液态水的情况，试车台应具备常规试车所需的各种通用设备以及吞入大气中液态水试验专用设备。吞入大气中液态水试验专用设备主要由水站、喷水环和连接软管等组成。试验前完成喷水装置调试，试验时通过远程控制程序调节水站阀门开度，液态水流经连接软管后从喷水环喷出，进入发动机的进气道。

以某涡轴发动机吞入大气中液态水试验为例，试验具体的内容与方法如下：

(1) 试车台校准。

试车台校准一般参照 GJB 721—89《涡喷涡扇发动机试车台校准规范》规定的程序进行。

(2) 发动机校准。

发动机校准前，对试验用发动机进行性能验证及必要调整，以保证发动机性能符合型号规范要求。发动机校准仅进行稳态性能录取，录取试验大纲规定状态点的稳态性能，确定发动机的性能特性。

(3) 发动机吞入大气中液态水试验。

发动机吞入大气中液态水试验的过程为：起动发动机，暖机并进入最大连续推力（或功率）状态，稳定工作一段时间，开始检查发动机各系统和所有测试仪器的工作状态，且处于完好，试车台发出喷水指令，发动机进入吞入大气中液态水试验阶段。

(4) 发动机重新校准。

吞入大气中液态水试验完成后，按要求对发动机进行重新校准。

(5) 发动机分解检查。

试验结束后，对发动机进行分解，以检查液态水对发动机的损伤程度，以目视、磁力探伤、渗透检查、X 射线、超声波或其他检验方法检查发动机及其零部件的损伤情况。

3）试验注意事项

吞入大气中液态水试验中若出现以下现象应采取紧急停车措施，同时停止喷水：

(1) 发动机出现熄火或着火；

（2）听到发动机的声音出现突然尖锐、沉闷等异常变化；

（3）发动机扭矩突然下掉或燃油流量发生较大变化；

（4）在发动机吞入大气中液态水的过程中，若发动机出现喘振异常现象，车台操作人员应适当下拉发动机状态，同时停止喷水，必要时停车。

4）合格判定准则

吞入大气中液态水试验完成后，若发动机满足以下条件，则认为试验合格：

（1）性能检查后将发动机进行完全分解检查，发动机保持了足够的间隙，在试验中未出现损伤或有害的擦伤；

（2）性能未恶化；

（3）燃气流路的零件无损坏。

9. 吞入火药气体试验

1）试验要求

根据 JSSG—2007《航空涡喷涡扇涡轴涡桨发动机联合使用规范指南》要求，发动机工作状态、吸入火药排气状态和特性应由发动机承包商利用飞机承包商提供的信息来规定。这些状态和特性包括：发动机功率设定状态、压力、高度、马赫数、吸入火药排气的持续时间、质量流量、推进剂类型和导弹位置。对于涡轴发动机，由发动机承包商规定的发动机工作状态和吸入火药排气的条件应遵循如下指导：发动机的工作状态应在最大连续工作状态，马赫数为零，火药排气条件应在火药点燃持续 0.1 s，火药位置距发动机进口截面 4.6 m 处，火药排气应在发动机的中心线上垂直于发动机截面，应演示的特性如下。

（1）高度：1.2 km（约 4 000 ft）。

① 火药质量流量：12.6 g/s；

② 推进剂特性：无铝双基。

（2）除推进剂特性含铝成分之外，其他与上述①相同。

（3）高度：海平面。

① 火药质量流量：36.3 kg/s；

② 燃料特性：无铝双基；

③ 除推进剂特性含铝成分之外，其他与上述①相同。

在吸入火药排气的情况下，应从飞机设计和任务的需求出发，规定关键工作状态。对每种关键工作状态，应规定发动机功率杆位置、飞行高度、飞行马赫数、最长点火持续时间和吸入燃气的数量。

在确定吸入火药排气状态时，应考虑火药类型、火药质量流量、火药点火持续时间、火药烟柱相对高度及马赫数关系的特性和针对不同载荷配置的火药飞行轨迹。

2）试验内容和方法

吞入火药气体试验用于模拟飞机飞行时发动机吸入火药气体的情况，试车台应具备常规试车所需的各种通用设备以及吞入火药气体试验专用设备。吞入火药气体试验专用设备主要包括火药气体发生装置、高速摄影装置等，火药气体发生装置由火药气体发生器（含燃烧室、减压室、集气室、点火器等）、引气旁路、喷射管路等组成。火药气体发生装置排气口距发动机进口截面 4.6 m，排气在发动机的中心线上垂直于发动机截面。高速摄影装置安装在试验现场的主要位置，视角覆盖整个试验现场。试验前完成火药气体发生装置的调试，以保证发动机吞入火药气体的时间和流量。

以某涡轴发动机吞入火药气体试验为例，试验具体内容与方法如下：

（1）试车台校准。

试车台校准一般参照 GJB 721—89《涡喷涡扇发动机试车台校准规范》规定的程序进行。

（2）发动机校准。

发动机校准前，对试验用发动机进行性能验证及必要调整，以保证发动机性能符合型号规范要求。发动机校准包括稳态性能录取试验与功率变换试验，录取试验大纲规定状态点的稳态性能；完成从慢车状态到最大功率状态及最大功率状态到慢车状态、慢车状态到中间功率状态及中间功率状态到慢车状态的功率变换试验，确定发动机的性能特性。

（3）发动机吞入火药气体试验。

发动机吞入火药气体试验的过程为：起动发动机，暖机并进入试验工作状态，稳定工作一段时间，开始检查发动机各系统和所有测试仪器的工作状态，若处于完好状态，则试车台发出火药气体发生器的点火指令，发动机进入吞入火药气体试验阶段。

（4）发动机重新校准。

吞入火药气体试验完成后，按要求对发动机进行重新校准。

（5）发动机分解检查。

试验结束后，对发动机进行分解，以检查火药气体对发动机的危害程度，以目视、磁力探伤、渗透检查、X 射线、超声波或其他检验方法检查发动机及其零部件的损伤情况。

3）试验注意事项

吞入火药气体试验的注意事项有：

（1）严格按照有关规定运输、储存火药。

（2）试验过程中若发动机无失速、喘振、自动熄火等异常现象，则进入冷机状态，正常停车；若出现以上异常现象，则应立即停车，中断试验。

（3）试验过程中需记录稳态性能参数及瞬态数据，以便整理得出发动机在温度畸变过程的温度变化过程、最大升温率及防喘振系统效能数据。

(4) 由于火药燃烧产物中含有氯化氢、粉尘（主要是三氧化二铝）、炭灰等,其中氯化氢（约占燃烧产物的 16.76%）遇水生成盐酸,会腐蚀金属；粉尘、炭灰等通过发动机可能堵塞测量受感部。因此,试验后可视情清洗发动机。

4) 合格判定准则

根据 JSSG—2007《航空涡喷涡扇涡轴涡桨发动机联合使用规范指南》,吞入火药气体试验完成后,若发动机满足以下条件,则认为试验合格：

(1) 倘若出现性能损失,发动机应在 5~10 s 内恢复全面性能,具体时间取决于吸入火药排气的类型和吸入的持续时间；

(2) 当飞机提供了吸入火药排气信号时,发动机应在 5~10 s 内损失不大于 7% 的推力/功率；

(3) 发动机应在解除吸入火药排气信号后 5 s 内恢复到全面性能。

10. 噪声测量试验

1) 试验要求

噪声测量试验的要求有：

(1) 每次试验前后,应及时在试验现场用声学校准器进行系统声学校准,以检查系统的灵敏度,并提供声级数据分析的声学基准级。

(2) 为了尽量减少设备或操作者的误差,在记录发动机声学试验数据前后,必须用接入的电压装置代替传声器输入的已知信号补充现场校准。

(3) 必须在试验现场以航空发动机噪声测量试验所用的系统声级增益记录并确定包括声学背景噪声和测量系统电噪声的环境噪声。

2) 试验内容和方法

将噪声测量设备按要求布置在轴线一侧 0°~180° 上,在发动机的所有工作点进行发动机噪声测量试验。

3) 试验注意事项

噪声测量试验的注意事项有：

(1) 野外声学试车台台架高度,即发动机中心线至地面的距离应至少等于大风扇叶片（或压气机叶片）直径的 1.5 倍（最小距离大于 2.5 m）；

(2) 发动机支承结构应具有最小的声干涉特性,并且不影响发动机进气和排气的流场；

(3) 试验场地的地面应平坦且开阔,没有影响声场特性的障碍物,也没有具有较好吸收特性的蒿草、灌木和树林；

(4) 试验场地的空间特性应没有具有吸收特性的降落物,如雨、雪、冰雹等；

(5) 背景噪声声压级应小于信号声压级 10 dB；

(6) 环境温度应为 0~30 ℃；

(7) 相对湿度应为 30%~90%；

（8）平均风速应小于 2.8 m/s，没有不规则的风向，要求在高于地面 10 m 的位置测量，并取 30 s 内的平均值。

4）合格判定准则

满足飞机提出的噪声要求。

11. 排气污染试验

1）试验要求

发动机按型号规范的要求进行排烟污染试验，在测量发动机排烟时，使用 HB 6116—87《航空燃气涡轮发动机排气冒烟测量规范》中要求的设备、仪表和程序进行。

2）试验内容和方法

在四个状态（中间状态、最大连续状态、75%最大连续状态和慢车状态）测量排烟的发烟系数。在各状态取样前应在该状态上稳定工作 10 min。试验后发动机性能不需要检查。

（1）起动发动机到地面慢车状态，稳定工作 2 min。

（2）上推到空中慢车状态，稳定工作 10 min。

（3）保持发动机工作状态不变，进行排气冒烟试验，调节排气冒烟测试系统，使系统采样流量为(14±0.5)L/min，根据滤纸的面积控制采样时间，使每平方米过滤烟痕面积上流过(16.2±0.7)kg 的采样流量，更换滤纸，连续采样 3 次。

（4）缓慢上推发动机到 75%最大连续状态，稳定工作 10 min。

（5）保持发动机工作状态不变，进行排气冒烟试验，调节排气冒烟测试系统，使采样流量为(14±0.5)L/min，根据滤纸的面积控制采样时间，使每平方米过滤烟痕面积上流过(16.2±0.7)kg 的采样流量，更换滤纸，连续采样 3 次。

（6）缓慢上推发动机到最大连续状态，稳定工作 10 min。

（7）保持发动机工作状态不变，进行排气冒烟试验，调节排气冒烟测试系统，使系统采样流量为(14±0.5)L/min，根据滤纸的面积控制采样时间，使每平方米过滤烟痕面积上流过(16.2±0.7)kg 的采样流量，更换滤纸，连续采样 3 次。

（8）缓慢上推发动机到中间状态，稳定工作 10 min。

（9）保持发动机工作状态不变，进行排气冒烟试验，调节排气冒烟测试系统，使系统采样流量为(14±0.5)kg/min，根据滤纸的面积控制采样时间，使每平方米过滤烟痕面积上流过(16.2±0.7)kg 的采样流量，更换滤纸，连续采样 3 次。

（10）下拉发动机到 75%最大连续状态、空中慢车状态，分别工作 3 min。

（11）下拉发动机到地面慢车状态，稳定工作 3 min 后停车。

3）试验注意事项

发动机每个状态的排气冒烟数为 3 次采样的平均值。

4）合格判定准则

试验完成后，若发动机满足以下条件，则可判定为试验合格：

发动机四个状态的排气冒烟数 SN ≤ 45。其中,排气冒烟数 SN = 100×(1 - R_s/R_w),式中 R_s 为反射率计测量的样品过滤纸的绝对反射率,R_w 为反射率计测量的清洁过滤纸的绝对反射率。

5.2.4 结构试验

1. 发动机低循环疲劳试验

1)试验要求

每型发动机装机对象和应用范围不同,试验要求各不相同。试验图谱存在很大差异,循环次数也各有不同。下面就以某型在研发动机为例进行说明。该发动机要求至少进行 2 000 次低循环疲劳试验,每次循环发动机运行 15 min。

为覆盖某型发动机型号规范中的环境混频温度(15℃,35℃),试验尽可能在大气环境温度 10~40℃下开展。试车台有调整发动机温度和转速的措施,如具备进气加温或引气等功能。

2)试验内容和方法

试验开始前对发动机进行校准,录取发动机性能并进行稳定性检查,确定发动机是否可以开展低循环疲劳试验。

发动机至少进行 2 000 次低循环疲劳试验,每次循环发动机运行 15 min,其中,最大状态和最大连续状态的 $T_{t4.5}$ 分别为规定值。正常停车后,在发动机重新起动前 $T_{t4.5}$ 必须下降到 150℃以下,可使用起动机带转冷运转。

3)试验注意事项

试验过程中一般要求发动机转速和温度同时满足规范要求,可采用进气加温和直升机引气的方法进行调整。试验时每天需录取一次 $T_{t4.5kc}$ = 760℃性能,性能录取时关闭直升机引气,在每个状态稳定运行 1.5 min 后记录。当功率衰减超过 2%或试验循环次数达到 100 次时清洗发动机。

4)合格判定准则

完成所有试验项目,试验循环次数不低于研制总要求规定值,并且试验结束时发动机仍可正常运转;发动机分解检查结果表明,零件裂纹、尺寸变化保持在允许的极限值以内,即可认为发动机通过低循环疲劳试验。

2. 包容性试验

1)试验要求

按照强度分析、数值计算等方式选定压气机和涡轮最危险的叶片,通过机械加工等方式对叶片进行处理,使其在预定的转速下被破坏。

2)试验内容和方法

发动机需配置防护罩,避免叶片或轮盘飞出对设备和人员造成伤害。发动机调试完成后,在等于或大于最高允许转速下运转,直至叶片断裂。

3）试验注意事项

包容性试验除有断裂叶片或轮盘飞出风险外,可能出现发动机着火风险,车台需考虑完善的应急预案,并有合理的应对措施。

4）合格判定准则

在最高允许瞬态转速下,压气机或涡轮叶片在叶身与榫头转接部位断裂,发动机能完全包容,机匣无击穿现象,即可认为发动机通过包容性试验。

3. 转子结构完整性试验

如果在定型试验阶段发动机转子结构与飞行前规定试验阶段的转子结构有较大差异,且影响转子结构完整性的工作储备,则应按通用规范的规定重新进行一次超转试验、超温试验,反之,本试验可不再重复进行。

4. 振动和应力测量试验

1）试验目的和意义

振动与应力试验用于验证发动机在整个工作范围内所有转速和功率状态下,包括稳态和瞬态,是否发生破坏性振动,振动应力和载荷是否超过允许极限。

2）试验要求

发动机应进行充分分解,以安装试验测试装置,每级压气机有足够数量的转子、静子叶片粘贴应变片,且粘贴在叶片最大应力处。在主轴承的适当位置安装足够的测量装置,以测量轴承载荷和转子位移。在发动机规定的外部附件的适当位置安装测振加速度计。

发动机在整个工作范围内所有转速和功率状态下运转,连续测量发动机振动和应力。

3）试验内容和方法

为了保证每次试验的成功率和有效性,振动和应力测量试验可以采用分步实施的方法进行,如先进行振动测量试验,再进行应力测量试验,其中应力测量试验也可分步测量叶片应力、主轴承载荷等。

以某涡轴发动机为例,介绍振动与应力测量试验内容和方法如下：

(1) 单一工作状态振动和应力测量试验。

① 采用标准导叶控制规律振动和应力测量试验；

② 采用极限导叶控制规律振动和应力测量试验；

③ 最大压气机引气时振动和应力测量试验；

④ 最大进气压力时振动和应力测量试验；

⑤ 最大进气畸变时振动和应力测量试验；

⑥ 不同动力涡轮转速时振动和应力测量试验。

(2) 组合工作状态振动和应力测量试验。

① 采用标准导叶控制规律、最大压气机引气、最大进气压力、最大进气畸变和

不同动力涡轮转速时振动和应力测量试验；

② 采用极限导叶控制规律、最大压气机引气、最大进气压力、最大进气畸变和不同动力涡轮转速时振动和应力测量试验。

4）试验注意事项

因粘贴了较多应变片，且振动和应力测量试验中发动机常在极限条件下运转，本项试验风险较大，试验要注意以下事项：

(1) 转子叶片应力测量中要注意高速引电器的冷却，保证其工作可靠；

(2) 应变片粘贴要牢固，以免脱落击伤后面的零部件，试验中密切注意振动情况；

(3) 发动机在极限状态运转时，密切注意各主要性能参数，不得超过极限值。

5）合格判定准则

振动和应力测量试验完成后，若发动机能满足以下条件，则认为试验合格：

(1) 所有振动测点在各状态下均不超过型号规范规定的限制值；

(2) 所有应力和载荷测点在各状态下均不超过型号规范规定的极限。

第6章
测试方法

6.1 测试需求综述

航空发动机测试技术是测量与获取发动机试验过程中各种状态参数,经分析来定量评定发动机性能的综合性技术。它是集流体力学、热力学、数学、计算机、电子学、控制学、材料学、结构力学等为一体的综合性学科。航空发动机研制过程中必须要进行大量试验,而试验的目的是准确获取发动机的各项参数,这些参数的获取及其准确性的保障,就是依靠测试工作来完成的,如果无法获得有效的测试数据或测试数据失准,则可能导致整个试验失败。因此,测试工作是发动机研制过程中一个不可或缺的组成部分。

航空发动机研制试验通常要在发动机试验件上布置大量测试点,从而达到录取发动机总体性能、监控并评估发动机试车状态、测量发动机全流程参数等测试目的。为满足发动机的研制试验需求,试车台测试系统通常主要包含常规测试系统和特种测试系统两大部分。

常规测试系统是指用于航空发动机在各类试验中都会测量的参数监测的测试设备,这些设备一般作为试车台的常备测量设备存在,主要包括:

(1) 稳态参数测试系统。稳态参数测试系统主要用于实现发动机温度、压力、流量、振动总量、转速、功率等稳态参数的实时采集、图形显示和记录;实现发动机性能参数的实时计算和显示;还要实现与试车台测功器等试验设备、发动机数控系统进行数据通信的功能。

(2) 脉动参数测试系统。脉动参数测试系统主要用于实现脉动压力、温度等参数曲线的跟踪、记录,以及旋转失速、喘振预警等功能。

(3) 振动参数测试系统。振动参数测试系统主要用于实现振动参数的实时监控、记录、频谱分析及预警等功能。

特种测试系统是指特定试验中才会要求测量的参数监测的测试设备,这些设备可以不必常备于试车台,或需要专门的实验室完成测量,主要包括示温漆、测温晶体、红外高温计、叶尖间隙测量系统、动应力测量设备、高速摄影装置等。

此外，根据发动机自身结构、性能方面的测试需求，还可以对发动机测试按总体测量参数、流程测量参数等进行划分。以某航空涡轴发动机全流程参数测试为例，通常会沿发动机全流程不同的测试截面布置各种类型的测点，从而测量计算发动机设计状态各特征截面的流场、气动参数、过程参数及各部件的损失系数等，通常有以下几种类型的测试参数：

（1）发动机总体测量参数。

发动机总体测量参数包括发动机进口空气流量、燃气发生器转速、动力涡轮转速、发动机功率、输出轴扭矩、燃油流量等。以涡轴发动机为例，其总体测量参数如表 6.1 所示。

表 6.1　涡轴发动机总体测量参数

参 数 名 称	符 号	单 位	精度/%
发动机进口空气流量	W_{a1}	kg/s	±1.0
燃气发生器转速	n_g	r/min	±0.1
动力涡轮转速	n_p	r/min	±0.1
发动机功率	P_{dn}	kW	±0.5
输出轴扭矩	M_{dn}	N·m	±0.5
燃油流量	W_f	kg/h	±0.5

（2）发动机流程测量参数。

发动机流程测量参数包括发动机各测量截面单点温度和压力参数以及各截面平均温度、平均压力参数等，如表 6.2 所示。

表 6.2　发动机流程测量参数

参 数 名 称	符 号	单 位	精度/%
发动机进口总温	T_{t1}	℃	±1
压气机进口总温	T_{t2}	℃	±1
燃气涡轮出口总温	$T_{t4.5}$	℃	±4
燃气涡轮出口总压	$P_{t4.5}$	MPa	±0.35
动力涡轮出口总温	T_{t5}	℃	±3
动力涡轮出口总压	P_{t5}	MPa	±0.35

(3) 其他稳态测量参数。

其他稳态测量参数包括滑油系统测量参数、燃油与控制系统测量参数、盘腔静压/温度测量参数、外壁面温度参数以及试车台设备测量参数等。这些测量参数均由稳态参数测试系统进行数据采集和处理。

(4) 发动机振动测量参数。

发动机振动测量参数需要独立的振动测量分析系统进行信号的频谱分析以及故障判断,各参数如表6.3所示。

表6.3 发动机振动测量参数

参数名称	符号	单位	参数范围	精度/%
主机匣振动水平	ZDP_y	mm/s	<400	±5.0
主机匣振动垂直	ZDP_z	mm/s	<400	±5.0
主机匣振动轴向	ZDP_x	mm/s	<400	±5.0
中机匣振动水平	ZDM_y	mm/s	<400	±5.0

(5) 发动机脉动测量参数。

为了解发动机过渡态工作特点,测取发动机内部瞬态流场,需要测试系统具有高频率响应特性,通常通过独立的动态测试系统来实现动态参数的测试。常规试验的发动机脉动测量参数见表6.4,如果要进行失速团分析、激波测量等,则需要布置更多的动态传感器或受感器。

表6.4 发动机脉动测量参数

参数名称	符号	单位	精度/%
燃气发生器转速	n_g	r/min	±0.5
燃油流量	W_f	kg/h	±3
发动机进口流量管静压	P_{s1}	MPa	±2
燃气涡轮出口总温	$T_{t4.5}$	℃	±5
喷嘴前燃油压力	$P_{fNZ.F}$	MPa	±2
动力涡轮转速	n_p	r/min	±0.5

(6) 特种测试参数。

特种测试参数包括压气机及涡轮转子叶片叶尖间隙、转子及轮盘表面温度、转子及轮盘动应力、吞咽物的速度及其他特征参数等,需要采用专用的测试设备或测试方法来测量。

本章以常规测试、特种测试为主要划分维度,以测试参数类型为二级维度,对航空发动机测试技术分别进行介绍。

6.2 常规测试

6.2.1 压力测试

工程上,液体、气体的压力是指它们垂直均匀分布在单位面积上的力(压强)。在气流中有总压、静压和动压之分,测量时,分大气压力、表压力和绝对压力。绝对压力为所处空间的全部压力,即大气压力与表压力之和;表压力为绝对压力与大气压力之差;当绝对压力小于大气压力时,绝对压力与大气压力之差称为负压。

大气压力是地球表面上的空气柱重量所产生的压力,它随海拔、地理纬度、气象情况而变。标准大气压规定温度为 0℃,重力加速度为 9.80665 m/s²,76 cm 汞柱产生的压力即 101 325 Pa。

不随时间变化的压力称为稳态压力,一般认为压力值每分钟变化在 5% 以内的为稳态压力,本节所提到的压力测试均为稳态压力测试。

航空发动机压力测试除了测点多、测量精度要求高的特点,由于其转速高、出口温度高等,还要求压力测试用受感器尺寸小、强度高、气动性能好。航空发动机气体压力测试主要包括总压测量和静压测量两部分。燃油、滑油等液态压力测量因其流速低,一般不再区分总静压,除特别需要外,一般也不再设计受感器。

1. 总压测量

由流体力学可知,任何被流体绕流的物体上都有这样一些点,在这些点上流体完全滞止,即这些点上流速为零,通常称这些点为驻点,驻点上的压力称为滞止压力或总压。其物理意义是:在没有外力作用下,流体速度等熵地减速为零时所产生的压力。此时,流体的动能全部等熵地转化为压力能。根据热力学和流体力学知识,当理想气体等熵流动时,总压方程表达如下。

对于可压缩气体,有

$$P_t = P_s + \frac{1}{2}\rho V^2 (1 + \varepsilon) \tag{6.1}$$

对于不可压缩气体,有

$$P_t = P_s + \frac{1}{2}\rho V^2 \tag{6.2}$$

式中，P_t——气流总压；

P_s——气流静压；

V——气流速度；

ρ——气流密度；

ε——压缩性修正系数。

测量气流的总压均采用总压受感器，压力经总压受感器和引压管路后与压力传感器或压力显示仪表气密连接，就可以直接测出气流的总压值。

从理论上来说，只要在气流中放置一根管子，其孔口轴线对准气流方向，这就是最简单的总压受感器。但实际上由于发动机流道中气流的运动情况很复杂，往往不可能确切知道气流方向，而且随发动机工况的变化，气流的方向变化较大，因此实际使用时希望总压受感器对气流的方向有一定的不敏感性，即总压受感器在偏离气流方向的某个角度范围内都能正确测量总压，该角度称为不敏感角。

总压受感器主要有L形、带套形、球窝形、扁嘴形等结构形式。不同结构形式的总压受感器，其不敏感角也不同，如带套形最大不敏感角可达45°，而L形最大不敏感角只能达到30°；此外，同一结构形式的总压受感器由于加工方面的差异，其不敏感角也不完全一样。所以，对于加工好的总压受感器，应在校准风洞上对其进行吹风试验，以确定总压受感器的不敏感角。几类常用总压受感器如图6.1所示。

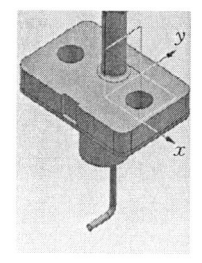

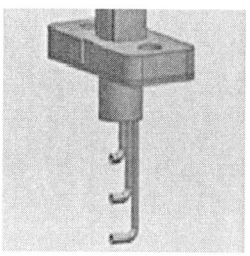

(a) 单点L形总压受感器　(b) 三点梳状总压受感器　(c) 四点带套形总压受感器　(d) 五点耙状总压受感器

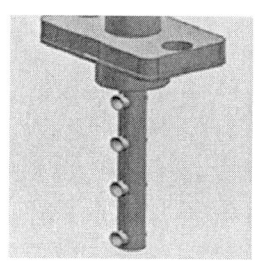

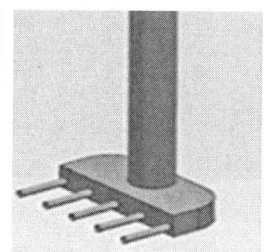

图6.1　几类常用总压受感器

对于航空发动机，在压气机级间、涡轮出口处等，气流速度会超过声速，如果把总压受感器放置在超声速气流中，则在测压管前端将产生弓形脱体激波。因而，总压管感受到的是激波后气流的总压，要经过公式换算才能得出激波前超声速气流的真实总压。为了直接测出激波前超声速气流的真实总压，必须设计一种特殊形状的受感器。它具有一个按等熵压缩原理设计的型面，当超声速气流流过该型面时，就会在该型面产生一系列弱的激波，使超声速气流经过激波系列不断减速，最后经过一道较弱的正激波降到亚声速。因为激波很弱，所以超声速气流连续经过激波系列时是接近等熵压缩的。这样，只要在这种型面物体上的气流降低到亚声速处紧贴壁面装上平头测压管,使其孔口正对贴壁流线,就可测出激波前超声速气流的总压。在实际使用中,为了便于受感器的加工,受感器的前端可用恰当的圆弧来代替复杂的等熵型面。

2. 静压测量

静压是指与气流速度垂直方向上受到的压力,这就要求安装在流道中的静压探针不能引起气流流线变形,且与气流同一速度运动,才能测出真正的静压。实践表明,在发动机特别是压气机的流道中,静压比较难测准,其原因是气流不均匀,有径向分速,且测量部位又经常无法提供合适的结构尺寸,所以静压测量大都采用壁面开孔测量。

当测量气流中某一点静压分布或者测量流路中某截面静压分布时,采用静压受感器。静压受感器主要有L形、带套形等结构形式,静压孔数一般为2~8个,并在测量管切面上均匀分布;通常采用两通孔结构,其结构形式如图6.2所示。对于不同的气流 Ma,受感器的迎风部头部的结构形式、静压孔到支杆的距离 x_1 以及静压孔到支杆中心的距离 x_2 可以进行适当调整。例如:当气流角变化小于5°时,对于 $Ma<0.7$ 的低亚声速流场,受感器的迎风部可采用圆头结构;对于 $Ma>0.7$ 的高亚声速流场,可采用长径比为3左右的锥形头部,x_1/d_1 应为5左右,x_2/d_2 应为16~20;对于 $Ma\geqslant 1.0$ 的跨声速流场,可采用长径比为15左右的锥形头部,x_1/d_1 应为5左右,x_2/d_2 应为20左右。

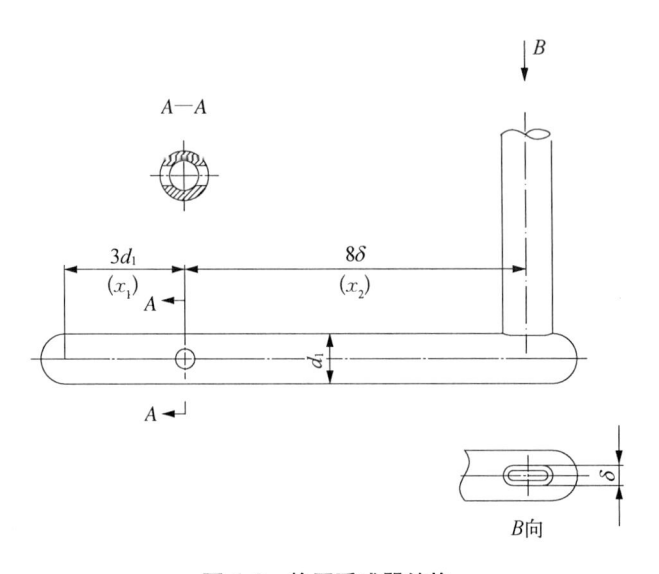

图6.2 静压受感器结构

燃油、滑油、水等液态压力测量一般采用在管路壁面开孔的方式,开孔处配上合适的转接头通过引压管路与压力传感器等设备连接,与气压不同,液压测量的引压管路应尽可能短。

3. 气流速度与方向测量

由于压气机或涡轮部件叶栅及进出口、燃烧室回流区等的气流方向随状态变化剧烈,且这种变化对航空发动机性能影响很大,所以在此类试验中,除需测出气流速度、总压之外,还需测出气流的方向。

与总压、静压测量不同,对气流方向的测量要求受感器对气流方向的变化非常敏感。方向受感器可以分为二维方向受感器和三维方向受感器,其中,三孔方向受感器是最常用的二维方向受感器,五孔方向受感器是最常用的三维方向受感器。对于更高的测量精度、更大的测量范围,还可采用七孔方向受感器、九孔方向受感器等。

若在规则形状的物体表面开两个对称的小孔,则来流方向正对其对称轴,两个孔感受到的压力相等;若来流相对于对称轴有一个偏角,则两个孔感受到的压力必然不相等。根据这一原理可设计出各类方向受感器来测量流动方向。如果在两个方向孔的对称轴上再开一个孔,则当流体按对称轴方向流向受感器时,此孔感受到的压力为总压,而方向孔上感受到的压力应为流体总压与静压之间的某一个值。这样,只要预先将这种受感器在校准风洞中进行标定,用开有三个孔的受感器就可以一次测出平面流场中流体的总压、静压、速度和方向。

在二维流场测量中,常用的方向受感器有 L 形方向受感器、U 形方向受感器及圆柱形三孔方向受感器。L 形方向受感器和 U 形方向受感器是用两根毛细管弯成 L 形或 U 形制成的,如图 6.3(a)~(d)所示,其中具有外切角的方向受感器比较常用。试验研究表明,具有外切角 $\theta=60°$ 的 L 形方向受感器具有很高的灵敏度。

圆柱形三孔方向受感器的结构如图 6.3(e)所示,在一个圆柱形的杆上,离开端部一定距离(一般大于 $2d$)并在垂直于杆的轴线的同一平面上开有三个孔,中孔用来测总压,两个侧孔以中孔为中心对称分布,并与中孔相隔 45°,它们用来测量流动方向。利用圆柱形三孔方向受感器测量流动方向的依据是:当流体绕圆柱体流动时,在圆柱表面上任意一点的压力与流速的大小和方向有关。圆柱形三孔方向受感器结构简单、尺寸小、使用安装方便,因此广泛用于流体机械进出口处对流体速度大小和方向的测量。

当需要测量三维流场的气流速度和方向时,通常选取四孔方向受感器、五孔方向受感器或七孔方向受感器,其中,最常用的是五孔方向受感器,它是一种测量气流时均测量参数(指流速大小和方向、总压和静压)的最基本和最常用的方法。这种方法具有测量原理简单、使用方便且受感器不易损坏、便于维护等优点,所采集的时均测量参数对三维流场具有非常重要的意义。它是三维流场测量中最常用的测量设备,所能测量的参数有速度的大小和方向、总压和静压。测量时根据五个孔感受到的压力值以及压力和速度的关系,得到测量点处的气流总压、静压、速度的大小和气流方向。当气流角较大、要求测量精度较高时,还可以采用七孔方向受感器。五孔方

(a) L形方向受感器1

(b) L形方向受感器2

(c) U形方向受感器1

(d) U形方向受感器2

(e) 圆柱形三孔方向受感器

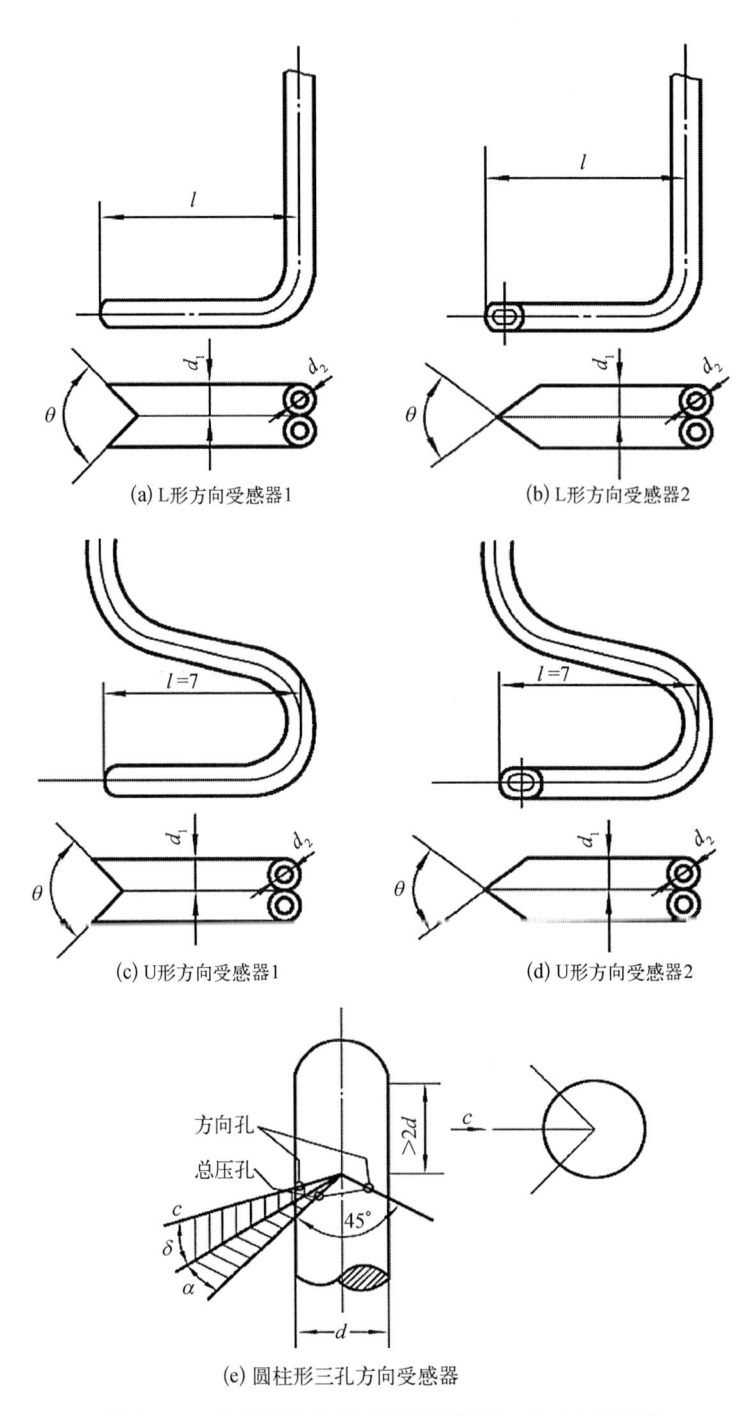

图 6.3　L 形、U 形方向受感器及圆柱形三孔方向受感器

向受感器、七孔方向受感器的头部结构形式较多,常见的如球形五孔方向受感器,可用于 $Ma<0.7$ 的低亚声速流场测试;锥形七孔方向受感器,既可用于 $Ma<0.7$ 的低亚声速流场测试,也可用于 $Ma>0.7$ 的高亚声速流场测试。其结构形式如图 6.4 所示。

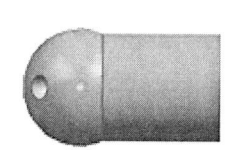

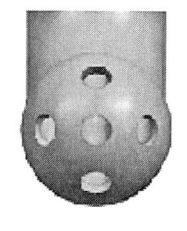

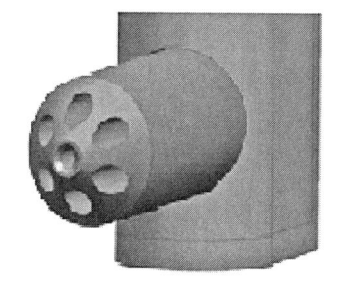

(a) 球形五孔方向受感器　　(b) 锥形七孔方向受感器

图 6.4　球形五孔方向受感器、锥形七孔方向受感器

4. 受感器校准风洞与受感器校准

发动机研究各阶段性能试验所用气动受感器需要经过校准才能使用,为此必须首先建立总压、静压和气流方向的标准。受感器校准风洞就是提供上述标准的关键设备。

校准风洞是空气动力学最常用的主要实验设备之一,通常分为吹气式和吸气式、开式和闭式等。一般校准风洞采用连续吹气式,其工作段为敞开结构。气源压力经过干燥、净化和脉动衰减装置处理后,进入大储气罐。吹风时,气流穿过多孔整流板,进入风洞洞体扩散段和稳定段,并减速到 4 m/s 左右,气流在稳定段再经蜂窝器和网格整流、梳直、击碎较大的旋涡,进一步均匀化,然后经过收缩喷管加速喷射到大气中,形成一股均匀的(相对于空间位置)、稳定的(相对于不同时刻)气流流场。只要将被校准的受感器装夹在五自由度坐标架上并置入射流核心,就可进行各种受感器的校准操作。图 6.5 为一种配备五自由度坐标架的连续吹气式校准风洞。

校准风洞的主要技术指标包括马赫数范围和测量精度、总压场不均匀度、静压场不均匀度、方向场、湍流度测量精度等。

1) 总压受感器校准方法和数据处理方法

总压受感器校准的目的是通过风洞校准试验,得到总压受感器的总压

图 6.5　五自由度坐标架的连续吹气式校准风洞

角度特性(总压不敏感角)和速度特性,以评定总压受感器的性能、精度及合格性,并确保实际使用中准确测出气流总压。

总压受感器速度特性系数按下述公式计算:

$$K_{mi} = \frac{1}{n}\sum_{j=1}^{n}\frac{P_{tj0}}{P_{ij0}} \tag{6.3}$$

总压受感器角度特性系数按下述公式计算:

$$K_{gi} = \frac{P_t - P_i}{P_t} \times 100\% \tag{6.4}$$

校准角度特性分析可以采用下述两种方法之一进行:

(1) 在每个校准马赫数下,将校准所要求的不敏感角对应的 P_t 和 P_i 代入式(6.4),计算出 $|K_{gi}|$,且 $|K_{gi}| \leq 0.1\%$;

(2) 在每个校准马赫数的总压受感器校准角度特性曲线图上,求出 $K_{gi} = 0.1\%$ 时所对应的不敏感角 α,且 α 不小于所要求的不敏感角。

将总压受感器校准数据记录表中每个马赫数所对应的 P_{tj0} 和 P_{ij0} 代入式(6.3),计算出 K_{mi},且 K_{mi} 应为 1.000~1.001。

根据总压受感器的校准结果,只有当校准角度特性分析和校准速度特性分析结果同时满足校准要求时,总压受感器校准才合格,才可使用。

静压受感器的校准可参照总压受感器的校准方法进行,这里不再说明。

2) 速度和方向受感器校准与数据处理方法

(1) 三孔方向受感器校准与数据处理方法。

三孔方向受感器的校准是通过风洞的校准试验,确定其角度、马赫数测量范围,确定受感器对气流总压、气流方向等参数的测试精度,确定受感器的各校准系数对定常流的稳定程度,即受感器测量的重复性,并尽量消除由受感器加工、安装所带来的误差。

通过对三孔方向受感器进行校准试验,可以得到三个感受孔的压力值,从而计算出角度压力系数、总压压力系数和速度压力系数,在此基础上画出三种压力系数的特性曲线图。当使用三孔方向受感器时,可以通过相应的压力系数特性曲线图反查出对应的角度、总压和速度,从而达到利用三孔方向受感器同时测出总压和方向的目的。

在三孔方向受感器校准过程中,当总压感受孔的轴线与校准风洞喷口端面相互垂直时,位移机构显示的角度为三孔方向受感器的机械零位角。如果转动位移机构使三孔方向受感器两个侧孔的压力值相等($P_1 = P_3$),则此时位移机构显示的角度减去机械零位角为三孔方向受感器的气动零位角。

三孔方向受感器的校准过程和总压受感器的大体一致,受感器校准前应进行外观目视检查,它应无缺陷、无毛刺、无碰伤并符合图纸要求;然后对其进行通气检查,对受感器的每个感受孔进行吹气检查,每个感受孔应该没有堵塞和泄漏现象。

根据三孔方向受感器的使用要求,确定校准马赫数范围,每支三孔方向受感器的校准应不小于3Ma。三孔方向受感器在校准风洞开车前应移出校准风洞喷口有效流场区域,待校准风洞开车运行稳定3 min后,再把三孔方向受感器移入校准风洞喷口有效流场区域。

在马赫数调节到位后,转动位移机构,使三孔方向受感器两个侧孔的压力值$P_1=P_3$,此时位移机构显示的角度减去机械零位角为气动零位角。校准过程中,调节坐标架的旋转机构,改变偏转角α,角度步距间隔一般不大于校准偏转角范围的10%。在气流马赫数调控到给定值且稳定后,旋转坐标架使三孔方向受感器处于规定的角度,10 s后开始记录,然后转到下一个α角并记录数据。对于不同的马赫数,重复上述步骤。

三孔方向受感器校准数据处理方法采用多项式曲线逼近法,通过定义无量纲系数K_α、K_{pt}、K_m建立相应的函数,三孔方向受感器的三个孔压力变化受α、Ma两个互不相干气动参数的影响。反过来可将α、Ma等被测气动参数看成三个孔压力的函数。进一步,把α、Ma等参数看成三个无量纲系数的函数,在校准范围内,可以假设这些函数为多项式。通过最小二乘法对校准数据进行处理,即可得到α、Ma等参数的反查公式。

$$K_\alpha = \frac{2(P_3 - P_1)}{2P_2 - (P_1 + P_3)} \tag{6.5}$$

$$K_{pt} = \frac{P_2 - P_t}{P_t} \tag{6.6}$$

$$K_m = \frac{2P_2 - (P_1 + P_3)}{2P_2} \tag{6.7}$$

(2) 五孔方向受感器校准与数据处理方法。

五孔方向受感器的校准及数据处理过程与三孔方向受感器类似,主要区别有以下两点:一是校准时需要对β角进行旋转校准,其方法与α角的校准类似;二是需要定义无量纲系数K_β,其他无量纲系数的定义也有所区别,具体见式(6.8)~式(6.11)。同样地,可以通过逆运算将α、β、Ma等参数视为四个无量纲系数的多项式函数,利用最小二乘法对校准数据进行处理,即可获得α、β、Ma等参数的反查公式,可用于试验过程中启动参数监测。

$$K_\alpha = \frac{P_3 - P_1}{P_2 - \frac{1}{4}(P_1 + P_3 + P_4 + P_5)} \quad (6.8)$$

$$K_\beta = \frac{P_5 - P_4}{P_2 - \frac{1}{4}(P_1 + P_3 + P_4 + P_5)} \quad (6.9)$$

$$K_{pt} = \frac{P_2 - P_t}{P_t} \quad (6.10)$$

$$K_m = \frac{P_2 - \frac{1}{4}(P_1 + P_3 + P_4 + P_5)}{P_2} \quad (6.11)$$

在风洞校准中,测量、计算获取多个不同的 α、β、Ma 下的系数 K_α、K_β、K_{pt}、K_m 值,数据处理过程即是用最小二乘法拟合求解校准系数 A_{ijk}、B_{ijk}、C_{ijk}、D_{ijk} 的过程。车台测试即可通过测得的五个孔的压力值计算出无量纲系数 K_α、K_β、K_m,进而由上述公式计算出被测气流的 α、β、Ma 和 K_{pt} 值,然后计算出总压和静压。

5. 压力传感器和压力测试系统

航空发动机压力测量一般使用力传感器将感受的压力转换成一定关系的电信号输出并进行采集处理。压力传感器形式很多,分类方法不一,较多地以工作原理为分类依据。目前,常用的压力传感器主要是硅压阻式,其主要特点为测量精度高(0.1% F·S)、量程范围宽、使用寿命长、性能稳定可靠、结构简单、尺寸小、重量轻、使用维护方便。

使用压力传感器必须要知道其静态特性,即被测压力处于稳定状态时传感器的输出量与输入量之间的函数关系。一般情况下,常用压力传感器的静态特性方程可由式(6.12)表示:

$$P = P_0 + bV \quad (6.12)$$

式中,P——传感器输入压力;

P_0——截距;

V——输出电信号;

b——传感器灵敏度的倒数。

发动机试验压力测试系统是在试车台试验中用于压力测试的专用电子测试设备的总称。通常根据所测量压力类型的不同,可以把压力测试系统分为气体压力测试系统和液体压力测试系统两大类;除此之外,还可以根据所输出的电信号类型分为数字式压力测试系统和模拟式压力测试系统,对应的输出分别为数字电信号和模拟电信号(如电压、电流和脉冲)供数据采集系统进行采集记录和实时显示。

目前,航空发动机试车台的压力测量大量采用模块式压力测试系统,如图6.6所示。它最主要的优势是可以由用户根据实际试验工作的需要自行选配不同的压力量程、不同压力类型的测压模块,构成完整的压力测量通路。该类系统具有使用方便、移动性好、组合灵活的特点,压力信号在前端模块中已完成全数字化处理,通过网络进行数据传输,抗干扰的能力大大提高,再经过比较完善的温度系数补偿算法,可以在一定环境温度范围内达到比较高的测压精度。压力测量模块具有可靠性高、精度稳定性好、工作环境温度范围宽的优点,在航空发动机试车台的压力测试设备中占据了举足轻重的地位。

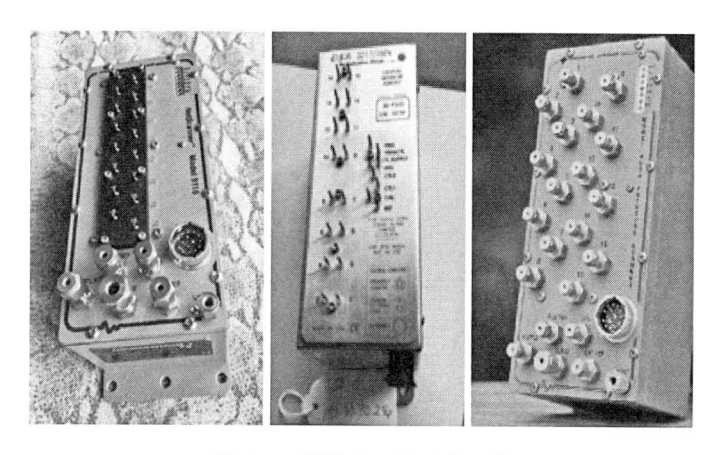

图6.6 模块式压力测试系统

大气压力数据是进行压力测试的一个十分重要的基准参数。前述气体压力测试系统输出的压力测量数据均为表压类型,而在进行各种气动性能计算时,一般要使用绝对压力数据,这就需要在所获得的表压数据上加上当时试验现场的大气压力值。由此可知,大气压力的测量一般需要满足实时和实地的要求。若要满足实地测量的需要,则必须将大气压力计尽可能地前置,尽可能地放置在接近发动机试验件的现场,以减小大气压力计感受的大气压力数据与实际现场大气压力数据的差异,还必须实时采集大气压力计输出数据并输入数据采集计算机,与同一时刻采集进来的其他测量数据进行性能计算。目前,大气压力计基本采用10 MB/100 MB以太网数字通信接口输出大气压力工程单位数据,这种方式的优点是传输距离远、抗干扰能力强,并且对硬件要求低、占用资源少。

液体压力一般指压力介质为液体的各种压力的测量,如各种燃油压力、滑油压力和水压等,目前使用的液体压力测试系统主要分为两类:模块式液体压力测试系统和压力变送器。可以根据测试要求和具体情况采用不同的液体压力测试系统。

6.2.2 流量测试

流量是表征航空发动机性能和工作状态的一个重要参数,指单位时间内流过管道某一截面流体的数量。流体的流量可以分为体积流量和质量流量,量纲分别为 m^3/s 和 kg/s。流体的体积流量和质量流量分别为

$$q_V = \frac{dV}{dt} = S\frac{dx}{dt} = Sv \tag{6.13}$$

$$q_m = \frac{dm}{dt} = \rho_f \frac{dV}{dt} = \rho_f Sv = \rho_f q_V \tag{6.14}$$

式中,q_V——流体的体积流量,m^3/s;

q_m——流体的质量流量,kg/s;

V——流体在管道内流过的体积,m^3;

S——管道某截面的截面积(该截面对应的流体流速为 v),m^2;

x——流体在管道内的位移,m;

t——时间,s;

v——流体在管道内的流速(对应的截面积为 S),m/s;

ρ_f——流体的密度,kg/m^3;

m——管道内流过流体的质量,kg。

流体具有黏性,因此在某一截面上的流速分布并不均匀,流速的分布与流体流动形态有关。因此,式(6.13)和式(6.14)中流体的流速均指平均速度。

1. 流量测试方法

流量测试方法有直接测试法和间接测试法。直接测试法是用标准计量装置准确地测出某一时间间隔内流过管道某截面的流量,推算出单位时间内的平均流量。间接测试法是先通过测试与流量(或流速)有对应关系的物理量的变化,再推算出管道某截面的流量。在航空发动机及其部件试验中,对空气流量和燃油、滑油流量的测试大部分采用间接测试法。进气、排气流量测试一般采用流量测试手段通过测量总压、静压来计算。引气流量测试一般采用孔板、文氏管、喷嘴、涡街流量计、热式流量计、质量流量计等。燃油、滑油流量测试一般采用涡轮流量计、质量流量计。

按照流量测试原理,可以将流试测试方法分为四大类:差压式流量测试方法、容积式流量测试方法、速度式流量测试方法、质量流量测试方法。此外,还可采用测试流量管上总静压来计算空气流量。

1) 差压式流量测试方法

伯努利方程说明了流体流线上各点之间的能量关系。若在流体流过的管路中安装一个使流通截面缩小的节流件,则流体流过该节流件会在节流件前后产生静

压差 Δp。设节流件处的流体流通面积为 A,流体密度为 ρ_f,根据伯努利方程和流体的连续性方程,可以导出流体的体积流量 q_V、质量流量 q_m 分别为

$$q_V = CA\sqrt{\frac{\Delta p}{\rho_f}} \tag{6.15}$$

$$q_m = CA\sqrt{\rho_f \Delta p} \tag{6.16}$$

式中,C——流出系数。

由式(6.15)和式(6.16)可知,若节流件前后的流通面积 A 和流体密度 ρ_f 一定,则流体流量与节流件前后的压差的平方根成正比,这就是节流流量计的测量原理;若保持节流件前后压差恒定,则流量与节流件处的流通面积 A 成正比,这就是面积式流量计(转子流量计)的测量原理。

另一类依据伯努利方程的流量测试方法是测量其动压头得到流体的速度,进而得到流量值。它分别测量流体的全压头和静压头,两者之差即为流体的动压头。这类测量方法的仪表有皮托管和均速管流量计,发动机进气流量用双纽线导流盆测量,也是伯努利方程的流量测试。

2)容积式流量测试方法

容积式流量计广泛应用于各种液体和气体流量测试中,尤其是在黏度较高的液体测量中,更具有很高的测量准确度。其工作原理是:将通过管路的流量,以一个具有标准容积的"计量空间"连续不断地进行测量,根据该标准容积的容积值和连续测量的累计次数,可以得到通过该流量计的累计流量。从原理上讲,这种流量计在测量体积流量时不受流体密度和黏度的影响,可以用于各种黏度的流体,并可以在各种雷诺数条件下应用,而且对流动状态、速度分布也无特殊要求。这种类型的流量计有较高的测量准确度,但是,当流体中含有微小颗粒杂质时,可能妨碍它的正常工作,在测量高黏度流体时,会有较大的压力损失。

3)速度式流量测试方法

以测量流体流速来得到流体流量的流量计,统称为速度式流量计。它的种类很多,近年来发展很快,较典型和常用的有涡轮流量计、涡街流量计、电磁流量计、超声流量计和热式流量计等。

4)质量流量测试方法

以直接或单一测量读出流体质量流量为目的的流量计称为质量流量计。它可以分为三大类:一是直接测试流体质量流量的直接式质量流量计,有热式、双孔板、双涡轮、科氏力等;二是分别测试流体流速和密度,运算后得到质量流量值,统称为间接式质量流量计;三是利用流体密度与温度、压力之间的关系,用补偿方式消除流体密度变化的影响,进而得到质量流量值,称为补偿式质量流量计。

5) 测量风速(总静压)计算空气流量

航空发动机进气流量测试多采用流量管测量总静压来计算进气流量,流量管由逐渐缩小的型面段和直管段组成。为了使进口流场均匀、稳定,流动损失小,进口流量管型面的型线通常采用双纽线,型面尺寸如图 6.7 所示。

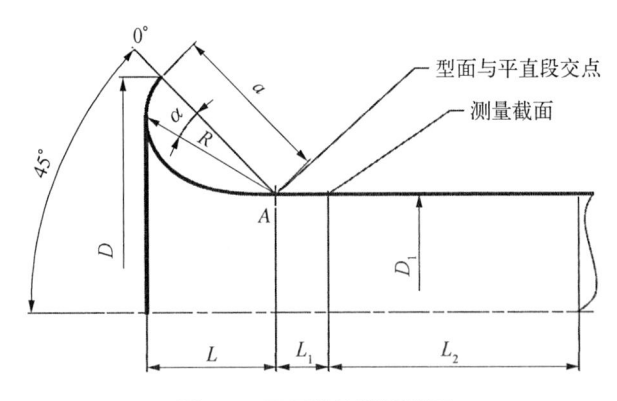

图 6.7 双纽线流量管型面

极坐标方程是

$$R^2 = a^2 \cos(2\alpha)$$

式中, $0.6D_1 < a < 0.8D_1$;$\alpha < (0° \sim 45°)$;

图 6.7 中,$L = (0.7 \sim 0.9)D_1$;$L_1 = (0.20 \sim 0.25)D_1$;$L_2 \geqslant 1.5D_1$。

直线管段在 A 点与双纽线型线相切。静压测量点一般在沿周向均匀分布的 4 个壁面静压孔上,安置在距双纽线型面段出口的 $0.25D_1$ 处,即图 6.7 中 L_1 处,静压测量孔后的直线段不得小于 $1.5D_1$,即图 6.7 中 L_2 处。

根据工程经验,流量管直径 D_1 的选择应根据被测流量的大小,使管道内气流速度在 $0.2Ma \sim 0.6Ma$ 的范围内。在安装使用进气流量管时,应注意使进气口前沿管道轴线方向距离不小于 $10D_1$ 的范围内,并且与管道轴线垂直方向距离不小于 $4D_1$ 的范围内,不得有使气流被扰动的障碍物。

流量管法测量流量的基本计算公式为

$$q_m = C_B m_k F_B \frac{p^*}{\sqrt{T^*}} \left(\frac{k+1}{2}\right)^{\frac{1}{k-1}} \left(\frac{k+1}{k-1}\right)^{\frac{1}{2}} \left[\left(\frac{p}{p^*}\right)^{\frac{2}{k}} - \left(\frac{p}{p^*}\right)^{\frac{k+1}{k}}\right]^{\frac{1}{2}} \quad (6.17)$$

式中,q_m ——空气质量流量,kg/s;

C_B ——流量管的流量修正系数(由附面层厚度决定);

F_B ——流量测试截面面积,m^2;

p^* ——气流总压,Pa;

p ——气流静压,Pa;
T^* ——气流总温(热力学温度),K;
k ——绝热指数,对于空气,$k = 1.4$。

$$m_k = \left[\frac{k}{R} \left(\frac{2}{k+1} \right)^{\frac{k+1}{k-1}} \right]^{\frac{1}{2}} \tag{6.18}$$

式中,R——气体常数;

m_k——与气体性质有关的系数。

对于空气,$R = 287.06$ J/(kg·K),$m_k = 0.0404$。为了计算简便,常利用气动函数来计算空气流量,根据测得的 p^*、p,求出

$$\pi(\lambda) = \frac{p}{p^*} \tag{6.19}$$

再根据气动函数表,由 $\pi(\lambda)$ 查到对应的流量函数 $q(\lambda)$,则流经流量管的气体流量计算公式为

$$q_m = C_B m_k F_B \frac{p^*}{\sqrt{T^*}} q(\lambda) \tag{6.20}$$

2. 常用流量测试设备特点及选用原则

在航空发动机的流量测试中,选择合适的流量测试方案非常重要,一般选择流量测试方案前应充分了解被测介质的工作压力范围、工作温度区间、流量测试的上下限、流路压力损失要求、介质流通面积与管道安装要求,根据这些要求选用合适的流量测试装置,确定最终的测试方案。以下介绍常用的流量测试设备特点及选用原则。

1) 节流式差压流量计

标准节流装置有以下类型:孔板、喷嘴、经典文丘里管、文丘里喷嘴、临界流文丘里喷嘴等。以孔板式流量计为例,其流量方程为

$$q_V = \frac{C}{\sqrt{1-\beta^4}} A_0 \varepsilon \sqrt{\frac{2}{\rho_1} \Delta p} \tag{6.21}$$

$$q_m = \frac{C}{\sqrt{1-\beta^4}} A_0 \varepsilon \sqrt{2\rho_1 \Delta p} \tag{6.22}$$

$$\beta^2 = \frac{A_0}{A_1} \tag{6.23}$$

式中,A_0——孔板开孔面积;

A_1——管道横截面积；

Δp——节流装置取压处的静压差；

C——流出系数。

其他具体情况请查阅 GB/T 2624.1~4—2006《用安装在圆形截面管道中的差压装置测量满管流体流量》。

标准节流式差压流量计选型原则如下：

（1）技术参数和工况要求主要包括管道内径、流体类型、介质最大流量、常用流量、最小流量、介质工况温度、工况压力和最大压力损失要求，节流件前、后直管段要求。

（2）根据技术参数和工况要求选择准确度高、性价比高的节流件。

（3）选择合适的差压变送器，在选定节流件后，差压变送器的准确度、稳定性及正确的维护保养是决定测量精度的关键。

2）皮托管

皮托管原理清晰、构造简单、使用方便、成本低，而且只要精心设计制造，仔细标定、修正，还可以在一定速度范围内达到很高的精度。皮托管的结构为：头部为半球形，管外径为 D，内部为一双层套管。测量时头部对准来流，管轴线与其平行。头部中心处开有小孔 M，称为总压孔，能感受到来流的总压 p_0，离头部 $3\sim 8D$ 处的外套管壁上均匀地垂直开有一排静压孔 N，以感受来流的静压 p。静压孔与支杆间的间距不小于 $8\sim 15D$，这是为了避免支杆影响静压测量。

根据伯努利方程，对于忽略黏性、压缩性，并假设流体为不随时间变化的定常流动，有

$$\frac{p_0}{\rho_f} = \frac{U^2}{2} + \frac{p}{\rho_f} \tag{6.24}$$

式中，ρ_f——流体密度。由此，可得

$$U = \sqrt{\frac{2(p_0 - p)}{\rho_f}} \tag{6.25}$$

从式（6.25）可看出，流速完全取决于总压和静压之间的压差，而这个压差是通过皮托管转变而来的。有两点必须注意：一是皮托管所测得的流速是没有插入皮托管时流场中 M 点的流速；二是要保证静压孔所测得的压力是未插入皮托管时 M 点的压力。此外，速度公式中还包含流体密度 ρ_f。对液体来说，密度测试比较容易，对气体来说，密度难以直接测试，只能用间接测试法。

上述皮托管测速的理论公式是在不可压情况下给出的，对马赫数大于 0.3 的气体来说，气体的压缩性明显增大。考虑压缩性后，皮托管的测速公式可以写为

$$U = (1-\varepsilon)\sqrt{\frac{2\Delta p}{\rho_\text{f}}} \tag{6.26}$$

在皮托管测出差压和静压以后,可以求出压缩性修正系数。按国际标准 ISO 3966—2008《封闭管道中液体流量的测量——用皮托静压管的速度面积法》规定,当马赫数小于 0.25 时,才能忽略流体的压缩性。

3) 涡街流量计

涡街流量计是基于卡门涡街原理研制的一种流量计。其特点是管道内无可动部件,读数重复性好、可靠性高、线形测量范围宽,几乎不受流体状态变化的影响。但是流体流动状态的不稳定性和管路的机械振动会导致信噪比下降,影响测量。

实验证明,当漩涡之间的纵向距离 h 和横向距离 L 之间满足下列关系:

$$sh\left(\frac{\pi h}{L}\right) = 1 \tag{6.27}$$

即 $\dfrac{h}{L} = 0.281$ 时,非对称的卡门涡街是稳定的。大量试验证明,单侧漩涡产生的频率 f 与柱体附近的流体流速 v 成正比,与柱体的特征尺寸 l 成反比,即

$$f = St\frac{v}{l} \tag{6.28}$$

式中,St——无因次数,称为斯坦顿数。

St 是以柱体特征尺寸 l 计算流体雷诺数 Re_l 的函数,而且研究发现,Re_l 在 500～150 000 范围内,St 基本不变。St 的数值对于圆柱体为 0.2,对于等边三角形柱体为 0.16。因此,在柱体的形状、尺寸确定后,就可以通过测定单侧漩涡释放频率 f 来测量流速和流量。

对于工业圆管,涡街流量计一般应用在 $Re_l = 1\ 000\sim 100\ 000$ 范围内。设管内插入柱体和未插入柱体时的管道流通截面比为 m_s,对于直径为 D 的圆管,可以证明:

$$m_\text{s} = 1 - \frac{2}{\pi}\left(\frac{l}{D}\sqrt{1-\frac{l}{D^2}} + \arcsin\frac{l}{D}\right) \tag{6.29}$$

当 $l/D < 0.3$ 时,$m_\text{s} \approx 1 - 1.25\dfrac{l}{D}$。

根据流动的连续性,插入柱体的流速 v 和未插入柱体的管内平均流速 v_a 与两者流通截面面积成反比,即 $\dfrac{V_\text{a}}{V} = m_\text{s}$。

综上可以得到,圆管中漩涡的发生频率与管内平均流速的关系为

$$f = \frac{St}{1 - 1.25 \frac{l}{D}} \frac{V_a}{l} \qquad (6.30)$$

所以,体积流量 q_V 与频率 f 之间的关系为

$$q_V = \frac{\pi D^2}{4} V_a = \frac{\pi D^2}{4} \left(1 - 1.25 \frac{l}{D}\right) \frac{fl}{St} \qquad (6.31)$$

漩涡频率信号的检测方法很多,可以利用漩涡发生时发热体散热条件变化的热检出,也可以用漩涡产生时漩涡发生体两侧产生的差压来检出,差压信号可以通过压电变送或应变片变送。

涡街流量计的流量范围一般为 1∶10~1∶30。所选涡街流量计的口径,必须满足测量范围的要求,切不可根据测量管道的直径选择同直径的涡街流量计。

密度越大,涡街流量计可测量的下限越低。介质的温度和压力直接影响介质的密度。另外,要注意涡街流量计生产厂家选型样本中提供的流量范围,一般是指某一参数条件下的工况流量范围,在选型时要进行换算。

雷诺数在一定的范围内,涡街流量计才能保证测量精度。对于大多数涡街流量计,最小雷诺数在 2×10^4 以上,才能保证测量精度。

另外,还需要注意涡街流量计的材质、压力等级、温度等级、使用环境的选择。

4) 涡轮流量计

涡轮流量计是典型的叶轮式流量计。其工作原理是:将叶轮置于被测流体中,受流体冲击而旋转,以叶轮旋转快慢来反映流量大小。其特点是重复性好,输出为脉冲信号,适用于总量计算和计算机连接,没有零点漂移,信号分辨能力强,结构轻巧,安装、维护方便。

涡轮流量计实质上是零功率输出的涡轮机,当被测流体通过时,冲击涡轮叶片,使涡轮旋转,在一定的流量范围、一定的流体黏度下,涡轮转速与流体流速成正比。当涡轮转动时,涡轮上由导磁不锈钢制成的螺旋形叶片顺次接近处于管壁上的检测线圈,周期性地改变检测线圈磁电回路的磁阻,使通过线圈的磁通量发生周期性变化,检测线圈产生与流量成正比的脉冲信号。将涡轮的转速转换为电脉冲信号的方法,除上述磁阻方法外,也可以采用感应方法,这时转子用非导磁材料制成,将一小块磁钢埋在涡轮内部,当磁钢在涡轮的带动下旋转时,固定于壳体上的检测线圈感应出电脉冲信号。磁阻方法比较简单,并可以提高输出电脉冲频率,有利于提高测量精度。

使用中,涡轮流量计轴承性能的好坏是涡轮流量计寿命长短的关键。目前,一般采用不锈钢滚珠轴承和聚四氟乙烯、石墨、碳化钨等非金属材料制成的滑动轴承,前者适用于清洁的、有润滑性的液体和气体流量,流体中不能含有固体颗粒;后者适当地选择材料可以用于非润滑性流体、含有微小颗粒和腐蚀性流体的测量,以

及由液态气体突然汽化等而有可能造成涡轮高速运转的场合。

当叶轮处于匀速转动的平衡状态,并假定涡轮上所有的阻力矩很小时,可得到涡轮运动的稳态公式:

$$\omega = \frac{v_0 \tan\beta}{r} \tag{6.32}$$

式中,ω——涡轮的角速度;
v_0——作用于涡轮上的流体速度;
r——涡轮叶片的平均半径;
$\tan\beta$——叶片对涡轮轴线的倾角。

检测线圈输出的脉冲频率为

$$f = nz = \frac{\omega}{2\pi}z \tag{6.33}$$

式中,z——涡轮上的叶片数;
n——涡轮的转速。

又

$$v_0 = \frac{q_V}{A}$$

综上可得

$$f = \frac{z\tan\beta}{2\pi r A}q_V = \xi q_V \tag{6.34}$$

式中,ξ——仪表系数,$\xi = \frac{z\tan\beta}{2\pi r A}$。

理论上,仪表系数 ξ 仅与仪表结构有关,但实际上 ξ 值受很多因素影响。例如:轴承摩擦及磁阻力矩变化的影响,涡轮与流体之间黏性摩擦力矩的影响以及速度沿管截面分布不同的影响。

由于流体黏性力矩的存在,涡轮流量计的特性受流体黏度变化的影响较大,特别是在小流量、小口径时更为显著,所以应对涡轮流量计进行实液标定。在使用涡轮流量计测量液体流量时,保持油温大致不变,使黏度大致相等是必要的。

为了降低管内流速分布不均匀性的影响,要保证在流量计前的流速分布不被局部阻力扭曲,仪表前要有 $15D$ 以上的、仪表后要有 $5D$ 以上的直管段,必要时加装整流器。

5) 质量流量计

目前,常用的质量流量计有科里奥利式、角动量式和振动陀螺式等。其中,科里奥利式流量计是利用科里奥利力作用直接或间接测量在旋转管道中流动的流体所产生的科里奥利力就可以测量得到质量流量,其精度和稳定性较高,量程比大,在不同行业领域都有应用。

基于科里奥利效应(Coriolis effect)的流量计,由于其敏感结构工作于谐振状态,可以直接测量质量流量,因此这种流量计应称为谐振式科氏直接质量流量计,简称为科氏质量流量计(Coriolis mass flowmeter,CMF)。

科氏质量流量计可以高精度地直接获得流体质量流量,受流体的黏度、密度、压力等因素的影响很小;可测量流体范围广,包括高黏度的各种液体、含有固形物的浆液、含有微量气体的液体、有足够密度的中高压气体;测量管路内无阻碍件和转动件,测量管的振动较小;对迎流流速分布不敏感,因此无上下游直管段要求;性能稳定、精度高、实时性好。

科氏质量流量计的流量范围很大,实际上是由于上限流量定得很高,所以管内的流速很高,大部分型号科氏质量流量计的压力损失较大。按使用条件选择科氏质量流量计规格大小时考虑的主要因素之一为:估计仪表压力损失是否在管系允许的范围内。若在允许的范围内,则为获得最佳测量精度使用的满度流量尽可能在科氏质量流量计的流量范围内选得高些。

当利用科氏质量流量计进行气体流量测量时,需考虑是否达到流量计可测的质量流量范围。一般来说,由于气体的密度低,所以必须在很高的压力和很高的流速下才能达到该范围。

另外,介质温度或环境温度变化会改变测量振动管的杨氏模量和影响零漂的结构等各种因素。液体的静压增大会使测量振动管呈现绷紧现象,弯曲管还有波登管效应,产生一个负向偏差。

6.2.3 温度测试

在进行发动机整机试验时,通常需要测量流道中各部位的气流温度值、燃油系统、滑油系统各部位的温度值和构件温度分布情况。发动机流道内的气流温度值在很大程度上可以反映发动机工作时的性能,如压气机效率、燃烧室温升和涡轮做功能力等。其中,燃气涡轮进口温度(T_4)是反映发动机整体性能的一个非常重要的指标,经常被视为发动机发展的代表性指标之一。在航空发动机整机试验时,由于T_4测试难度大,一般测试高压涡轮/燃气涡轮出口温度T_{45},再计算获取T_4。燃油、滑油系统各部位的温度值可以反映燃油系统、滑油系统的工作特性,是需要重点监测的安全参数。涡轮等热端部件的温度是关系到这些部件强度、可靠性的重要参数,通过监测部件的表面温度,可以检验热分析计算方法和结果,进而了解其对发动机结构强度和寿命的影响,为进一步调试、改进设计提供直接的技术支持。

温度测试一般是通过测量物体随温度而变的物理量,如体积、电阻、热电势及辐射亮度等来获取物体的温度值。在航空发动机试验中,气流、液体温度一般是采用铂电阻和热电偶进行测量的;部件表面温度一般采用示温漆、辐照晶体、辐射高温计等进行测量。各种温度测试方法各有特点,应结合发动机的实际测试要求进行选择,并在发动机试验测试过程中综合应用,对于部分重要参数,可采用多种方法相互验证的方式进行测量,以保证测量的准确性。

1. 温度测试方法

根据测试设备是否需要与被测物体直接接触,一般将温度测试方法分为接触式测试和非接触式测试两种。热电偶、热电阻、示温漆、辐照晶体等属于接触式测试,红外热像仪和辐射高温计等光学仪器测温属于非接触式测试。其中,示温漆、红外热像仪、辐射高温计、辐照晶体等一般列入特种测试技术的范畴,将在6.3节中进行详细介绍。本节主要介绍常规的热电偶测温法、热电阻测温法。

1) 热电偶测温法

在航空发动机的研制和试验中,常用热电偶测温法测试各部件的温度参数,用以计算发动机的性能,或调节监控发动机的正常工作状态。热电偶具有结构简单、制作方便、测温范围广、准确度高、热惯性小等特点。输出信号为直流电压,便于转换、测量控制和传输。

如果由两种导体或半导体材料 A 和 B 所组成的回路,如图 6.8 所示,在两个接合点处的温度 T 和 T_0 不同,则回路中会产生电流,即有热电势存在。这种现象称为热电效应。

热电偶是利用热电效应原理而制成的一种传感器,这两种导体的组合称为热电偶,组成热电偶的两种导体称为热电极,测温点称为工作端(热端),另一端为自由端(冷端)。热电偶就是利用热端和冷端之间的温度差所产生的热电势的关系来求得被测点的温度值。

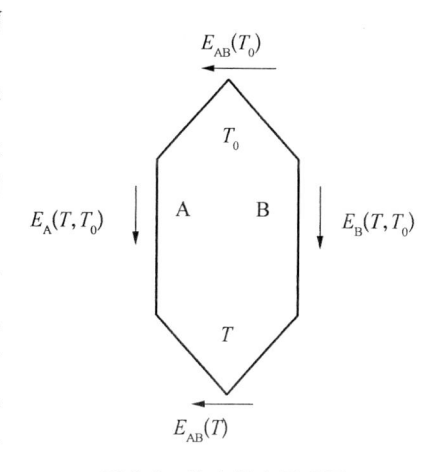

图 6.8 热电效应原理图

热电偶回路的总热电势为

$$E_{AB}(T, T_0) = E_{AB}(T) - E_{AB}(T_0) - E_A(T, T_0) + E_B(T, T_0) \quad (6.35)$$

若材料 A 和 B 已定,则式(6.35)可以表示为

$$E_{AB}(T, T_0) = f(T) - f(T_0) \quad (6.36)$$

热电偶测温有以下三个基本定律。

(1) 均质导体定律:由一种均质材料组成的闭合回路,不论导体的截面、长度和沿材料长度方向各处的温度如何分布,回路中均不产生热电势。

(2) 中间导体定律：在热电偶回路中插入第三种（或多种）均质导体，只要所插入的导体两端连接点的温度相同，则对热电偶的总电势没有影响。

(3) 中间温度定律：两种材料 A 和 B 组成的热电偶回路，连接点温度为 T、T_n 和 T_0，总热电势等于热电偶在连接点温度相应的热电势的代数和，其中 t_n 为中间温度。

工程上使用的各种类型的热电偶均把 $E(T)$ 和 T 的关系制成易于查找的表格形式（表6.5），这种表格称为热电偶的分度表，分度表是以 $t=0$℃ 为参考温度点的。

表6.5 常用热电偶

热电偶名称	分度	测量范围	精度	特点	应用
铜-康铜	T	−200~300℃	±0.5℃ 或±0.4%t ±1.0℃ 或±0.75%t	精度高、热电特性稳定，可用来测量−200℃的低温，在0~100℃范围内可作为二等标准热电偶。铜极易氧化，故在氧化气氛中不宜超过300℃	发动机进口、压气机进口气流温度、燃油温度、滑油温度
镍铬-康铜	E	−200~900℃	±1.5℃ 或±0.4%t ±2.5℃ 或±0.75%t	热电势率大，灵敏度之高为所有热电偶之最。抗氧化和抗硫化性能差	发动机压气机出口、模型涡轮进出口、壁面温度
镍铬-镍硅	K	−200~1 300℃	±1.5℃ 或±0.4%t ±2.5℃ 或±0.75%t	目前用量最大的廉价金属热电偶，该热电偶具有线性度好、热电势较大、灵敏度较高、稳定性和均匀性较好，抗氧化性能好	压气机出口涡轮出口、排气温度壁面温度等
铂铑30-铂铑6	B	长期1 600℃ 短期1 800℃	±0.25%t	B型热电偶在热电偶系列中具有准确度最高、稳定性最好、测温区宽、使用寿命长的特点。灵敏度低，对污染敏感，价格高，热电偶丝丝径规定为0.5 mm。在0~50℃范围内，参考端不需要进行补偿	燃烧室出口温度、涡轮进口温度

在航空发动机研制试验中，常用的热电偶结构形式有测量气流总温的单点或多点梳状总温受感器和耙状总温受感器、测量燃油与滑油温度的热电偶、测量表面温度的壁面热电偶、测量发动机空气系统内部腔室温度的铠装热电偶等各种结构形式，以满足发动机常规和特种测试的需求。

薄膜热电偶是一种新型测温技术。薄膜热电偶的热偶节点为微米级的薄膜，远远小于气体的边界层厚度，对被测表面气流的流动扰动小；其质量轻，对高速转动物体的影响可忽略；具有很高的耐磨、耐压、耐热冲击和较强的抗剥离性能；安装时不需要对被测部件进行特殊的加工处理，并且不需要黏合剂，这些特点使其非常适于高温表面温度的测量。此外，与普通热电偶相比较，它具有热容量小、响应迅速等特点,所以能够准确地测量瞬态温度的变化。常规的镍基薄膜热电偶技术已经成熟,现在研究的焦点逐渐转移到高温陶瓷薄膜热电偶。

薄膜热电偶的特点使其特别适合于航空发动机壁面温度的测试:其一,其厚度非常薄,通常小于 10 μm,因此不会对燃气的流动状况造成干扰;其二,几乎不产生电迁移,熔点非常高,且在超过1500℃的高温下具有很好的化学稳定性;其三,在高温下不产生相变,且在测量范围内保持大而稳定的温差电动势率(泽贝克系数);其四,薄膜热电偶可以沿结构涂镀到适合引线的位置进行信号线的转接,在减少发动机结构工作量的同时,也保障了试验件的安全。因为这些特点,薄膜热电偶在航空发动机的温度测量领域具有特别的优势:可以布设比传统热电偶多得多的叶片表面温度测点;尺寸微小,对叶片的叶型和流场不会造成干扰;测量精度较高;能测量小容腔的温度。国外已成功将薄膜热电偶应用于包括叶片表面温度测量在内的许多测试工作中,国内目前也正在开展这方面的工程实践探索。

2) 热电阻测温法

在航空发动机整机试验和部件试验中,经常采用热电阻进行中、低温的精密测量,如测量大气温度、发动机和压气机进口温度、滑油温度等。

热电阻的测温原理是基于导体或半导体材料的电阻值随温度的变化而改变的性质,其数学模型为

$$R_t = R_0(1 + At + Bt^2 + CR^3) \qquad (6.37)$$

式中,A、B、C——标准热电阻的系数,由国际标准分度表规定;

R_0——0℃时的电阻值。

一般而言,铂电阻类型的热电阻测温法在中、低温测量中的精度优于热电偶,具有灵敏度高、无冷端补偿、使用方便的优点;但其受感器体积大,热惯性较大,不能进行点测量(只能是受感区内的平均温度),也不能应用在动态测量中。因此,该类测温法在发动机测量中主要用热电阻来测量大气温度(参与性能计算,要求精度高且变化不大)、试验设备的温度(测点分散,不用补偿导线)。

发动机研制试验中常用热电阻及其特性如表 6.6 所示。

表 6.6 发动机研制试验中常用热电阻及其特性

名称	型号	测量范围	精　度	特　　性	应　用
铂电阻	Pt100	−200~650℃	±(0.15+0.002$\|t\|$)	在氧化气氛中使用稳定,易被还原气氛污染,需要使用保护管	环境温度、燃油与滑油温度、压气机出口
镍电阻	Ni	−100~200℃	尚无标准,必须校准使用	电阻温度系数大,是铂电阻的2倍,线性度差	燃油与滑油温度

3) 气流温度测量原理

气流温度是发动机试验过程中的重要测量参数之一。发动机内部气流温度的变化范围较广,要准确测定气流温度存在不少问题,发动机气流温度的测量属于特殊温度的测量,这是因为:

(1) 在气流温度测量中,由于气流动能不可能完全恢复成热能,所以存在速度误差;

(2) 由于受感器与周围环境之间存在着热交换,所以存在着传热误差(包括辐射误差和导热误差);

(3) 由于热惯性,所以测量值在时间上滞后气流温度的变化值,量值上存在偏差;

(4) 燃气的催化效应和火焰效应也对温度的测量产生一定影响。

因此,要准确地测量气流的温度,就要确定这些误差并进行修正,或者在受感器结构上采取一定的措施,以减小这些误差,使总误差控制在允许的范围内,从而直接测得气流总温。

实际上是测量气流的总温 T_t(静态温度 T_s 和动态温度 T_v 之和)。

通常用静态温度 T_s 来度量气体分子无序运动的动能,用动态温度 T_v 来度量气体分子定向运动的动能。因此,可以写出

$$m_0 c_p T_v = \frac{m_0 v^2}{2} \tag{6.38}$$

故

$$T_v = \frac{v^2}{2c_p} \tag{6.39}$$

式中,m_0——气团质量;

v——气流速度;

c_p——比定压热容。

式(6.39)中表明,动态温度是气流的当量温度,也就是气流分子定向运动的动能在绝热条件下全部转化为热能所引起的温升。

气流的静态温度和动态温度之和即为气流的总温 T_t:

$$T_t = T_s + T_v = T_s + \frac{v^2}{2c_p} = T\left(1 + \frac{\kappa - 1}{2} Ma^2\right) \tag{6.40}$$

式中,Ma——气流马赫数;

κ——绝热指数,对于空气,$\kappa = 1.40$,对于燃气,$\kappa = 1.33$。

在接触式测温中,静态温度只有在受感器以同样速度与气流一起运动时才能

测得。显然,这是困难的。因此,气流温度测量实际上就是测量气流的总温,而静态温度则可以根据测得的总温和气流速度求得。

(1) 高速气流的温度测量。

在测量高速气流温度时,由于气流温度的不完全恢复性,所以存在温度误差,严重时温度误差可有几十摄氏度,一般在 $Ma>0.2$ 时,就应考虑温度误差。特别是在测量高速低温的气流温度时,例如,当测量单级压气机出口温度时,克服温度误差是保证测温准确度的关键。

温度误差属于系统误差,通常可通过修正和控制的方法予以克服。

由于附面层内的传热,所以气流的有效温度 T_j 又低于自由流总温,高于静态温度 T_s,即 $T_s < T_j < T_t$。$T_t - T_j$ 即为温度误差,用符号 ΔT_v 表示。

通常用复温系数(或恢复系数) r_r 来描述绝热壁面上气流动能恢复为热能的程度,即实际工况下气体绝热滞止时气体分子动能转化为热能的百分数。

$$r_r = \frac{m_0 c_p (T_j - T_s)}{m_0 c_p (T_t - T_s)} = \frac{T_j - T_s}{T_t - T_s} = \frac{T_j - T_s}{v^2/2c_p} \tag{6.41}$$

速度误差可用复温系数 r_r 来求算,即

$$\Delta T_v = (1 - r_r) \frac{v^2}{2c_p} = (1 - r_r) \left(\frac{\frac{\kappa - 1}{2} Ma^2}{1 + \frac{\kappa - 1}{2} Ma^2} \right) T_t \tag{6.42}$$

由于被测量的气流速度是一定的,所以对于高速气流的温度测量,就是如何设计一支温度传感器,它的恢复系数足够大,能够修正测量中的温度误差。

(2) 高温气流的温度测量。

物体中只要存在温度误差,热量就总是自发地由高温处传向低温处,传热有三种方式:热传导、对流和辐射。

当气流速度不大,即 $Ma \leq 0.2$ 时,高温气流的温度测量中,传热误差占主要部分。当热平衡时,有

$$q_\alpha + q_r + q_\lambda = 0 \tag{6.43}$$

对流换热 q_α 是运动的流体与周围固体壁面直接接触时的换热现象,当用热电偶测量气流温度时,气流与热接点的传热过程就是对流换热。换热系数 α 反映对流换热的强度。

$$q_\alpha = \alpha A_0 (T_g - T_t) \tag{6.44}$$

辐射换热 q_r 是热量通过热辐射在互补接触的物体间的传热现象。当测量发动

机气流温度时,气流温度与壁面温差越大,辐射换热越大。

$$q_r = \varepsilon C_0 A_0 \left[\left(\frac{T_g}{100}\right)^4 - \left(\frac{T_w}{100}\right)^4 \right] \tag{6.45}$$

导热换热 q_λ：导热热流与导热面积及温差成正比,与壁厚成反比,即

$$q_\lambda = -\lambda_m F \frac{dT}{dx} \tag{6.46}$$

辐射误差也可用经验公式进行计算:

$$\Delta T_r = \frac{313.16 K_r}{\sqrt{MP}} \left(\frac{T_g}{100}\right)^{-0.18} \left[\left(\frac{T_g}{100}\right)^4 - \left(\frac{T_w}{100}\right)^4 \right] \tag{6.47}$$

辐射修正系数 K_r 用实验方法进行测定,在热风洞进行校准:

$$K_r = (T_g - T_t) \sqrt{\frac{MaP_t}{P}} \left(\frac{T_g}{T_t}\right)^{-3.82} \left[1 - \left(\frac{T_w}{T_g}\right)^4 \right]^{-1} \tag{6.48}$$

导热误差的计算:

$$\Delta T_\lambda = T_g - T_t = \frac{T_w - T_t}{\frac{1}{2}(e^{mL} + e^{-mL})} \tag{6.49}$$

式中, m——$\sqrt{\dfrac{\alpha_1 u}{\lambda_m F}}$, u——热电极周长;

F——热电极的横截面积;

L——热电极的浸入长度;

λ_m——热电极的导热系数;

α_1——流体对热电极表面的换热系数。

在用热电偶进行气流温度测量时,速度误差和辐射误差均属于系统误差。

在实际工作中,要根据被测介质的工况,用理论公式或经验公式计算出各种误差,对热电偶的测量值进行修正,得到准确的测量误差。另外,可以在结构上采取一定的措施,设计一种总温受感器,将有关的误差减小到允许的范围内,直接读取气流温度值。

（3）温度受感器时间常数及动态响应误差。

常用温度受感器对阶跃温度的响应来描述其动态响应特性,动态响应特性的特征参数主要有热响应时间和时间常数。热响应时间是指当环境温度出现阶跃变化,温度受感器的输出温度变化到相当于该环境温度阶跃的某个规定百分数时所

需要的时间,记为 τ_{xx}。达到阶跃温度量的 10%、50% 和 90% 所需要的时间分别记为 $\tau_{0.1}$、$\tau_{0.5}$、$\tau_{0.9}$,对于按一阶传递函数处理的温度受感器,达到阶跃温度量的 63.2% 所需要的时间称为时间常数,记为 τ,温度受感器的热响应时间或时间常数不仅与受感器的本体材料、构造有关,而且与被测流体、使用和校准工况有关。

时间常数一般采用试验的方法测定。用温度阶跃装置改变被校准受感器温度,调整到所需要的温度阶跃量,记录初始状态(气流总压、静压、大气压力、总温、被校准受感器温度),启动温度阶跃装置,使被校温度受感器处于稳定温度 T_g 的风洞流场中,产生温度突变,同时启动数据采集装置,记录被校温度受感器的温度 T_j 与时间之间的变化关系,采集记录的时间应在 $\tau_{0.5}$ 或 τ 的 10 倍以上,完成温度响应 t 记录后,再记录一次终止状态。阶跃的初始温度与终止温度均由被校温度受感器读出,终止温度取 10 倍时间常数后的测定值。

动态响应误差 ΔT_τ 为

$$\Delta T_\tau = T_g - T_j = \tau \frac{dT_j}{dt} \tag{6.50}$$

2. 热电偶总温受感器设计

气流温度的测量通常采用热电偶总温受感器(简称总温受感器),其设计过程是:设计一种结构形式的受感器,为热电偶接点创造一个环境,将误差限制在一个允许的范围内,使热电偶的测量数值能直接表示发动机气流的总温,其测量结果能够满足发动机试验测试的要求,这里所指的误差主要包括总温受感器的速度误差、辐射误差和导热误差。

总的来说,总温受感器分为带罩式和裸露式两种。通常情况下,当气流马赫数大于 0.2 或设计点气流温度与机匣壁面温度偏差较大时,总温受感器应选择带罩式的结构。对于流道结构尺寸紧凑的中小型航空发动机,允许总温受感器采用裸露式的结构。

带罩式总温受感器又分为下列三种:单点带罩式热电偶,如图 6.9(a)所示;多点梳状带罩式热电偶,如图 6.9(b)所示;多点耙状带罩式热电偶,如图 6.9(c)所示。

(a) 单点带罩式热电偶　　(b) 多点梳状带罩式热电偶　　(c) 多点耙状带罩式热电偶

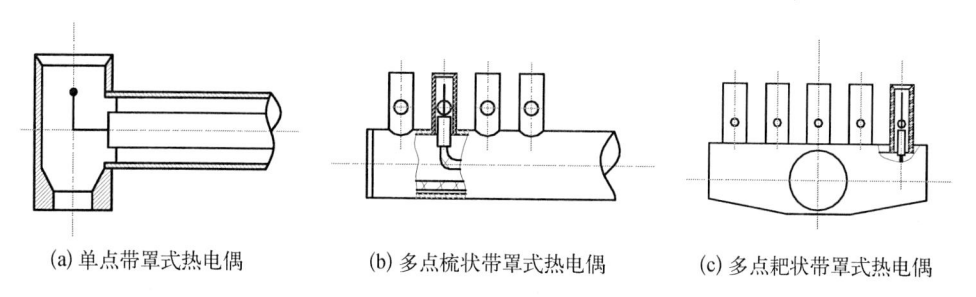

图 6.9　带罩式总温受感器的结构形式

裸露式热电偶主要用于航空发动机燃烧室部件试车台试验,分为以下两种:气冷式高温热电偶,如图 6.10(a)所示,干烧式高温热电偶,如图 6.10(b)所示。

(a) 气冷式高温热电偶　　　　(b) 干烧式高温热电偶

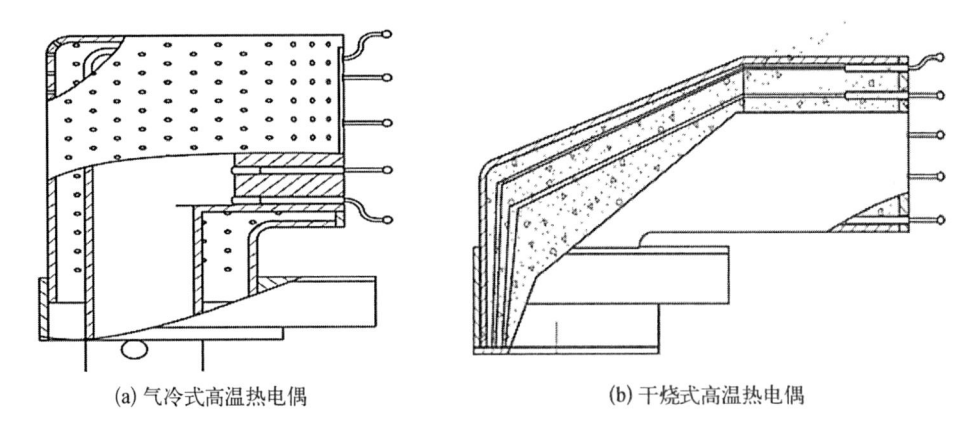

图 6.10　裸露式热电偶结构形式

稳态时,总温受感器的误差是指速度误差 ΔT_v、辐射误差 ΔT_r 和导热误差 ΔT_c,它们属于系统误差,其总误差 ΔT_Σ 按式(6.51)计算:

$$\Delta T_\Sigma = \Delta T_v + \Delta T_r + \Delta T_c \tag{6.51}$$

式中,速度误差为

$$\Delta T_v = T_t - T_g = (1 - r_{总}) \frac{\frac{k-1}{2} M_\infty^2}{1 + \frac{k-1}{2} M_\infty^2} T_t \tag{6.52}$$

辐射误差为

$$\Delta T_r = T_g - T_{tj} = \frac{\varepsilon_j \cdot C_0}{h_j} \left[\left(\frac{T_{tj}}{100} \right)^4 - \left(\frac{T_B}{100} \right)^4 \right] \tag{6.53}$$

或

$$\Delta T_r \approx T_g - T_{tj} = \frac{k_r}{\sqrt{\frac{MaP_s}{0.1 MaP_a}}} \left(\frac{T_{tj}}{555} \right)^{3.82} \left[1 - \left(\frac{T_w}{T_{tj}} \right)^4 \right] \tag{6.54}$$

导热误差为

$$\Delta T_\mathrm{c} = T_\mathrm{g} - T_{tj} = \frac{T_\mathrm{g} - T_\mathrm{b}}{\mathrm{ch}\left[L_\mathrm{w}\sqrt{\dfrac{4h_\mathrm{w}}{\lambda_\mathrm{w} d_\mathrm{w}}}\right]} \tag{6.55}$$

总误差 ΔT_Σ 应满足测试技术要求中的精度要求。

6.2.4 转速测试

转速是指单位时间内发动机工作轴旋转的圈数,是航空发动机的一个重要参数。转速信号一般作为反映发动机运行状态和工作质量的基础指标,是监测发动机热力循环的重要基准。另外,在发动机电控系统中,燃油系统的基本喷油量和基本点火角的控制精度也受转速的影响。

航空发动机的转速测量主要针对叶轮转子转速,由于发动机转子数目不同,所以其监测数目也不一样。对于双转子涡喷涡扇发动机,一般需要测量高压转子转速 N_h 和低压转子转速 N_l;对于涡轴发动机,一般需要测量燃气涡轮转速 N_g、发动机动力涡轮转速 N_p;对于涡桨发动机,一般还需要测量输出轴(螺旋桨)转速 N_s。无论哪种发动机,转速测试的方法基本一致。以下以涡轴发动机为例介绍转速测量的方法。

涡轴发动机的 N_g、N_p 两个转速信号均通过发动机电气航空插座引出(图 6.11)。其中,发动机燃气涡轮轴通过附件传动连接音轮轴,再通过磁电式转速传感器将 N_g 转速信号送至发动机电气航空插座;在发动机动力涡轮轴上设置四齿音轮,通过 N_p 传感器将 N_p 转速信号送至发动机电气航空插座。N_p 传感器也是一种磁电

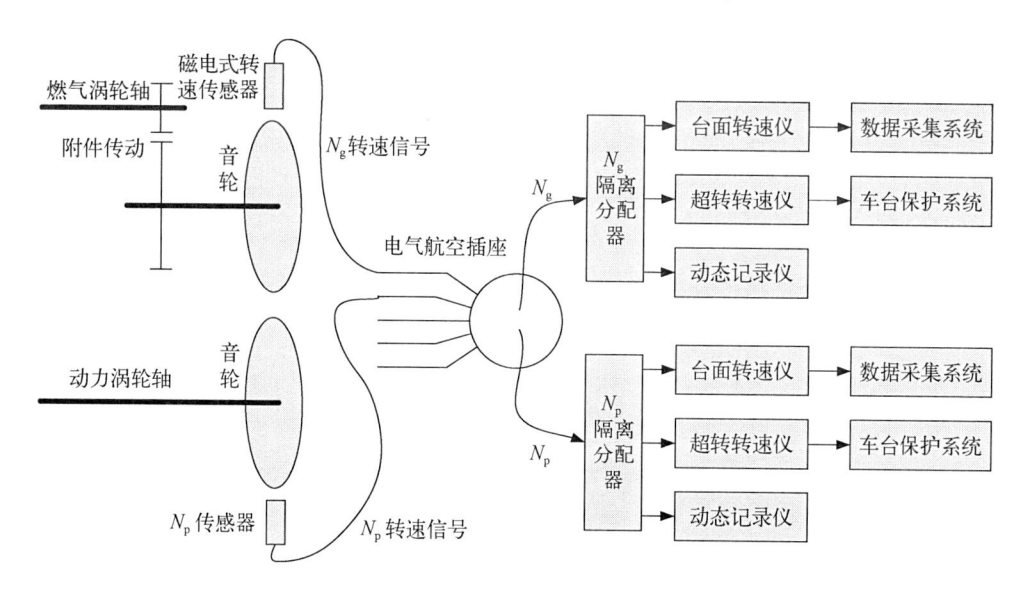

图 6.11 某型航空发动机试车台典型转速测试系统

式转速传感器,它不仅可以测量动力涡轮转速信号,还可以通过相位变化测量动力涡轮扭矩信号。

1. 转速测量方法

目前,最常用的转速测量方法是电子式定时计数测速法,最基本的是测频率法、测周期法以及改进的等精度测量法等。

1) 测频率法

测频率法是在一定时间间隔 T 内对被测转速信号进行计数,其测量原理框图如图 6.12 所示。

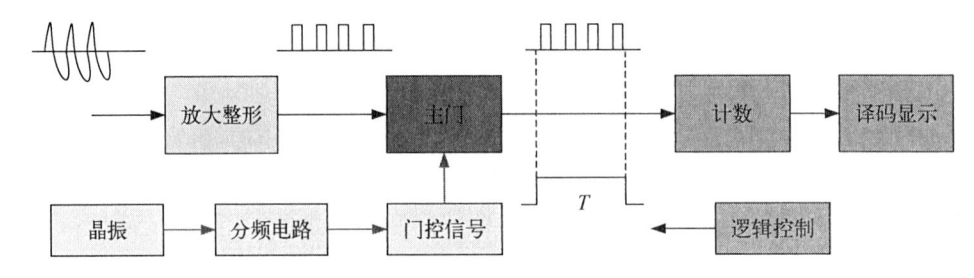

图 6.12 电子计数器测频率法原理框图

电子计数器测频的相对误差主要由两部分组成:一是计数的相对误差,也称为量化误差;二是闸门开启时间的相对误差,也称为晶振误差。

理论上,无论被测值是多少,量化误差的最大值都是正负一个字,其相对误差表示为

$$\frac{\Delta N}{N} = \frac{\pm 1}{N} = \pm \frac{1}{f \times T} \tag{6.56}$$

尽管量化误差的最大值都是正负一个字,但被测值 N 的不同对量化误差有一定影响。当被测信号频率一定时,主门开启时间越长,量化误差越小;当主门开启时间一定时,被测信号频率越高,量化误差越小,这就是为什么测频率法适用于高速测量,不适用于低速测量。

闸门开启时间准确与否,取决于石英晶体振荡器的稳定性、准确度、分频电路和开关速度及其稳定性的影响,在尽量排除电路和闸门开关速度的影响后,闸门开启时间的误差主要由晶振误差决定。

2) 测周期法

测周期法是在一个被测转速脉冲信号周期内对具有恒定频率 f_0 的标准时钟脉冲信号进行计数,其测量原理框图如图 6.13 所示。

测周期法误差仍然取决于量化误差和晶振误差。为了减小量化误差,就需要增大门控时间,也就是要求较低频率的被测信号,这就是为什么测周期法适用于低

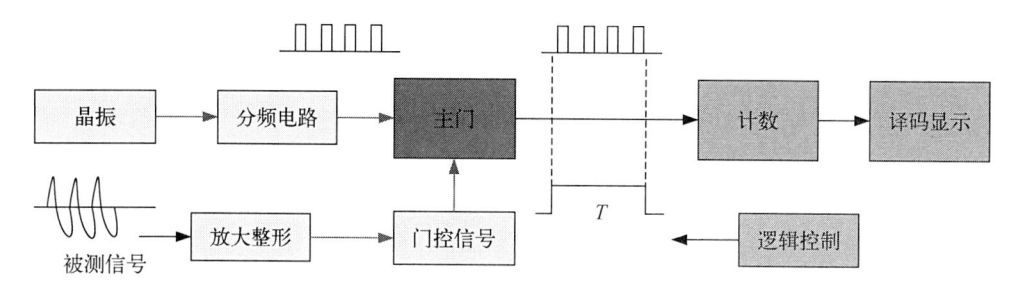

图 6.13 测周期法基本原理框图

速测量,不适用于高速测量。

3) 等精度测量法

为了克服测频率法仅适用于高速测量、测周期法仅适用于低速测量的局限性,在航空发动机转速测量中,超转仪表基本采用等精度测量法。需要注意的是,此处的等精度测量法的概念和计量检定中的等精度测量法的概念不同。在计量检定中,等精度测量法是指在保证同样测量方法、测量设备、测量环境的前提下,对某一被检对象进行重复多次测量,以得到 N 个样本,从而进行概率推演。此处所介绍的等精度测量法,是一种能够保持全测量范围内测量精度相等的一种测量方法,其核心是测量精度与被测信号转速无关,图 6.14 为等精度测量法基本原理框图。

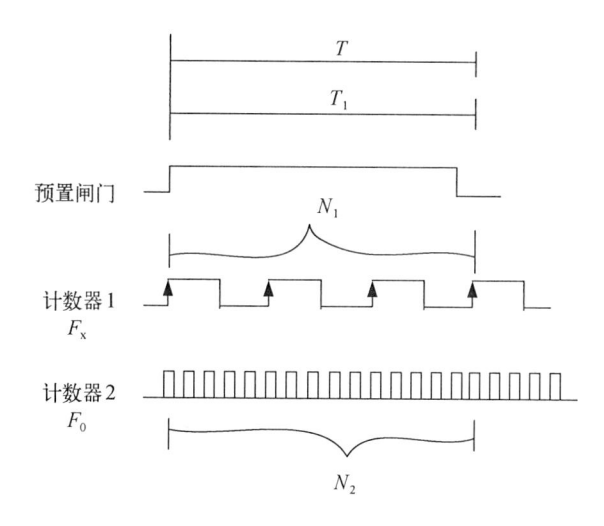

图 6.14 等精度测量法基本原理框图

测量工程中设置两个计数器,即计数器 1 和计数器 2,分别对被测信号 F_x 和标准信号 F_0 同时计数,其过程如下:

(1) 在被测信号 F_x 上升沿,同时触发两个计数器,预置闸门开始计时;

(2) F_x 在预置时间 T_1 到后的第一个上升沿,同时关闭两个计数器,得到 F_x 的

计数值 N_1 和 F_0 的计数值 N_2。

由以上可得

$$\frac{N_1}{F_x} = \frac{N_2}{F_0} = T \quad (6.57)$$

所以

$$F_x = (N_1/N_2) \cdot F_0 \quad (6.58)$$

由于 N_1 不存在误差,所以采用等精度测量法的误差只与 N_2(取决于预置闸门时间 T_1)及标准信号 F_0 有关,与被测频率无关。

2. 试车台转速测试系统

试车台转速测试系统主要由磁电式转速传感器、台面转速仪和超转保护仪组成。转速传感器多采用磁电式转速传感器;由于航空发动机试验的特殊要求,台面转速仪和超转保护仪一般需要定制开发。

1) 磁电式转速传感器

磁电式转速传感器又称为变磁通式转速传感器。这类传感器的线圈和磁铁部分都是静止的,变化的是磁路的工作气隙(图 6.15)。它通过运动的导磁材料(俗称音轮)改变贯穿线圈的磁通量,在线圈中产生感应电动势。

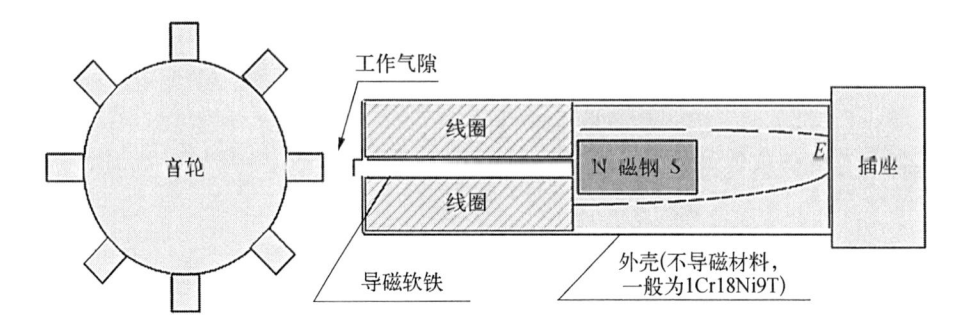

图 6.15 磁电式转速传感器结构图

由电磁感应定律可知,感应电动势与穿过线圈的磁通量有如下关系:

$$E = -N\frac{\mathrm{d}\phi}{\mathrm{d}t} \quad (6.59)$$

式中,E ——感应电动势,V;

ϕ ——磁通量,Wb;

N ——线圈匝数。

感应电动势的频率取决于磁通变化的频率,磁电式转速传感器正是通过感应

电动势的频率获得被测轴的转速,其频率公式为

$$f = \frac{nz}{60} \tag{6.60}$$

即

$$n = \frac{60f}{z} \tag{6.61}$$

式中,n——被测发动机轴转速,r/min;

f——磁电式转速传感器感应输出频率,Hz;

z——音轮齿数。

当 $z = 60$ 时,$n = f$,可省略转换,因此工程上常将音轮的磁数设计为60。磁电式转速传感器在发动机台架试验中应用较为普遍。

2) 台面转速仪与超转保护仪

台面转速仪用于对传感器输出信号进行测量及整形输出。一般要求对发动机地面慢车以上的转速测试进行高精度测量,故多采用测频率法进行转速测试,并醒目显示相应转速值,同时具备频率量输出、电压输出的功能,供数据采集系统进行采集处理。超转保护仪专门用于当发动机转速高于设定值时快速发出超转响应信号给发动机试车台保护系统,确保试验安全,故要求具有响应精度高、响应时间快的特点。

6.2.5 扭矩测试

发动机转子在工作过程中需要进行扭转力的传递,会产生较大的扭矩,当该扭矩过大时,会严重影响发动机的安全,甚至产生断轴等严重事故,因此对于各类航空发动机,一般需要在试验过程中对其转子扭矩进行监测。对于涡轴涡桨发动机,其动力涡轮转子的扭矩与其输出功率直接相关,是地面试验中必须进行监测的主要参数;对于有起动机的发动机,一般还需要测量起动扭矩。

以动力涡轮扭矩测量为例,扭矩测试一般基于材料在传递扭矩过程中的弹性变形原理,采用非接触式,利用动力涡轮组件励磁齿的特殊结构及 N_P 传感器(磁电传感器)的组合实现。在地面试车台中,还可配置专门的测扭设备,如测扭仪和自带测扭功能的水力测功器等。其中,测扭仪的原理与机载测扭设备一样,都是基于材料的弹性形变;水力测功器一般采用能量测扭法,这种方法不适用于机载扭矩测试,但在涡轴涡桨发动机的地面试验中应用较多,将在6.2.6节进行介绍。

1. 扭矩测量方法

如图6.16所示,航空发动机动力涡轮输出轴为空心轴,其内套装基准轴,形成动力涡轮组件。空心轴和基准轴均在同一端装有等间距分布的励磁齿;空心轴另

一端为花键输出扭矩,基准轴不传输扭矩。N_P 传感器安装在动力涡轮组件励磁齿上方。

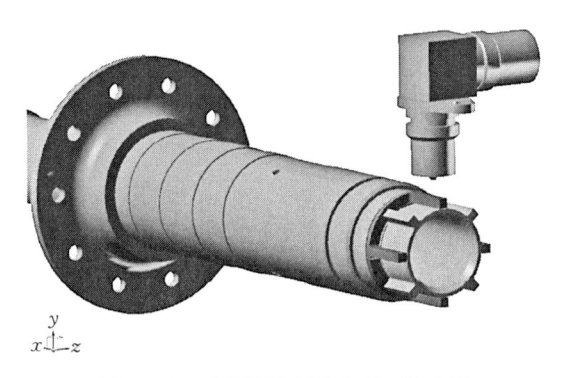

图 6.16　动力涡轮组件和 N_P 传感器

动力涡轮组件的励磁齿一般在 4~20 齿,空心轴和基准轴各占 50%。空心轴带载受扭后(基准轴不受扭),相对于基准轴产生一个与扭矩大小成正比的扭角,即

$$M = k(\theta_i - \theta_0) \tag{6.62}$$

式中,M ——动力涡轮输出轴扭矩;
　　k ——空心轴的弹性系数;
　　θ_i ——输出轴和基准轴间的扭角;
　　θ_0 ——安装初始角。

N_P 传感器是一种高速磁电传感器,其任务是将空心轴和基准轴励磁齿到来的时刻准确检测出来。当励磁齿旋转经过 N_P 传感器导磁休端部时,切割磁力线产生近似正弦波的感生电势。每个齿对应一个周期的近似正弦波信号,动力涡轮组件有多少个齿,旋转一周便产生相同数量的正弦波。空载时空心轴和基准轴励磁齿交替等分排列,N_P 传感器所输出的正弦波时间间隔相等。带载后空心轴受扭,励磁齿相邻两齿之间的角度发生变化,从而导致 N_P 传感器所输出的相邻正弦波时间间隔发生变化,电子控制器通过检测 N_P 传感器输出波形相邻两个周期的相位变化及动力涡轮组件的旋转周期 T,经运算处理便可得到空心轴和基准轴之间的角度,进而确定发动机的输出扭矩或功率。

N_P 传感器输出波形相位变化的大小,由发动机动力涡轮输出轴所带负载来确定,负载的增减以空心轴扭角的变化形式表现出来。现以 8 个励磁齿的动力涡轮组件为例,根据带载前后的变化规律,导出扭角测量数学模型。空载时动力涡轮组件旋转一周相邻励磁齿的时间间隔相等,如图 6.17(a) 所示,间隔时间分别为 t_1、t_2、t_3、t_4、t_5、t_6、t_7、t_8。带载后相邻励磁齿的时间间隔发生变化,如图 6.17(b) 所示,变化量分别为 δt_1、δt_3、δt_5、δt_7,图中阴影齿为未受扭时的初始位置。

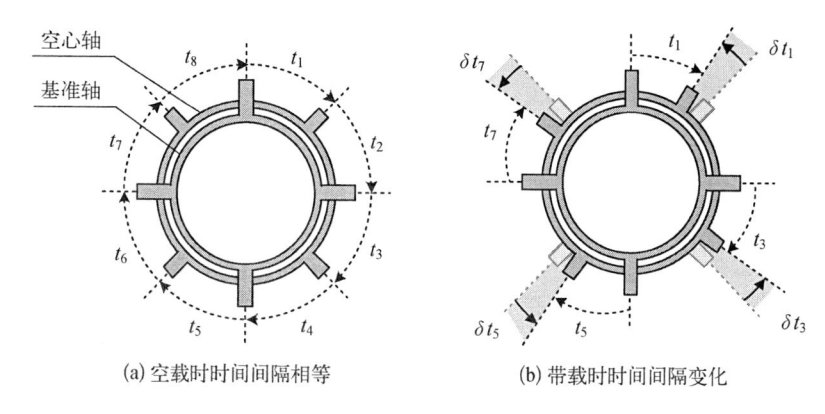

(a) 空载时时间间隔相等　　　　(b) 带载时时间间隔变化

图 6.17　励磁齿动作示意图

动力涡轮旋转一周所需要的时间为 T，根据受扭前后变化位置，则有

$$2(t_1 \pm \delta t_1 + t_3 \pm \delta t_3 + t_5 \pm \delta t_5 + t_7 \pm \delta t_7) = T \tag{6.63}$$

式中，±——由扭转方向决定；

t_1——励磁齿从第一个齿到第二个齿之间旋转所用时间；

t_3——励磁齿从第三个齿到第四个齿之间旋转所用时间；

δt_1——受扭后第二个齿相对第一个齿角度变化所对应的扭转时间；

δt_3——受扭后第四个齿相对第三个齿角度变化所对应的扭转时间。

其他扭转时间以此类推，由于奇数励磁齿和偶数励磁齿分别安装在空心轴和基准轴上，各扭角所对应的扭转时间和方向相同，即 $\delta t = \pm \delta t_1 = \pm \delta t_3 = \pm \delta t_5 = \pm \delta t_7$，根据式(6.65)有

$$\delta t = \left| \frac{1}{8}T - \frac{1}{4}(t_1 + t_3 + t_5 + t_7) \right|$$

动力涡轮组件旋转一周为 $360°$，因此扭角 θ_i 为

$$\theta_i = \frac{360}{T}\delta t = \left| 45 - \frac{90}{T}(t_1 + t_3 + t_5 + t_7) \right| \tag{6.64}$$

设标准时标为 T_0，则 $t_1 = T_0 N_1$，$t_3 = T_0 N_3$，$t_5 = T_0 N_5$，$t_7 = T_0 N_7$，$T = T_0 N$，N_1、N_3、N_5、N_7 分别为对标准时标 T_0 的计数值。式(6.64)可表述为

$$\theta_i = \left| 45 - \frac{90}{N}(N_1 + N_3 + N_5 + N_7) \right|$$

推广到一般情况，对于涡轮组件励磁齿总数为 z 且 $z \geq 4$，其扭角 θ_i 为

$$\theta_i = \left| \frac{360}{z} - \frac{720}{zN} \sum_{i=1}^{\frac{z}{2}} N_{2i-1} \right| \tag{6.65}$$

式中，$\dfrac{1}{N}\sum\limits_{i=1}^{\frac{z}{2}} N_{2i-1}$ 的物理意义是：要测量动力涡轮输出轴扭角，只需对图 6.17(b) 中励磁齿间的偶数或奇数时间片的标准时标进行计数，通过运算便可确定动力涡轮输出轴扭矩，即

$$M = k(\theta_i - \theta_0) = k\left(\left|\dfrac{360}{z} - \dfrac{720}{zN}\sum\limits_{i=1}^{\frac{z}{2}} N_{2i-1}\right| - \theta_0\right) \tag{6.66}$$

当奇数时间片的标准时标计数值与偶数时间片的标准时标计数值相等或为旋转周期的 1/2 时，扭角为零，说明发动机运行在空载状态。

2. 扭矩标定

在用式(6.66)测量扭矩前，先要对空心轴进行标定，以确定弹性系数 k 和初始角度 θ_0。标定方法是：航空发动机动力涡轮输出轴(空心轴)与水力测功器输入轴相连，航空发动机启动后在各状态下水力测功器所测扭矩为 M_i，角度测量仪测量励磁齿的扭转角为 θ_i，根据两组数据 M_i、θ_i 拟合直线：

$$M_i = k(\theta_i - \theta_0) \tag{6.67}$$

由于弹性系数 k 受温度的影响，所以在数据拟合过程中一般采取分段拟合。因此，在标定过程中要根据发动机各个工作状态的恒定扭矩和转速来测量扭角，确保弹性系数中已消除温度变化的影响。分段拟合后，不同发动机工作状态下的 k 和 θ_0 分别存放在电子控制器数据存放单元，测扭时电子控制器根据发动机工作状态，分别调用 k 和 θ_0，利用式(6.66)便可计算扭矩。

3. 起动扭矩测量装置介绍

起动扭矩测量一般有直接测量和间接测量两种。直接测量是测量起动机输出轴扭矩，需要在起动机和发动机之间加装测扭轴，有些发动机结构相当紧凑，加装测扭轴相当困难，且轴系改动较大，容易引起振动，存在较大的技术风险。间接测量是指采用扭矩传感器测量起动机壳体反力矩的方式测量起动机输出轴扭矩，该方法中只对起动机轴进行加长，对发动机不做其他改动，安全可靠，通用性较好，应用范围较广。

1) 直接测量

直接测量起动机输出轴扭矩装置的结构形式见图 6.18。当直接测量起动机输出轴扭矩时，扭矩测量精度只受扭矩传感器精度的影响，适用于所有形式的起动机。

2) 间接测量

在该测量方案中，测扭盘通过测量起动机壳体和发动机附件机匣间产生的应变计算出相应扭矩，其结构形式及结构原理图分别见图 6.19 和图 6.20。

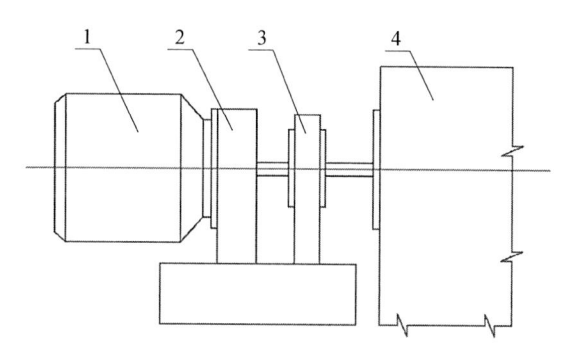

图 6.18 直接测量起动机输出轴
扭矩装置的结构形式

1. 发动机;2. 发动机安装座;3. 测扭器;4. 发动机附件机匣

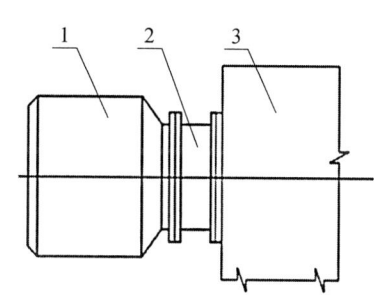

图 6.19 间接测量起动机输出轴
扭矩装置的结构形式

1. 起动机;2. 测扭盘;3. 发动机附件机匣

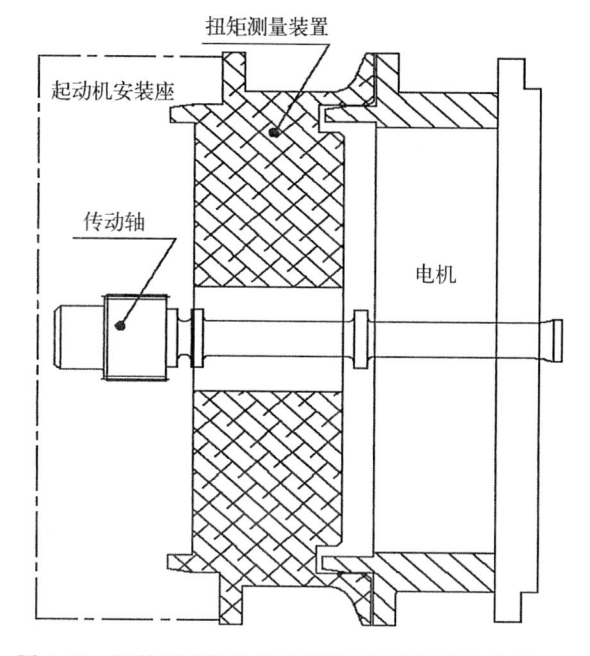

图 6.20 间接测量起动机输出轴扭矩装置的结构原理图

6.2.6 功率测试

航空涡轮轴发动机作为直升机的动力使用,发动机通过超越离合器将发动机产生的功率传递给主减速器,由主减速器带动直升机旋翼和尾桨旋转,即功率主要被旋翼和尾桨吸收。在进行涡轴发动机整机试验时,试车台一般采用测功器系统代替旋翼或桨叶吸收和测量发动机功率。水力测功器系统一般包括测功器本体与飞轮系统、控制系统、数据采集报警系统、供水系统、测功器液压润滑系统、飞轮润滑系统及空气封严系统等。

目前，在进行整机试验时，主要使用水力测功器和电涡流测功器两种结构形式的测功器。水力测功器主要有美国 KAHN 公司和英国 Froude 公司的系列产品。电涡流测功器有国产的设备可用。由于测功器的功能基本一致，本节仅以英国 Froude 公司的 F63GT 水力测功器为例对水力测功器的工作原理及结构、选型、校准方法、控制等方面进行说明。

1. 水力测功器的工作原理及结构

由航空涡桨或涡轴发动机在整机试车台产生的轴功率不能直接测量出来，而是通过发动机输出轴的转速及传递扭矩计算出来的，具体计算方法如下：

$$P = T \times N/9\,549.3 \tag{6.68}$$

式中，P——发动机产生的输出轴功率，kW；
　　　T——输出轴上的传递扭矩，N·m；
　　　N——输出轴的转速，r/min。

水力测功器结构图如图 6.21 所示。由图 6.21 可知，水力测功器本体由转子、静子、进排水伺服阀、轴承、测速音轮、壳体等组成。水力测功器轴端上布置 60 齿音轮，当与发动机相连的传输轴转动时，通过速度传感器将频率电信号转换为转速的数字信号或模拟信号输出（以 1 Hz 对应 1 r/min），实现转速的精确测量。在测量扭矩时，发动机通过输出轴与测功器转子组件一起转动，常温水通过进水阀门注入体内工作腔，通过调节进排水阀改变工作腔内的水量，从而满足发动机负载要求。在转子转动情况下，由于摩擦力和离心力的作用，水在工作腔内形成水涡流，正是在这个过程中，根据能量守恒，输出轴上的扭矩转变为水的旋转动量，并传递至水力测功器静子上，而静子与水力测功器壳体为一体结构，通过拉压力传感器测量测功器壳体相对角位移即可测量出发动机输出轴传递的扭矩。根据式（6.68）即可得

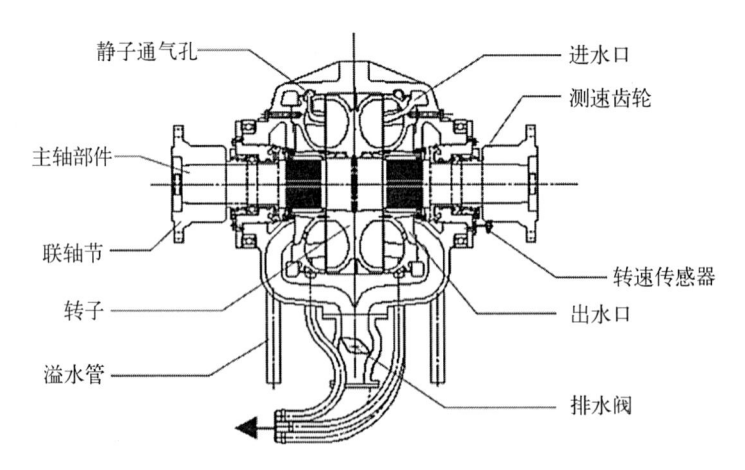

图 6.21　水力测功器结构图

到水力测功器吸收的功率大小。

2. 水力测功器选型

水力测功器具体选型主要根据被试发动机工作特性,在依据已有产品工作包线(图6.22)的基础上进行选择购买。

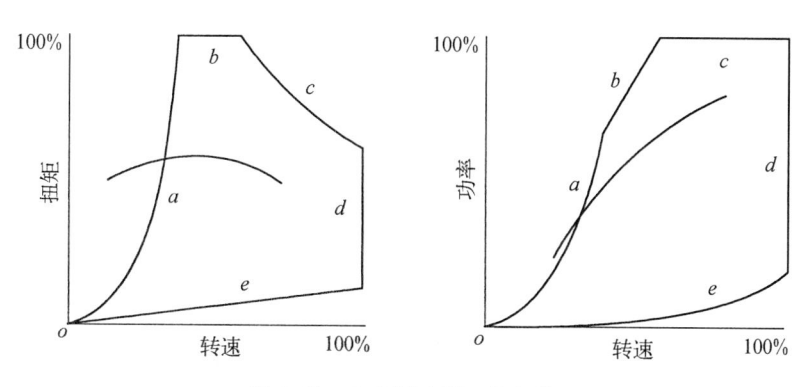

图6.22 水力测功器工作包线

当水力测功器工作包线包含发动机所有工作状态点时,在经济合理的情况下,就可确定相应水力测功器的型号。

通过图6.22,在功率-转速图上,线段 $a+b$ 代表了水力测功器在恒定进水压力情况下,随着转速的变化所能吸收的最大功率;线段 c 为水力测功器在最大扭矩情况下,随着转速的变化而吸收的最大功率,并且排水温度不超过最大容许值;线段 d 表示了测功器的最大工作转速范围;线段 e 则为水力测功器的最小负载能力,即此时工作腔内无水介质。

F63AX水力测功器工作包线如图6.23所示,该型水力测功器的主要技术指标如下。

(1) 最大吸收功率:6 700 kW(8 980 bhp);

(2) 最大扭矩:62 000 N·m(45 700 lb·ft);

(3) 最高转速:2 500 r/min(油脂润滑);

(4) 扭矩测量精度:优于±125 N·m(0.25% F·S)。

图6.22(右)中曲线图形 $oabcdeo$ 所包围的区域表示该型水力测功器所能吸收的功率范围,这也是发动机性能试验时选用水力测功器的依据,而发动机的工作特性必须在曲线形成包围的范围内。由于发动机工作状态点(图6.23中圆点)被包含于水力测功器的工作特性线范围内,所以F63AX水力测功器的工作特性满足该型涡桨发动机轴功率整机试车要求。

水力测功器将发动机输出的机械能转化为水的热能,最后散发到大气中。因此,在试车台安装水力测功器时,为了满足该型水力测功器的使用要求,即

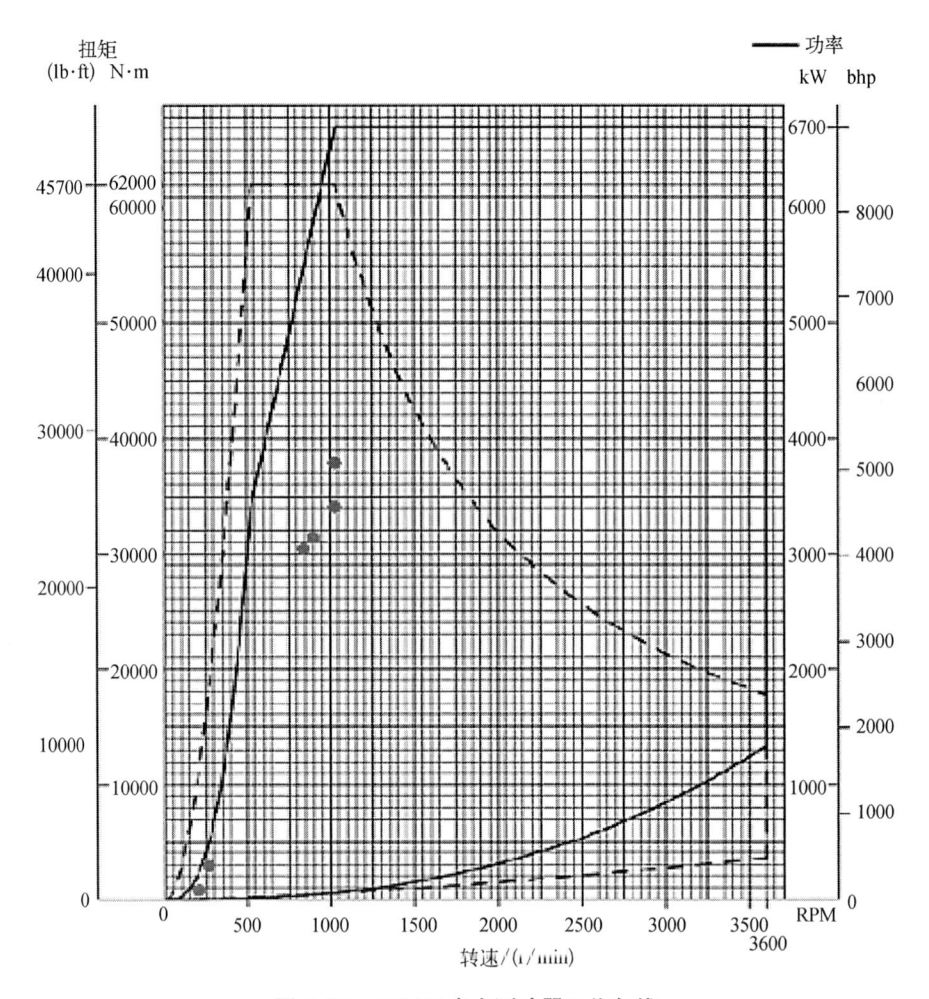

图 6.23　F63AX 水力测功器工作包线

(1) 水流量：39.1 L/(kW·h)(180 T/h)；
(2) 供水压力：2.5 bar(0.25 MPa)；
(3) 最高供水温度：38℃；
(4) 最高排水温度：60℃；
(5) 过滤精度：140 μm。

试车台需设计供排水系统,其具体工作原理见图 6.24。

为了获得稳定的供水压力和合理的供水流量,并达到节约用水的目的,整个供水系统处于循环的工作过程中,试车台通过高位水塔进行供水,经试车台进水总阀、粗过滤器、精过滤器、膨胀节等管道设备供水供给水力测功器,水力测功器回水流入试验区的回水池,并通过冷却塔进行冷却,然后由水泵抽至高位水塔。

由于 F63AX 属于低速水力测功器,所以轴承通过油脂润滑即可。但对于其他

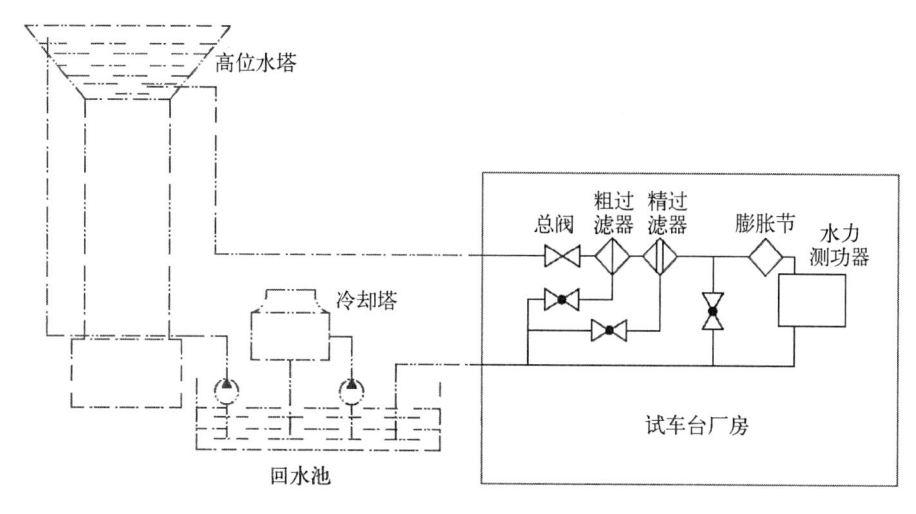

图 6.24 水力测功率供排水系统工作原理

高速水力测功器,必须提供额外的润滑油站来实现轴承的润滑和冷却功能,保证轴承的工况正常。水力测功器功率吸收变化主要靠排水阀门组件的相互调节改变工作腔体内的水量,而液压油站以油泵为动力源,以抗磨液压油为工作介质,为进排水阀门提供液压动力,驱动阀门按控制器给定命令动作。

3. 水力测功器校准方法

水力测功器在试车台安装完成后,在首次进入调试试验前或定期时间内需对其测扭传感器进行静态校准。水力测功器校准原理如图 6.25 所示。

在校准时,先打开水力测功器控制器,进入校准程序,然后安装校准臂并利用配置块进行调平,然后逐一增加或减少已校准的砝码,由图 6.25 可知,根据力臂原理,可计算出施加在压式传感器上的力 $F = F_{砝码} \cdot B/A$。其中,$F_{砝码}$ 为标准砝码的重量;A 为传感器与水力测功器轴距;B 为校准臂长度。

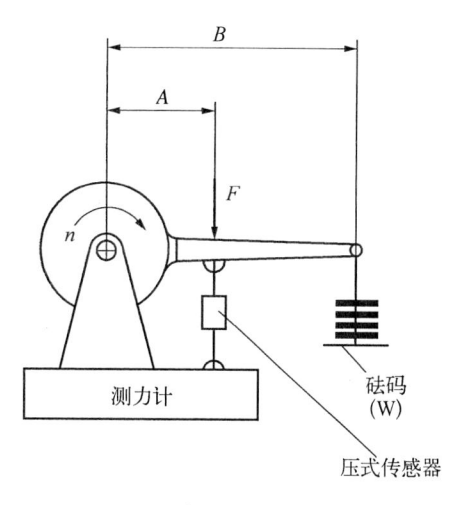

图 6.25 水力测功器校准原理

4. 水力测功器控制

水力测功器采用 VX^{100} 控制器(图 6.26),可实现阀门位置、转速、扭矩及幂次方四种控制模式。试车台水力测功器通常采用远程负载控制,通过改变负载杆的角度来改变给定扭矩值的大小,从而改变发动机的工作状态。扭矩值的大小取决于水力测功器工作腔内水量多少,而水量多少是由进水阀和排水阀阀位决定的,也就是说,无论水力测功器采用何种控制模式(取决于发动机控制模式),最终都是靠控制进水阀、排水阀相对位置来达到负载要求的。

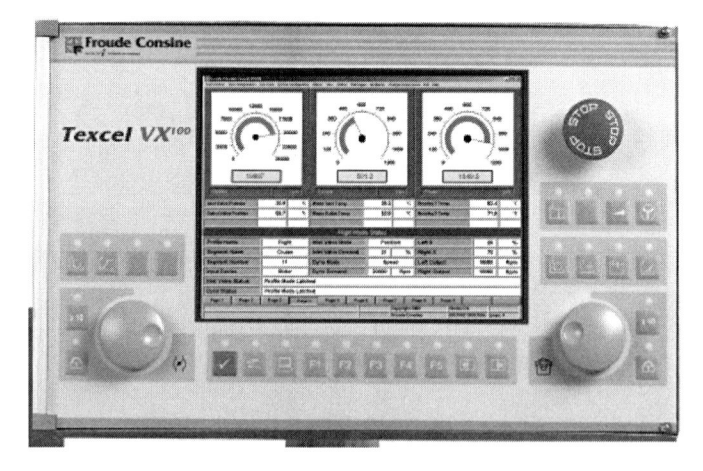

图 6.26　VX^{100} 控制器

6.2.7　推力测试

涡喷涡扇发动机性能指标中最关键的一项即为推重比(发动机产生的推力与自身重量之比)。在发动机重量已知的情况下,推力测量是涡喷涡扇发动机测试的重点。

1. 原理及组成

目前,全球采用的涡喷涡扇发动机推力测量方式大同小异,主要有悬挂式和支撑式两种。总体而言,悬挂式试车台应用较多。无论哪种,其基本测量原理均如图 6.27 所示。

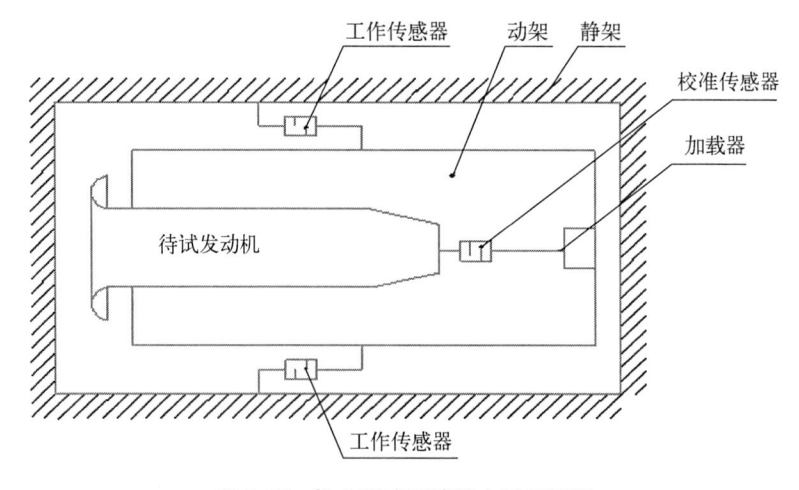

图 6.27　推力测试系统基本测量原理

发动机安装在动架上,动架通过前后弹簧片悬挂在静架上,静架则固定在刚性巨大的地基上。在试车过程中,发动机推力推动动架并将推力传递到与发动机轴线平行的工作传感器上,工作传感器所感知的就是发动机推力,工作传感器以及配套的仪表、通道等组成推力测量系统,推力测量系统显示出发动机推力。静态时用4个限位螺栓将动架、静架相对固定,以防止弹簧片受力变形,试验时再将4个限位螺栓松开。同时动架、静架之间还可加装4个保险螺栓,以防止弹簧片断裂时静架能够通过保险螺栓支撑动架。

2. 设计方法

在推力测量系统设计时,主要应考虑的因素有:根据不同的发动机推力大小和台架自身重量,动架、静架应进行关键部位的受力分析和刚性分析,确保有足够的裕度;弹簧片应选择高强度合金材料,并进行受力分析,确保有足够的裕度;动架和静架的轴线应保证在同一个平面内;动架的上安装面均应保证水平度;4片弹簧片的安装应保证相对于轴线(左右)的对称度和前后的对称度;左右两侧的推力传感器应保证相对于轴线的对称度;应保证标准推力加载装置和发动机的中心轴线重合度。

6.2.8 导叶角度测试

航空发动机在压气机上设置有可调导叶,用来控制发动机的进气流量。通过合理调节可调导叶角度,可准确设置发动机的工作点,远离喘振边界。在发动机试验过程中,需要精确测量可调导叶角度,为找出导叶角度的控制规律提供依据。

1. 导叶角度测量方法

常用的可调导叶角度测量方法有以下三种:

1) 刻度盘测量

在发动机装配过程中,为了确保压气机可调导叶角度在初始位置,会在压气机外安装一个角度刻度盘,刻度盘的指针轴与可调导叶相连,能够直接观察到当前可调导叶角度位置,以便于装配人员正确安装静子叶片。该方法能直观反映可调导叶角度,但分辨率低、精度差,主要用于发动机试验前的装配过程。

2) 作动筒位移换算

发动机可调导叶角度一般由控制系统带动作动筒进行调节。因此,作动筒的位移量和各级可调导叶角度之间具有换算关系。通过测量作动筒的位移量就能换算出当前的可调导叶角度值。该方法测量误差较大,主要用于发动机控制系统。

3) 角位移测量系统

为了真实反映发动机试验过程中当前可调导叶角度值,可以利用角位移传感器将可调导叶角度转化为电信号,并采用专用的测量仪器或测量单元对电信号进行采集、处理,计算出发动机的可调导叶角度。该方法在发动机研制过程中得到了广泛应用。

2. 角位移传感器

进行可调导叶角度测量的角位移传感器种类很多,常用的角位移传感器有以下三种:

1) 电位器式角度传感器

电位器式角度传感器是将电位器的转轴与被测角度的转轴相连。当被测物体转过一定角度时,电刷在电位器上有一个相对应的电阻值,在输出端就有一个与转角成比例的电压信号输出。该类型传感器在常温下使用具有较高精度,但是在发动机试验过程中传感器所处环境温度较高,电位器的线绕电阻在高温环境下变化较大,容易产生较大误差。其工作原理图如图 6.28 所示。

其角度计算公式如下:

$$\frac{\theta_x}{\theta_f} = \frac{R_x}{R_f} = \frac{U_x}{U_f} \tag{6.69}$$

式中,θ_x——待测量的变化的角度;

θ_f——测量角度的满量程值;

R_x——待测量的变化的电阻值;

R_f——满量程电阻值;

U_x——待测量的变化的电压值;

U_f——满量程电压值。

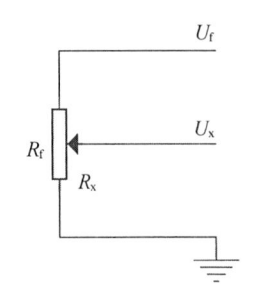

图 6.28 电位器式角度传感器工作原理图

2) 增量式光电编码器

增量式光电编码器,是一种通过光电转换将输出轴上的几何位移量转换成脉冲或数字量的传感器。该型传感器由光栅盘和光电装置等结构组成。光栅盘是在一定直径的圆盘上等分地开通若干长条形缝,其示意图如图 6.29 所示。在光栅盘二端分别安装光源器件和光敏器件。光栅盘与输出轴同轴,当输出轴旋转时,光栅盘与输出轴同步旋转,光栅盘不断地导通和阻止光线通过,使得光敏器件不断地导通和截止,从而输出高低电平信号(图 6.30),通过对电平信号判向和计数,即可计算出输出轴旋转的角度。该类型传感器较其他传感器具有结构简单、可靠性高、使用寿命长、精度高等特点,在角度测试中具有广泛应用。

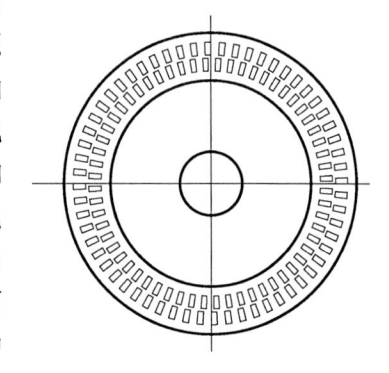

图 6.29 光栅盘示意图

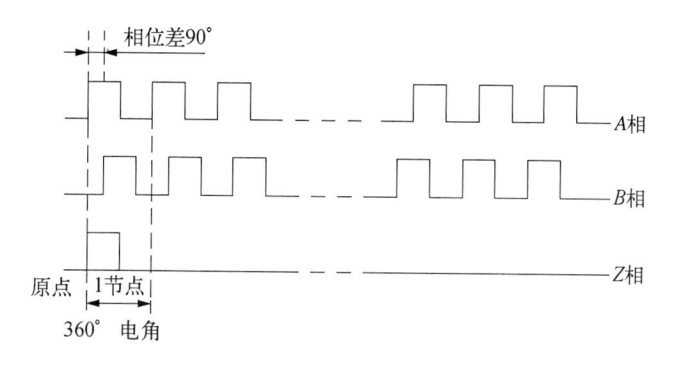

图 6.30 传感器输出信号图

3) 绝对式光电编码器或接触式编码器

绝对式光电编码器或接触式编码器是一种自动测量角度的 A/D（analog/digital）转换装置，它将轴角的变化直接转换成数字量输出，其核心器件为一个编码盘，编码盘上设计各种数字编码图形，数字编码图形通过接触电刷或光电装置读出。编码盘随输入轴每变化一个角位移都对应一个固定的数字编码，通过检测数字编码即可求出输入轴的角度。

其角度计算公式如下：

$$\theta_x = \frac{Z}{2^n} \times 360$$

式中，θ_x——待测量的角度；

Z——传感器输出的二进制读数；

2^n——编码盘每转输出的信号数。

$$\theta_x = \frac{Z}{2^n} \times 360$$

6.2.9 脉动参数测试

脉动参数测试所针对的被测量是多变的，且变化速度较快，测试过程要求时刻跟踪被测量的变化。它与稳态测试的主要区别在于频率响应，脉动参数测试主要侧重于对输入信号的快速响应，尽可能准确地测出参数的瞬时值，记录、分析参数在各状态下的时变特征。航空发动机中涉及的脉动参数较多，本小节主要介绍脉动压力、温度的测试方法，以及针对航空发动机失速/喘振等特别过程的脉动参数测试方法。

1. 脉动压力测量

压力是航空发动机的重要参数，脉动压力测试（又称为动态压力测试）则是脉动参数测试的重中之重。在航空发动机上进行脉动压力测试,对受感器尺寸及测试系统频率特性有更高要求。脉动压力测试系统由压力受感器、激励源与放大器、滤波器(激励源、放大器、滤波器等可称为信号调理器)、高速动态数据记录仪组成。

在脉动压力测试时,需要综合考虑被测信号的最高频率成分及测试精度,确定适当的采样率;信号调理器的工作频带在满足测量精度的前提下,应高于被测气流脉动频率的 2~3 倍;应选用测量精度高、采集速度快、各通道同步采集、可实时连续记录动态数据的记录仪器,采样率应不低于被测气流脉动频率的 10 倍。

在整个脉动压力测试系统中,压力传感器的选型及标定是非常关键的一环,引压管路对脉动压力的测试也有较大的影响,需要重点考虑。

1) 脉动压力传感器

发动机级间气动参数的研究和进气流场畸变,如压气机的失速、喘振等现象,利用稳态测量是不能反映出真实情况的,需要利用动态测量方法测出压力的快速脉动变化。测量脉动压力的传感器,应考虑以下几个方面的特性:

(1) 具有较高的固有频率。选用传感器时,在阻尼比没有给定的情况下,要注意传感器的固有频率大小,一般宜选用工作频率为固有频率的 10%~20%,此时相位滞后也很小,由其造成的输出波形畸变亦可忽略,这样可保证得到较大的工作频率范围。

(2) 具有较高的灵敏度。与测量静态压力一样,高灵敏度压力传感器可以得到较大幅值的输出。另外,压力传感器的灵敏度越高,在同样大的输出下,其尺寸就可以做得越小。

(3) 具有较好的温度特性。发动机测试使用的传感器通常工作在非常温状态下,有些测点温度较高,因此要求压力传感器能承受一定的温度,且具有较好的温度特性。

(4) 具有小尺寸。小尺寸压力传感器在使用时可以齐平安装,避免管腔的形成,这对提高测压系统动态特性是很有效的。另外,小尺寸的压力传感器一般具有较高的固有频率。

压力传感器根据测量原理的不同,可分为多种。航空涡轮轴发动机脉动压力测量中最常用的是压阻式压力传感器。它是基于半导体材料的压阻效应制成的。当膜片受压时,产生的变形将使电阻值发生变化。硅平膜片上的电阻通常构成桥式电路,相对的桥臂电阻是对称布置的,当电阻变化时,电桥输出电压与膜片所受压力呈对应关系。压阻传感器的特点是灵敏度高、频率响应快、测量范围宽、精度高、易于微小型化。

2) 压力传感器的动态标定

压力传感器的动态标定有两个目的:一是了解传感器的动态响应特性,确定其性能指标;二是当传感器的静态灵敏度与动态灵敏度不同时,进行灵敏度标定。产生脉动压力信号的装置分为两类:周期性压力源和非稳态压力源。对应两种信号源,常用的标定方法有频率响应法和阶跃响应法。

两种动态标定方法各有特点,频率响应法的主要优点在于结构简单直观、精度比较高、易于实现,但用频率响应法标定压力传感器受到两个因素的制约:一是要有一个性能非常优良的参考压力传感器;二是正弦压力发生器的工作频率有一定的限制,一般在 5~10 kHz,同时频率响应法的实验时间比较长。阶跃响应法不受这些问题的制约,它不需要参考传感器,同时不受工作频率限制,但它只能大致估算出被校传感器的谐振频率。

(1) 频率响应法。

频率响应法是将被标定的压力传感器和一个参考压力传感器比较,参考压力传感器具有理想的动态性能。从低频到高频不断改变正弦压力信号的频率,测得一系列不同频率下的被测传感器和参考传感器的幅值比和相位差,就得到了压力传感器的幅频、相频特性。

常用标定系统是正弦压力发生器,它能产生频率可连续变化的正弦压力,且在整个频率范围内具有较小的失真度。活塞式正弦压力发生器系统组成如图 6.31 所示。

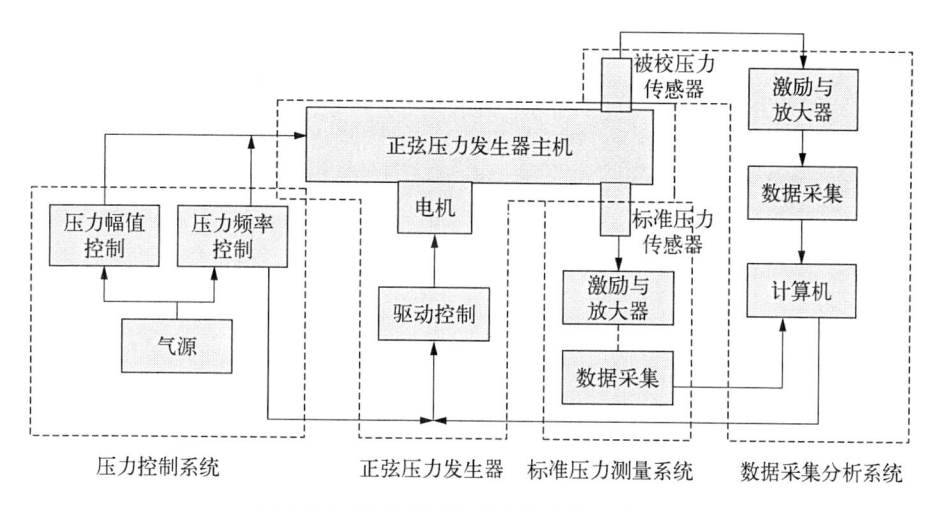

图 6.31 活塞式正弦压力发生器系统组成

(2) 阶跃响应法。

阶跃响应法的原理是:当传感器受到阶跃压力信号作用时,测出其响应,用估计方法或实验建模方法求出传感器的频率特性、特征参数。在阶跃压力发生器中,激波管是最常用的设备,图 6.32 为激波管校准压力传感器动态特性系统图。

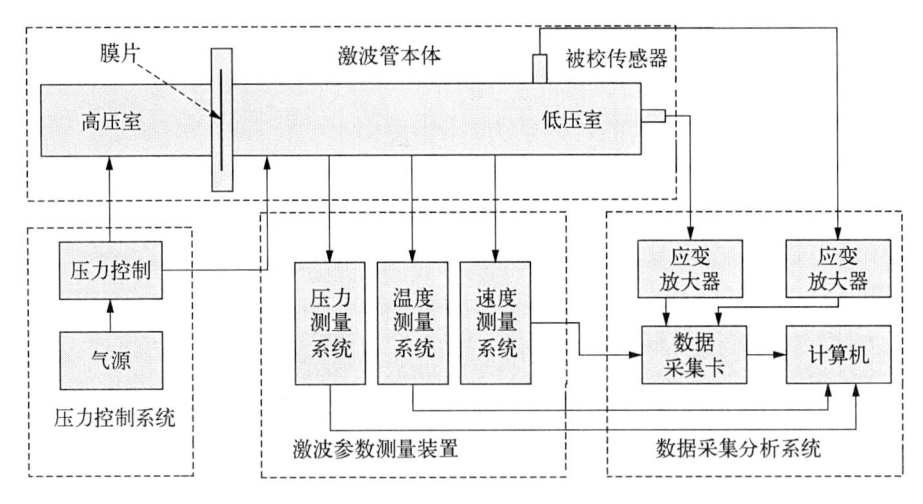

图 6.32 激波管校准压力传感器动态特性系统图

3) 引压管路系统对脉动压力测量的影响

传感器在对发动机压力进行脉动压力测量时,引压方式的不同对压力信号波形的幅值和相位产生影响。因为引压管路系统的固有频率要低于压力传感器本身的固有频率,其频率特性显著影响动态测试结果。通常的引压方式有以下四种:

(1) 压力传感器受压端面与试件内壁面齐平或低于内壁面引压管径的 1/2 处。这样承受容腔非常小,传感器直接承受介质压力,不影响或很少影响测压系统的频率特性。

(2) 采用无共振管系统可以改善管系的固有频率。因为管系存在容腔气柱,压力波被终端反射形成驻波,所以会发生共振。如果终端管系无限长,则压力波不会被反射,也就没有容腔共振效应。当管腔足够长时,压力波虽会被终端反射,但由于长细管中气体阻尼的衰减作用,反射波实际上很快消失,这样一个尽可能短的进口管,加上一个尽可能长的终端管,就构成了无共振管系统。

(3) 压力传感器直接与压力探针相连接,膜片前有空腔及传压管的结构。实际使用中在试验或测量高温介质的压力时,被测点的压力通过管系传输到传感器的膜片上,以达到减小被测点和隔热的作用,这时测压点和压力传感器之间不可避免地存在一段引压管,实验结果表明,随着被测压力频率的增高,压力传感器的输出波形会有严重畸变,这就是压力测量中的容腔共振效应,膜片感受的压力不是被测点的压力,而是膜片前管腔的压力。对静态压力来说,这两者是相等的,不会产生误差,但对动态压力而言,会产生较大误差。

(4) 容腔共振效应使整个测试系统的响应速度大大低于传感器的响应速度,使动态性能大大降低,实际上,测试系统的动态特性主要由传感器以外的部分决定。实验证明管腔可以近似看成二阶系统,与传感器动态特性的分析相同,应使管系的固有频率充分大,才能满足测量高频脉动压力的需要。管腔长度越短,固有频率越高,当管腔长度为零时,就可以消除管腔效应。因此,为了改善测量系统的动态性能,达到高频响应,除了选择固有频率高的传感器,还应注意使导压管尽量短,内径尽量大,通常应尽可能地使传感器采用齐平安装,以减小或消除管腔效应的影响。

4) 内流场脉动压力探针的设计

航空发动机进出口流场是以叶片频率为特征的周期量和湍流引起的随机量的组合,需采用脉动压力受感器进行动态测试。为减少对流道的干扰和堵塞,根据航空发动机压气机转子出口流场的特点,脉动压力受感器应满足以下要求:

(1) 参数变化频率达 10 kHz,甚至更高,这就要求受感器具有 20 kHz 以上的频率响应。

(2) 叶片弦长和栅距很小,为降低堵塞影响,获得较高的空间分辨率,脉动压力受感器头部尺寸应尽可能小。

(3) 压气机转子出口气流温度可达 100～300℃,这不仅要求探针及嵌装在脉动压力受感器头部的压力传感器能耐高温,而且硅膜片不应因温度变化后探针壳体和传感器变形不一致而受到应力的影响。

(4) 压气机失速喘振能量大,探针结构应有足够的强度和刚度。

对于较常用的 L 形高频压力复合探针,其结构形式有两种,见图 6.33。图 6.33(a)是传感器直接封装在探针头部,高频响应感压膜片直接正对气流。传感器头部带有开孔圆盘,探针频率响应为 40 kHz 左右;当采用裸露式时,探针的频率响应很高,实际上就是传感器膜片本身的频率响应。图 6.33(b)是将高频响应传感器封

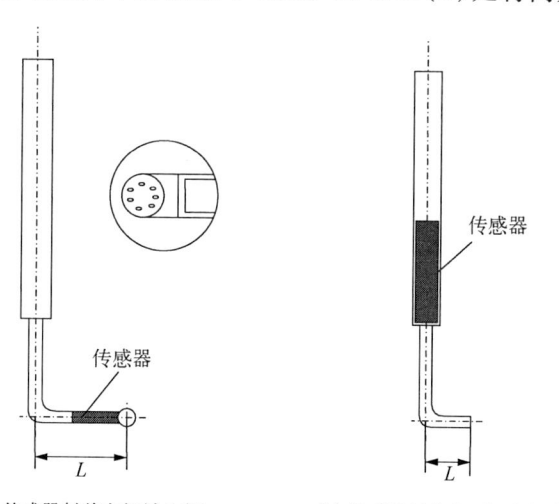

(a) 传感器封装在探针头部   (b) 传感器封装在圆柱支杆内

图 6.33 L 形高频压力复合探针结构形式示意图

装在圆柱支杆内,尽量靠近进气口。由于传感器前面有一导压段,其频率响应只能达到 20 kHz 以下。

此外,叶型受感器(图 6.34)广泛运用于航空发动机级间参数的测量。对于涡轴发动机,由于叶片较薄,为了保证叶片强度和原有的固有频率,设计的叶型受感器不能在叶片表面开槽,受感器要焊接在叶片表面,叶型受感器布置在叶盆侧,采用美国 Kulite 微型高频压力传感器,传感器从受感器进口安装。

把微型高频压力传感器镶嵌进气动探针头部的复合探针,保留了常规气动探针结实可靠、使用方便的优点,频率响应高、尺寸小,可用于压气机试验中对失速喘振监测和某些压气机出口及级间流场的测试。

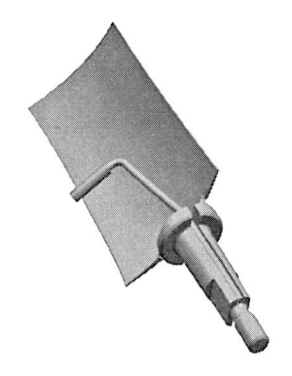

图 6.34 叶型受感器

2. 脉动温度测量

1) 基本原理

当发动机工作在不稳定状态时,如起动、加减速过程和压气机失速喘振等,气温是随发动机工作状态而变化的。此时测得的气流温度不仅存在稳态误差,还存在动态误差,动态误差来源于温度传感器的热惯性。由于热惯性,传感器所感受到的温度是跟不上气流温度变化的。所测温度 T_j 变化是传感器本身的温度变化,而不是气流真正温度 T_g 的变化,如图 6.35 所示。T_j 不但在时间上滞后 T_g,而且在数值上也与 T_g 有偏差。

在气流的温度变化频率及流动状态确定后,动态误差的大小就取决于传感器的响应率。显然,响应率与传感器的物理性质有关。传感器的响应率是指传感器以多快的速度去接近被测气流的温度变化。通常用时间常数来表示温度传感器的响应特性,时间常数越小,表示传感器去接近被测气流温度变化的速度越快,其动态误差越小。

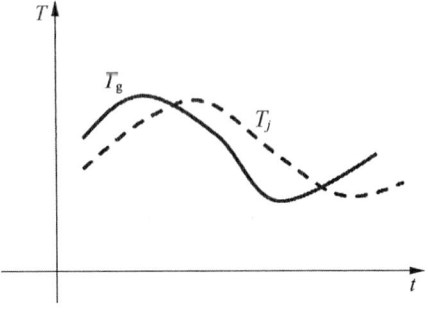

图 6.35 温度传感器动态误差

动态温度测量系统由温度传感器和数据记录仪组成,它是典型的一阶系统,其微分方程如下:

$$T_g = T_j + \tau [dT_g(t)/dt] \tag{6.70}$$

式中,τ——热电偶时间常数。

式(6.70)为动态温度测量的基本原理,利用该方程可以求出气体的真实温度,亦可求得热电偶测量端温度随时间变化的函数关系。动态温度传感器通常为热电偶,其具有热节点热容量小、热惯性小、动态响应速度快、时间常数小等特点,对比其他类型的温度传感器,更加适用于动态温度测量。

2) 时间常数的测定

对热电偶动态温度测量来说,时间常数越小,响应速度越快,因而热电偶时间常数的测定和估算意义重大,影响时间常数的因素很多,实际应用中,为便于估算和测定,应尽量采取一些措施消除这些影响。测定时间常数的方法一般是给热电偶加一个阶跃温度变化,然后用数据记录仪记录热电偶对阶跃温度变化的响应曲线,在响应曲线上量取上升到63.2%阶跃量所对的时间,此即为时间常数。如何使时间常数的测定精度高一些,这就需要考虑以下几个问题:

(1) 时间常数受气流流动状况的影响很大,因此要尽可能地使试验段的流动状况与实际工作时的气流状态相一致,气流的紊流强度要低于实际工况下的紊流强度。

(2) 阶跃温度的形成。理论上,阶跃的前沿上升时间为零,实际上这是不可能实现的,只能采用近似方法使前沿上升时间缩短些。

3) 动态温度测量注意事项

动态测温的难度要比稳态测温大,为了使测温指示值接近气流的真实温度,应在动态温度测量系统中采取必要措施,使动态误差减至最小,因此务必注意以下几点:

(1) 在测量气流脉动温度变化时,所选用的传感器必须反映出温度的脉动情况,因此温度传感器的截止频率一定要大于气流的脉动频率。传感器的截止频率为

$$f_c = \frac{1}{2\pi\tau} \tag{6.71}$$

τ 值越小,截止频率 f_c 越高,所能测量温度的脉动频率范围越宽。

(2) 尽量采用环状对焊(热节点最小)的小惯性热电偶。当气流的流动条件一定时,在保证有足够强度和寿命的前提下,采用细直径偶丝有利于减小热电偶时间常数 τ 值,从而改善响应。对于很短的瞬变过程,可采用薄膜热电偶,其时间常数可达微秒数量级,反应速度快。为了能直接地感受脉动温度或瞬变温度,以利于提高热电偶的频率响应,减小动态误差,通常采用的热电偶都是裸露式的。

(3) 在脉动温度测量系统中可串入补偿环节,可以提高系统的截止频率,实现动态补偿。

3. 失速、喘振测量

失速、喘振是压气机工作中的一种不稳定现象。压气机一旦进入喘振,会使

整台发动机性能显著恶化,给高速飞行的飞机带来严重后果。因此,使用中不允许压气机在接近稳定边界的状态下工作。压气机稳定工作边界和喘振裕度的测定是航空发动机压气机试验的重要内容之一,不论是单级压气机还是全台压气机,都要在试验过程中找出不同等速下的喘振边界线。与一般的气流脉动不同,喘振时压气机内的气流是前后运动的,喘振瞬间压气机进出口气流参数发生突变。

压气机失速、喘振时气流速度和压力的变化,可用热线风速仪或高灵敏度的压力传感器来测取。热线风速仪利用热交换原理测量流速,对气流的洁净度要求非常高,在工程上较难实施。因此,通常采用总压、静压探针配合高灵敏度的压力传感器测量失速、喘振。失速、喘振的测试方法基本类似,但需要利用动态信号记录仪器分析测量的数据特征,判断压气机的实际工作状态。以下以失速测量为例进行介绍。

将两支微型高频压力复合探针装在压气机出口(图 6.36),其夹角为 θ(θ 不能以 90 除尽)。当失速区的信号传播到探针 1 所在位置时,探针 1 感受到一个压力突变的信号,经过时间 t_1,失速区传到探针 2 时,探针 2 也感受到一个压力突变的信号,在数据采集系统上记录两支探针的输出信号和标准时标。这样从两支探针的信号相位与标准时标信号对比,就可求出一个失速区经过角度 θ 所需的时间 t。那么一个失速团旋转一周的时间 T 为

$$T = (360°/\theta) \cdot t \tag{6.72}$$

(a) 机理图　　(b) 旋转失速测试原理图　　(c) 获取曲线

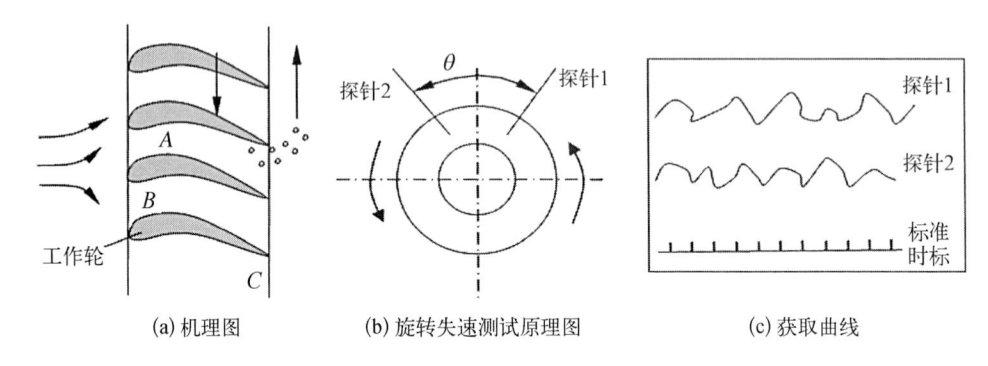

图 6.36　旋转失速测试原理图

其频率为

$$f_s = 1/T (\text{Hz}) \tag{6.73}$$

失速团的绝对运动转速 n 则为

$$n = 60/T (\text{r/min}) \tag{6.74}$$

如果在一个失速团旋转一周时间内,探针1发出N个波形,那么N就是工作叶轮的失速团数(图6.37)。

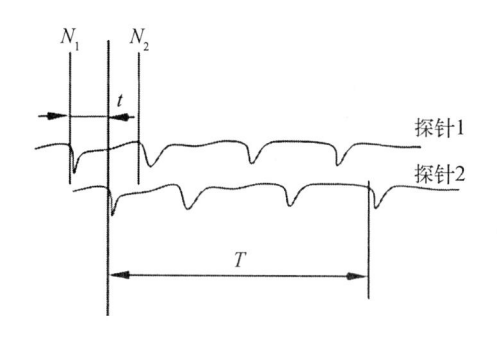

图6.37　信号波形示意图

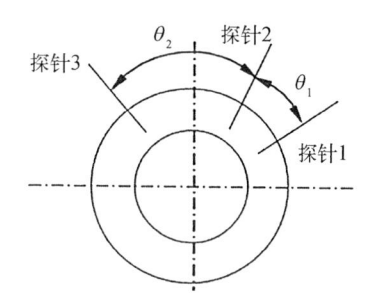

图6.38　三支微型高频压力复合探针测量旋转失速

为了较精确地测定失速团参数,采用三支微型高频压力复合探针沿周向不等间隔分布安装(图6.38)。失速时记录三处信号,将两支探针信号时差及信号频率代入式(6.75)推算失速团数N。

$$\begin{cases} N = (360/\theta_1) \cdot (f_1 t_1 + m_1) \\ N = (360/\theta_2) \cdot (f_2 t_2 + m_2) \end{cases} \quad (6.75)$$

但因两支探针间所夹失速团数未知,虽得两个方程,却有三个未知数N、m_1、m_2,得到不定解。而N、m_1、m_2必为正整数,故可推算出两个系列的N值,如某工况f=104 Hz,对于θ_1=60°、t_1=3.17 ms,按式(6.75)得N=2, 8, 14, 20, 26, …;对于θ_2=45°、t_2=2.69 ms,得N=2, 10, 18, 26, …;但因N只能相同,故可能为2, 26, 50, …。

失速团传播速度:

$$V = f_s / N \quad (6.76)$$

互相关函数原理是检测旋转失速的方法之一。压气机失速信号的强随机性将使实录波形图上量测两支探针信号时差及信号频率产生较大误差,必须用互相关分析确定两支探针信号时差,用谱分析确定信号频率。

通常情况下,旋转失速压气机仍可工作,只是效率不高。但失速会引起试验件的强迫振动,失速时气流的纯轴向速度很小,而其切向速度等于转子的切向速度,叶片被失速团激振,当叶片一阶弯曲频率或二阶弯曲频率与失速频率接近或成几倍时,就有可能激起叶片振动,甚至是共振,进而造成叶片断裂。而喘振则会造成气流大幅波动、气路堵塞、出口温度急升和气流倒流等现象,若不及时退喘振,则很快可造成叶片损坏。

失速多在压气机低状态特性线时发生,表现为压力脉动且频率较高。失速传播速率随转速的增加而增加,而且失速传播速率与转速的比值基本保持不变。

喘振在做压气机高状态特性线时表现明显。当发生喘振时,压力发生突变,具有大幅度低频摆动。波形图上显示出口压力突降,进口压力突升,喘振频率很低,一般在 1~20 Hz,其频率值与压气机转速关系不大,无一定规律,喘振时的出口总压脉动强度随转速的上升而增大,脉动幅值随进入喘振的深度而变大。在高速高压下,喘振时伴随强烈的气流来回窜动发出的"嗡嗡"声,在低速低压时,可能会出现温和喘振,此时失速和喘振只能从波形图上加以判断。

6.2.10 振动参数测试

航空发动机是非常精密而复杂的动力构件,其燃气发生器转子和动力涡轮转子在高温、高压、高速、大应力、变载荷的苛刻条件下工作。工作中如果出现机械故障,通常会出现振动幅值变大或异常现象,频谱中不仅转子基频振动幅值大,还可能出现较多的高次谐波振动和次谐波振动,出现各种特征现象。振动参数比其他状态参数更能直接地、快速准确地反映发动机运行状态,即是正常状态还是异常状态,所以振动一般作为对发动机状态监测诊断的主要手段之一。发动机的振动测试工作就是通过技术手段测量、采集、分析发动机工作时的振动,提取各种代表发动机各部件状态的有用信息,对发动机的"健康状况"做出评价和诊断。

1. 振动测试系统

1) 振动测试系统组成

振动测试系统由振动传感器、振动测试仪器(或信号调理器、电荷放大器)、振动记录分析仪等组成,如图 6.39 所示。

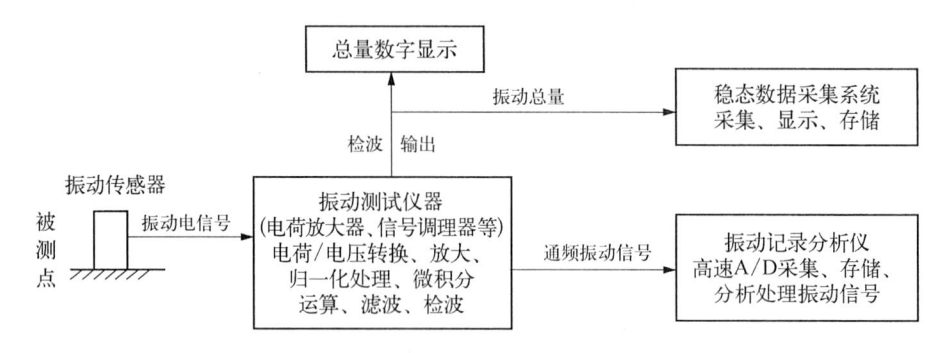

图 6.39 振动测试系统组成

振动传感器安装在被测点的安装平面上,其作用是将机械振动信号按比例转换成电信号。振动测试仪器(电荷放大器、信号调理器等)的作用,是对传感器输出的电信号进行电荷/电压转换、放大、归一化处理、微积分运算、滤波、检波等处理。振动记录分析仪的作用是高速 A/D 采集、存储、分析处理振动信号。

振动测试系统应能完成以下振动测试内容：

（1）测量特定频带的振动总量，应至少包含动力涡轮和燃气发生器转子基频；

（2）实时记录高速采集（一般采样率不低于 4 kHz）的振动信号，以供后续分析处理；

（3）实时频谱监测分析以及试验后分析处理；

（4）其他测试项目，如转速跟踪分析、自动报警处理等。

2）振动传感器

振动传感器是将振动量（振动位移、速度、加速度）的瞬时值按照一定的比例关系转换成电量（电压、电流、电荷）或电参量（电阻、电感、电容）瞬时值的器件。振动传感器的分类有多种，根据测量原理不同，一般用到的传感器可分为压电式加速度传感器、磁电式速度传感器、电涡流式位移传感器、激光振动传感器等。航空发动机振动测量中最常用的是压电式加速度传感器。

压电式加速度传感器是一种自发电式传感器，当传感器振动时，压电晶体元件受到质量块惯性力的作用而产生电荷或电压输出，其输出量与所感受的振动加速度成正比。可采用天然石英作为敏感元件，或用铁电材料加工成人工极化陶瓷敏感元件，并可制成各种结构形式的加速度传感器，如中心安装压缩型、环形剪切型、三角剪切型等。压电式加速度传感器具有灵敏度高、频响宽、动态范围大、尺寸小、重量轻、寿命长、易于安装、稳定性好等特点，常与电荷放大器或高阻抗电压放大器配套使用，在航空发动机振动测量中获得了广泛应用。

在使用压电式加速度传感器时，应采用低噪声屏蔽电缆，与电荷放大器（或前置放大器）配套使用。测试系统单点接地，以消除共模干扰和颤动噪声。对恶劣环境下的振动测量，应选择灵敏度随环境变化小的特种传感器，如高温环境下应选用耐高温加速度传感器，传感器采用螺钉安装方式，牢固可靠。

集成电路式（又称内置电路式）加速度传感器，简称 ICP 传感器，其内部集成了微型电荷放大与信号调节器，阻抗输出低、输出信号大、抗干扰能力强、结构简单、造价较低、性能好，用一根双芯电缆就可以同时起到供电和传输信号的作用，特别适用于远距离测量；缺点是使用温度范围较低，一般不超过 120℃。

3）振动测试仪器

振动测试仪器的内部电路原理与配用的振动传感器类型有关。配备压电式加速度传感器的振动测试仪器一般内置电荷放大器或信号调理器，具有振动信号调理放大功能，包括电荷/电压转换、放大、归一化处理、隔离、滤波、微积分运算、线性检波、数字显示等。

振动传感器输出的电信号通过低噪声屏蔽电缆输入到振动测试仪器，经前端电路调理、放大后，通过灵敏度调节电路进行振动信号的归一化处理，并通过滤波电路对信号进行滤波处理。其通频输出信号(指频率范围较宽的瞬时振动信号)提供给振动记录分析仪,进行振动原始信号的频谱实时监测并全程记录。带通滤波后的信号通过微积分转换运算,经线性检波后变成直流电压信号,送到数字表头显示出振动总量,同时送到稳态数据采集系统进行采集、存储处理。

配备压电式加速度传感器的振动测试仪器工作原理框图见图6.40。

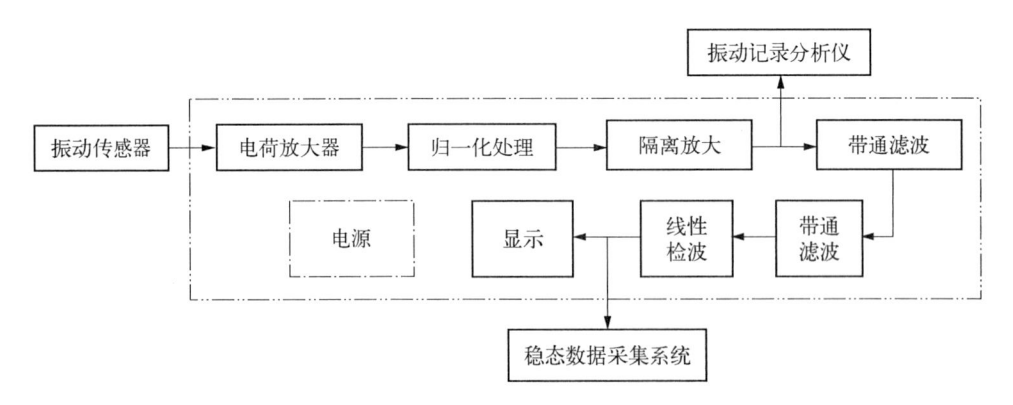

图6.40 配备压电式加速度传感器的振动测试仪器工作原理框图

4)振动记录分析仪

振动瞬时模拟信号通过程控放大、抗混叠滤波、采样保持和高速A/D转换变成离散化的数字信号,在计算机软件有序控制下采集、控制与处理,多路振动信号以同样方式并行记录分析处理组成多通道振动记录分析仪。振动记录分析仪工作原理如图6.41所示。

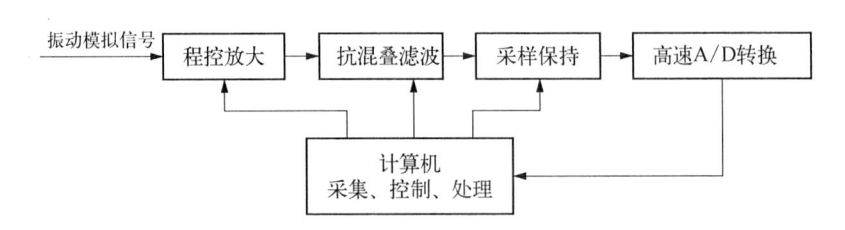

图6.41 振动记录分析仪工作原理图

2. 振动参数分析处理

在振动测试中,一般需要得到的分析结果有总量、转子基频分量、频谱图。为了直观地表达和显示振动特性,还需要绘制转速—振动总量、时间—振动总量、转速—振动分量、时间—振动分量等图表。

图6.42、图6.43为振动分析界面图例,可以显示出振动总量、振动分量以及各种变化趋势。

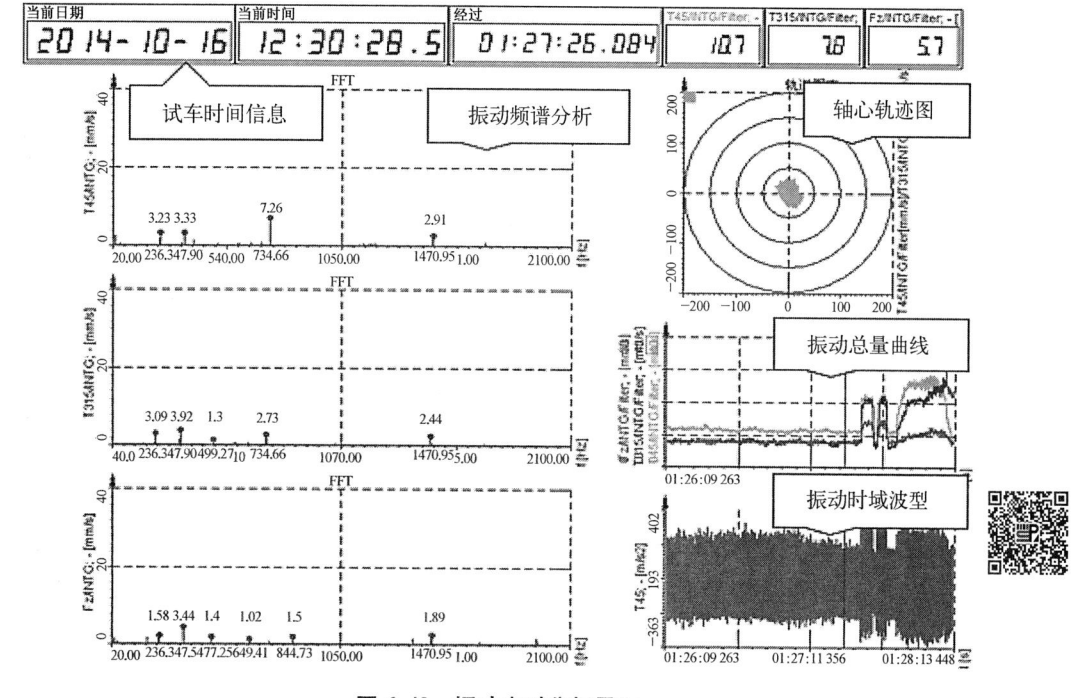

图 6.42 振动实时分析界面

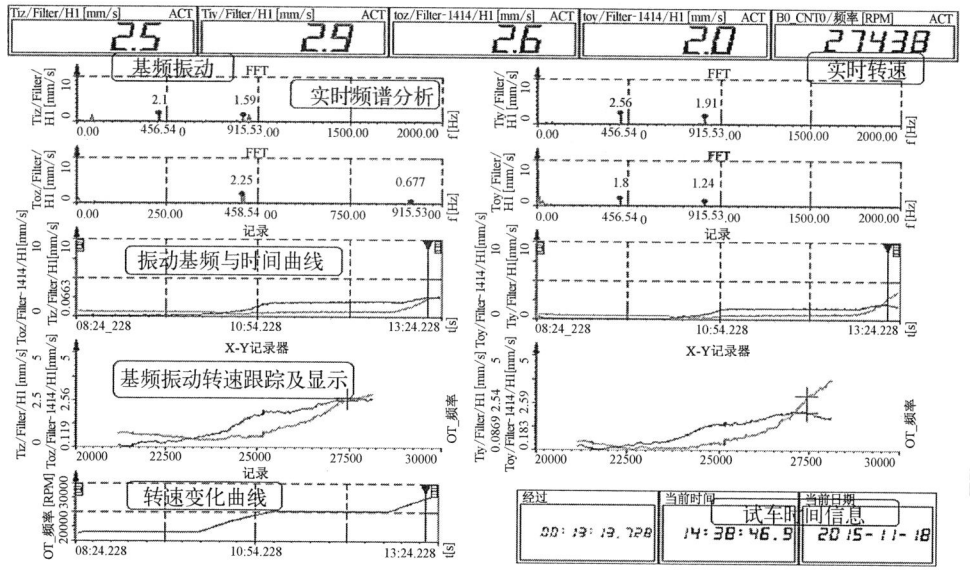

图 6.43 振动转速跟踪分析界面

6.3 特种测试

6.3.1 动应力测试

动应力测试涉及航空发动机的各个零部件,如转子叶片、静子叶片、转轴、机匣、管路等,其中以叶片动应力测试技术最具代表性,其包含的贴片工艺、引线工艺、数据传输技术、数据采集和分析技术基本能全面体现动应力测试技术的内容。

动应力测试的目的是:确定叶片工作转速范围内的振动特性(叶片动频、振型、共振转速、发动机激振频率及其阶次,应力-转速特性);确定叶片在飞行包线范围内的应力与发动机工作状态之间的特性关系;确定叶片失速颤振边界。叶片动应力测试的试验件涵盖了发动机所有的转子叶片、静子叶片,如工作温度相对较低的轴流转子叶轮盘、离心转子叶轮盘、压气机静子叶片、温度较高的涡轮转子叶片盘、涡轮静子叶片等。

叶片动应力测试的基本方法有电测法(电阻应变片测量法)、光测法。前者为常用的直接测量法,后者为间接测量法。前者的传感器是应变片,它必须直接粘贴到叶片上并通过导线与引电转换装置(引电器或遥测发报机)把信号传输出来,而后者则与叶片无接触,光测法和电测法都具有自身的优点和缺点。电测法已有50多年的历史,测试稳定可靠、信息完善、容易定量分析,因此直到现在还广泛用于叶片动应力测试中。电测法要求发动机内部必须敷设引线和安装引电转换装置,需要在发动机内部转子有关零部件上加工额外的孔或槽,实施时较为复杂,容易影响转子零部件的强度和动力学特性。光测法则使用光学探头在机匣上观测叶片顶端或进排气边产生的光电信号,获得叶片振动幅值,通过叶片振动幅值与应力的对应关系将叶片振动幅值转换为叶片振动应力,但这种测试方法技术难度较高,因此受到了一定的限制。

1. 直接测量法

直接测量法测量旋转部件的动应力是在被测试验件指定位置处使用特定粘贴工艺粘贴应变计,使应变计导线与测试导线连接,然后连接至与转子同轴安装的信号传输装置(滑环引电器或遥测装置),从而将随试验件高速旋转的应变信号传输到静止的测试设备上,通过信号采集分析系统得到被测试验件的动应力。

在动应力测试时,叶片被测级、测试叶片数目、应变计粘贴位置的选择对后续的测试及数据分析十分关键,直接影响到测试数据的置信度和可用性;应变计粘贴及引线工艺则直接决定了应变计能否在高温高速气流环境下可靠工作,影响到测试数据的存活率和准确性。

将旋转状态下应变计的振动信号传输到静止的信号采集分析设备,需要利用滑环引电器和遥测装置将信号引出。滑环引电器要求与被测试验件转轴同轴安装,并且使用过程中需要冷却系统。对于多转子系统的高压转子,因没有安装滑环引电器的空间,信号传输需采用安装空间较小的遥测装置,遥测装置一般包括发射系统和接收系统,应变信号与同轴旋转的发射系统连接,通过收发报的方式对测试信号进行无线传输。在实际测试过程中,需根据发动机测试位置的具体结构、测点数等因素来确定使用滑环引电器或者遥测装置。信号引出后,需要对动应力信号进行实时采集、存储及后期分析。普遍采用的惠斯通电桥测试方法,要求数据采集系统能消除线阻和温漂带来的测试误差,提高测试精度,同时系统需具备很好的稳定性和抗干扰能力以最终获得理想的动应变数据。

发动机转子叶片动应力测试系统主要由应变计和应变计安装设备(火焰喷涂装置、点焊机、应变检查仪、贴片工具等)、信号传输装置(引电器及配套冷却润滑系统、遥测装置)以及动应变测试系统组成,另外,还包含测试导线、贴片所需耗材,如图 6.44 所示。

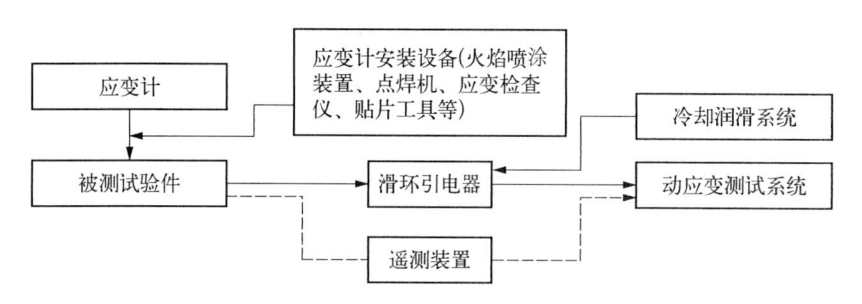

图 6.44　发动机转子叶片动应力测试系统组成

动应变测试系统用于对动应变信号进行采集、实时存储、实时分析及事后分析。信号分析主要是基于采集的原始应变信号,分析叶片振动响应,如叶片振动频率、激振源、振动应力幅值随转速变化的特性。这些结果还需要结合叶片振动模态应力分布换算成叶片最大应力点的应力,用于后续强度、寿命的计算与分析。

引起转子叶片动应力测试试验误差的主要因素有:应变信号采集分析仪,通常有 1%~2% 的幅值误差;应变传感器的粘贴位置与粘贴工艺,通常会造成 3%~5% 的幅值误差;材料弹性模量 E 的取值,通常有 5% 的幅值误差。

2. 间接测量法

间接测量法叶片振动测量采用叶尖定时技术,利用叶尖经过非接触测头的时间进行测量。叶尖定时传感器测头安装在压气机静子机匣上,测量旋转叶片经过传感器时所产生的脉冲模拟信号;转速同步传感器安装在转轴上,用来测量转速同步脉冲模拟信号。在叶片发生振动时,叶尖在圆周方向将向前或向后偏离,引起脉冲到达时间的改变,结合转速传感器提供的同步信号,就可以计算出叶片沿圆周向振动的振幅和频率等振动参数。

间接测量法叶片振动测量,需要研制满足航空发动机各种恶劣工况下测试需求的探针,如带冠叶片需要将探针布置在叶片进排气边;较高测试温度、特殊测点位置要求特殊设计的探针。需要借助严谨的算法通过叶片的到达时刻和转子转速鉴相信号计算获得所有叶片的振动位移、振动频率、振动应力等准确的振动特性信息。

6.3.2 轴向力测试

对于各种类型的航空发动机,均要求航空发动机的压力平衡系统能提供合适的轴向载荷,在飞行前规定试验阶段完成分析和试验验证,使得轴向力不因过大而导致轴承过早疲劳,也不能过小,特别不允许轴向力方向变换而引起轴承轻载打滑蹭伤。

发动机转子轴向力测量,即在发动机转子滚珠轴承外环前面或后面安装一个贴有应变片桥路并带有多个轴向凸台的机电式传感器,可实时测量转子向前或向后的轴向力。大量试验验证表明,只要传感器设计合理、应变片选择合适并粘贴可靠、传感器和轴承外环与轴承座内环的间隙适当,该传感器就能够准确可靠地测量发动机转子的轴向力。

轴向力测试系统组成如图 6.45 所示,一般包括测试传感器、应变测试仪及信号处理系统三部分。测试传感器的安装位置由测试处轴向力的方向决定。对于航空发动机系统,压气机转子轴向力向前,因此测试传感器需安装在压气机转子止推轴承外环前;涡轮转子轴向力向后,测试传感器安装在涡轮转子止推轴承外环后面即可测出向后轴向力。如果某些特殊情况下轴向力方向未知,或者发动机因排故需要同时测量转子向前轴向力、向后轴向力,则需在轴承外环前后各安装一个测试传感器。

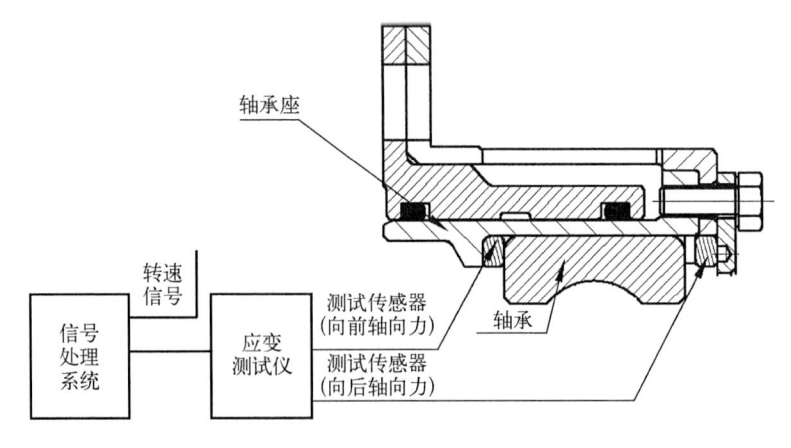

图 6.45 轴向力测试系统组成

传感器输出应变信号,通过专门的传感器校准试验,得到应变量与轴向载荷量的关系,从而将应变值转换为轴向力值,同时将转速信号及应变信号接入数据采集系统,得到任意转速下的轴向力值。根据测试位置处止推轴承所能承受载荷的范围来判断该发动机压力平衡系统提供的载荷是否合适。

传感器一般采用轴向两边交错各带 n 个周向均匀分布凸台的弹性环结构,其中凸台数 n 由发动机转子轴向力测量范围及传感器轴向允许的最大位移量决定。一种典型的弹性环结构图如图 6.46 所示,其凸台数 n 为 6。

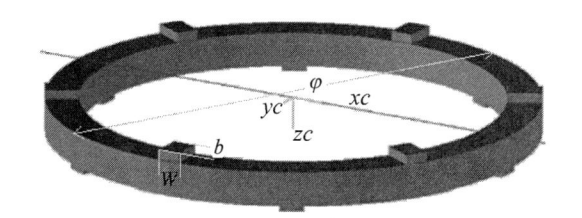

图 6.46 一种典型的弹性环结构图

传感器外径 φ 比轴承外环外径尺寸稍小,径向环宽为 b。传感器的轴向长度 H 包括 1 个桥臂厚度 h、2 个凸台高度,凸台周向宽度为 W。根据预测的转子最大轴向力 P、弹性环的内径 $\varphi_{内}$、外径 $\varphi_{外}$ 确定 n、H、h、b、W 等参数。弹性环周向展开图见图 6.47,弹性环单跨力学模型及弯矩、挠度分布图见图 6.48。

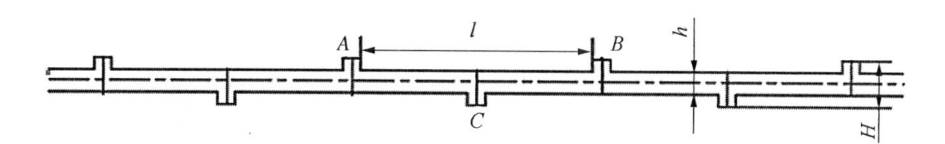

图 6.47 弹性环周向展开图

当传感器受到轴向载荷时,相当于在弹性环的单跨中点施加集中力,假设在图 6.47 中 A 点与 B 点的转角 θ 和挠度 Y 均为 0,由于弹性环结构对称、载荷对称,所以 AC 与 BC 的变形也对称,这可视为静不定问题。经过计算可得弹性环的轴向挠度或位移量为

$$Y = \frac{Pl^3}{16Ebh^3} \quad (6.77)$$

式中,l —— A、B 凸台之间的周向跨度;

E —— 材料弹性模量;

b —— 径向环宽;

h —— 弹性环桥臂厚度。

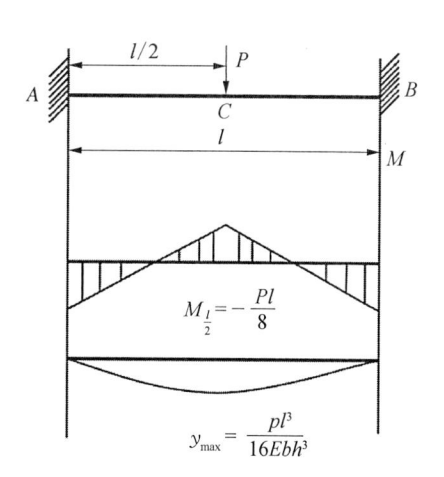

图 6.48 弹性环单跨力学模型及弯矩、挠度分布图

如果弹性环挠度或位移量过小,则传感器灵敏度低;如果轴向位移量过大,则传感器的线性度变差,还可能会影响中央传动齿轮的正常工作。

轴向力测试系统误差主要包括测试传感器精度及测试仪器引起的误差。轴向力测试传感器经过校准试验后,常温下其测试精度在±2%。由于传感器在发动机中的实际工作温度可达到130℃左右,高温下会引起应变片温漂。因此,在传感器设计上应采用在工作温度范围内温漂很小的应变片。经过大量试验验证,应变片温漂引起的轴向力测试误差在±9%。一般情况下,测试仪器引起的误差在±1%,因此轴向力测试系统误差总量在±10%,能够满足工程测试需要。

6.3.3 叶尖间隙测试

为提高航空发动机的性能,需挖掘提高发动机效率的潜力,潜力之一是使转子叶尖与机匣之间的径向间隙尽可能小,以减少工作介质泄漏造成的损失。众所周知,叶尖间隙过大会降低发动机的性能,然而叶尖间隙过小,将产生叶尖与机匣碰磨,影响发动机的安全,这是两个对立的要求。在发动机转子机匣处采取主动间隙控制技术可以很好地改进压气机中的流动结构,提高发动机的效率,而合理地设计叶尖间隙或进行主动叶尖间隙控制,关键在于搞清叶尖间隙的实际变化情况,掌握其变化规律。因此,对叶尖间隙进行准确测量,给出叶尖间隙随不同转速及状态的变化规律,验证理论计算的合理性,在发动机研制过程中对优化设计、保证试车试验安全,具有实际的工程应用价值。

目前,叶尖间隙测量有放电式、电容式、微波式等多种方式。本节主要以航空发动机测试中常用的电容式叶尖间隙测量方法为例,介绍叶尖间隙的测量原理、系统组成、标定方法和注意事项。

电容式叶尖间隙测量方法是一项实用的叶尖间隙测量方法,现已广泛应用于燃气涡轮发动机叶尖间隙的测量。其测量原理见图6.49,电容式叶尖间隙测量方法是通过测量叶尖和传感器之间电容量的大小而间接测出叶尖和机匣之间的间隙。

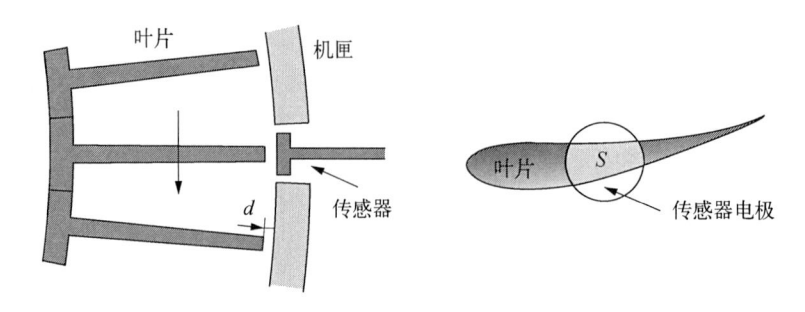

图 6.49　电容式叶尖间隙测量方法原理

其电容的大小为

$$C = \frac{\varepsilon_0 \times \varepsilon_r \times S}{\delta} \tag{6.78}$$

式中，C——叶尖和探头之间的电容量；
ε_r——电容极板间介质的相对介电常数；
ε_0——电容极板间真空介电常数；
S——叶尖、传感器电极的等效面积；
δ——叶尖和探头之间的间隙。

电容式叶尖间隙测量方法的特点是灵敏度高、固有频率高、频带宽、动态响应性能好、能在数兆赫兹频率下正常工作、功率小以及阻抗高等。它的精度受多方面因素的影响，如测量时介质的介电常数的变化、环境干扰（磁场、电火花）、探头及机匣受热变形、校准误差等。电容本身的内阻很高，因此对绝缘提出了更高的要求。另外，材料性能随温度和湿度变化也可能影响叶尖间隙测量精度。

电容式叶尖间隙测量系统是由电容传感器、电容测试仪和计算机及测量软件三部分组成，见图 6.50。

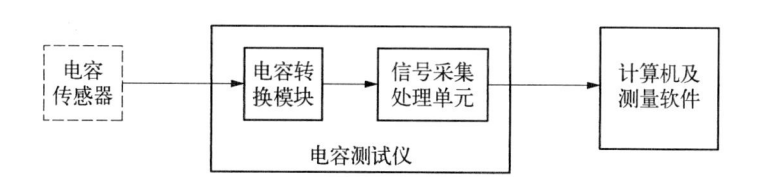

图 6.50　电容式叶尖间隙测量系统组成

叶尖间隙电容传感器采集到的电容变化量送到电容转换模块，该模块将电容信号 C 转化为电压信号 V，便于之后的运算和处理，再通过信号采集处理单元将这个与测量间隙成反比关系的电压信号采集起来送到计算机及测量软件进行运算、存储、显示等处理。

发动机叶尖的形状、大小等对电容值有一定影响。要想准确地进行叶尖间隙测量，就必须对叶尖间隙进行标定，标定原理如图 6.51 所示。通过调整平移台，可以按指定数值调整传感器与叶尖之间的间隙，从而确定传感器的输出与叶尖间隙之间的数学关系。

电容传感器测量的电容值与电容转换模块输出的电压信号是一一对应的关系，因此电容转换模块输出的电压信号可以直接反映叶尖间隙的变化情况。叶尖间隙的标定是通过给定一组标准的叶尖间隙值，测出电容转换模块对应的输出电压信号，拟合得到标定曲线：

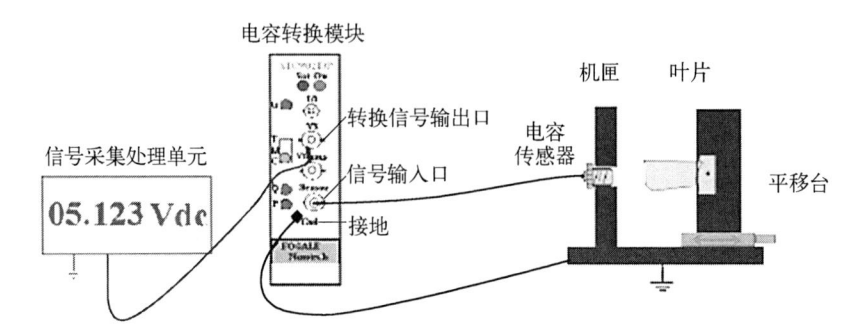

图 6.51 叶尖间隙标定原理图

$$d = A_n \times \left(\frac{1}{V_S}\right)^n + A_{n-1} \times \left(\frac{1}{V_S}\right)^{n-1} + \cdots + A_1 \times \frac{1}{V_S} + A_0 \tag{6.79}$$

式中，V_S——电容测量模块输出电压值；

$A_0 \sim A_n$——叶尖间隙测量所需要的标定系数。

将各个标定系统输入叶尖间隙测量系统即可进行叶尖间隙测量的验证和试验。

6.3.4 特种测温技术

在发动机温度测试中，部分场合采用常规的测温手段已无能为力，例如：对于发动机旋转部件及热端部件的温度测试，由于受发动机结构、空间限制，往往难以安装热电偶等温度传感元件；随着发动机热力循环参数的提高，某些燃烧室的出口燃气温度已超过 B 型热电偶的测温上限。对于这些测温需求，工程上常采用示温漆测温法、辐射测温法、辐照晶体测温法、燃气分析等进行温度测试。

1. 示温漆测温法

示温漆(temperature sensitive paint，TSP)是一种特殊配方的功能涂料，它能伴随外界温度的变化而改变自身颜色，因此用于温度传感材料，以其颜色的改变来指示物体表面温度的变化。作为一种接触、非干涉式的温度测试方法，示温漆测温法可测试大面积固体表面连续的温度分布，具有无测试引线、不需要测试窗口、使用简单方便等特点，目前已广泛应用于航空发动机热端部件壁面温度的测量，如燃烧室、涡轮盘、导向叶片、火焰筒、加力扩散器等。示温漆测温法应用实例如图 6.52 所示。

目前，示温漆判读方法(图 6.53)主要有两种：一种示温漆温度判读均沿用颜色比对来完成，即示温漆温度人工判读。通过制作示温漆成像标准试片，对比成像结果来判读温度。这种方法操作简单，但该方法易受环境和人为因素的影响，对人员依赖性强。另一种是基于示温漆图像的等温线温度自动判读技术，是当前示温

图 6.52　示温漆测温法应用实例

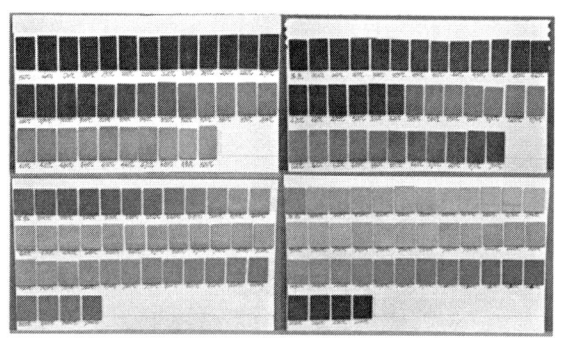

(a) 示温漆成像标准试片　　　(b) 等温线温度自动判读样片

图 6.53　示温漆判读方法

漆测温技术的一个重要发展方向。通过建立若干典型的示温漆图像在不同温度下的色谱数据库,可以开发出专用的温度识别软件系统。示温漆图像的温度判读技术正朝着数字化、自动化方向发展。

2. 辐射测温法

任何物体只要其温度高于绝对零度,就会因分子的热运动发射红外辐射,而且温度辐射的能量将随温度而变化。辐射测温法就是利用这一特性测量物体温度的。常用的辐射测温仪器有辐射高温计、红外热像仪。

1) 辐射高温计

热辐射测温技术是一种能够精确测量表面温度的非接触式测量技术,可以用于测量高速旋转的涡轮叶片表面温度。热辐射测温系统通过探针测量叶片表面一点处的辐射而间接测量该点处的温度。它有一个横动装置,可以带动探针高速径向移动,扫描从叶尖到叶根的整个叶片表面,从而得到整个叶片表面的温度。采集到的数据以很高的传输速度传递到数据处理计算机,处理后即可得到叶片表面的温度分布图。

任何物体总是以一定的电磁波波长辐射能量的,能量的强度取决于该物体的温度。通过计算这种在已知波长上发射的能量,便可得到物体的温度 T:

$$T = T_\mathrm{T} \sqrt{\frac{1}{\varepsilon(T)}} \tag{6.80}$$

式中,$\varepsilon(T)$ ——被测物体的发射率;

T_T ——辐射温度。

辐射温度是热辐射体与黑体在该波长辐射能量相同时的温度。用辐射高温计测温,是将被测对象的热辐射经探头的光学系统聚焦在热电堆上,热电堆的热电势将与测量端和参考端的温差成正比。只要参考端的温度保持一定,热电势的大小将与被测物体的辐射能量成正比,这就是辐射高温计的测量原理。一种用于辐射测温的装置(红外高温计)见图 6.54。

图 6.54 红外高温计

2) 红外热像仪

红外热像仪以普朗克定律为依据,以黑体为参考,利用红外成像原理来测量物体表面的温度分布。它是在选定的红外波段接收来自被测物体表面各部分的热辐射,红外热像仪接收并检测到的红外辐射值为热值,通过标定函数将热值换算成温度值。通过处理将其变成彩色图像,用彩色图像显示物体的温度分布。红外热像仪原理框图如图 6.55 所示。

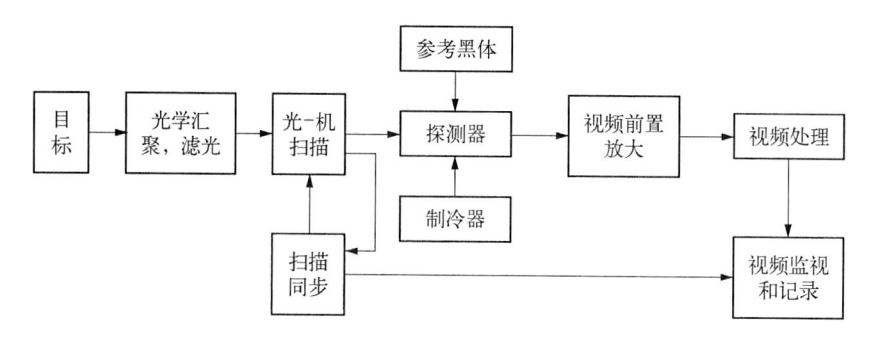

图 6.55 红外热像仪原理框图

热值和温度之间的标定曲线是通过对不同温度下的基准黑体热源进行测量、拟合的。

$$I = \frac{A}{C\exp\left(\dfrac{B}{T}\right) - 1} \qquad (6.81)$$

式中，A、B、C——标定常数，取决于光圈、滤光镜和扫描器类型。

红外热像仪的测温范围，视具体的红外热像仪系统而定。对同一红外热像仪，温度测量范围与采用的扫描器种类、测量时选择的光圈以及滤光镜有关。

利用红外热像仪不仅可以测量被测物体表面的温度分布及温度值，而且可以用来解决其他热测量问题，见图 6.56，例如，在目标温度已知，但其发射率未知的情况下，经过适当换算可以测量目标的发射率。

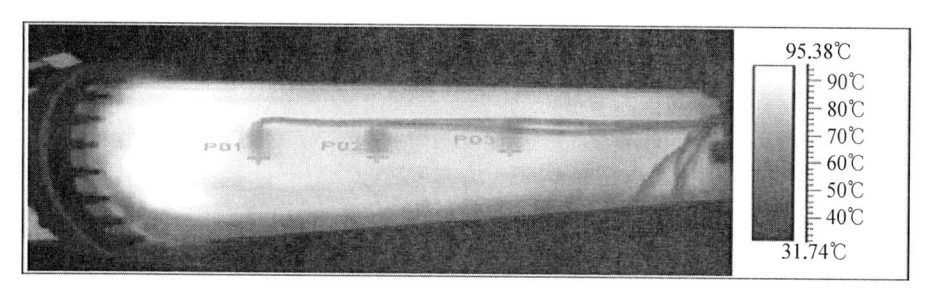

图 6.56 利用红外热像仪测量发动机排气管热图像

3. 辐照晶体测温法

航空发动机涡轮叶片、涡轮盘、燃烧室内环、压气机轮盘和叶片等部件表面温度的测量难度相当大。这主要是因为航空发动机结构紧凑（特别是旋转件），传感器的安装和信号的引出等都受到很大限制，难以实现多点表面温度的测量。

辐照晶体测温法是以辐照缺陷的热稳定性为基础建立起来的测温方法，缺陷的消除与温度密切相关,不同温度的热处理对应不同热稳定性缺陷的消除。在辐照损伤完全相同的情况下,经过相同温度的热处理后,晶体内必定留下相同浓度的缺陷,热处理温度越高,残余缺陷浓度就越低,检测出残余缺陷浓度即能确定热处理温度。这就是辐照晶体缺陷的"温度记忆效应"。

这种技术具有传感器体积微小、不需要安装导线、测温精确度高等优点,可应用于传统测温方法难以实施测温的特殊场合,如高速旋转的涡轮盘和叶片、封闭环境下的燃烧室内壁等。根据对试验控制曲线及试验过程信息掌握的不同,辐照晶体测温法的精度在 $3 \sim 10℃$。目前,辐照晶体测温法已成为航空领域重要的测温手段。其与示温漆测温法相结合,是解决发动机高温构件表面温度场测量的有效途径之一。示温漆测温法与辐照晶体测温法联合测试的实例如图 6.57 所示。

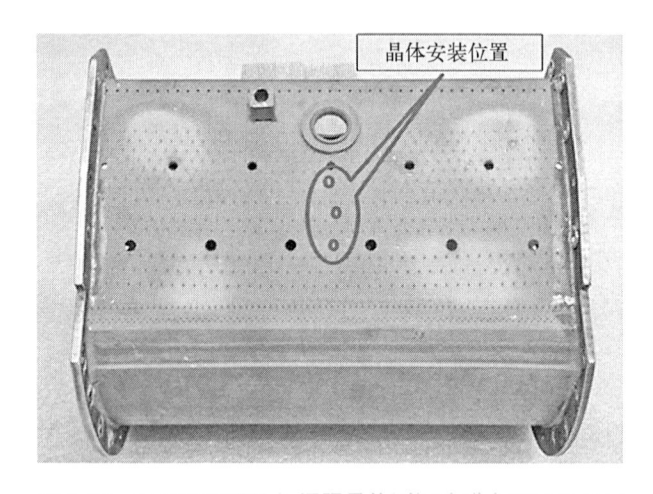

图 6.57 示温漆测温法与辐照晶体测温法联合测试的实例

4. 燃气分析

航空发动机燃烧室可以近似为绝热等压系统,在一定的温度和压力下,燃油与来自压缩空气的燃烧达到化学平衡。当保持压力不变时,燃烧室内温度与平衡的燃气组分间存在对应关系,因此可以由燃气组分推算出燃气温度。一般地,通过对燃气进行取样,分析燃气中各类气体成分及其含量,可以计算出相应的余气系数与燃烧效率,由余气系数与燃烧效率可以推算出当地燃气温度。

以某燃烧室试验器(图 6.58)燃气分析系统为例,该系统主要由傅里叶变换红外光谱仪、总碳氢分析仪、氢分析仪、氧分析仪、烟度计和控制柜等组成,用于燃烧室出口排放污染物的在线检测,可检测 CO、CO_2、NO_x、H_2、O_2、UHC(未燃碳氢化合物)、CH_4 的成分浓度。对于出口结构紧凑空间有限的小型燃烧室,可以采用取样探针旋转周向取样方法,获取不同轴向、径向位置的当地燃气成分,并结合燃烧室压力测试结果,分析各取样点的当地燃气温度。

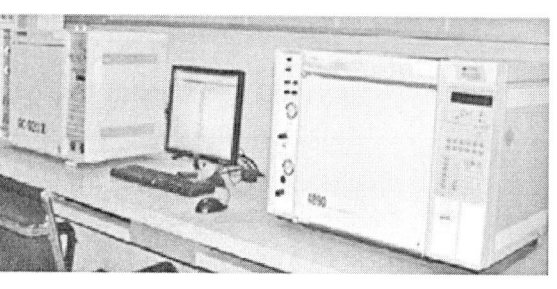

图 6.58 某试验器燃气分析设备

6.3.5 内流场测试技术

1. 粒子图像测速

粒子图像测速（particle image velocimetry，PIV）技术原理简单，就是在流场中撒入示踪粒子，以粒子速度代表其在流场内相应位置处流体的运动速度。应用强光（片状光束）照射流场中的一个测试平面，用成像的方法（照相或摄像）记录两次或多次曝光的粒子位置，用图像分析技术得到各点粒子的位移，由此位移和曝光的时间间隔便可得到流场中各点粒子的速度矢量，并计算出其他运动参量（包括流场速度矢量图、速度分量图、流线图、旋度图等）。PIV 技术测速范围一般为 $-800 \sim 800 \text{ m/s}$，涵盖微流动到超声速流动。图 6.59 是一个采用 PIV 技术进行粒子分离

图 6.59 用 PIV 技术进行粒子分离器流场测试实例

器流场测试的实例。

2. 相位多普勒粒子分析仪

相位多普勒粒子分析仪(phase Doppler particle analyzer,PDPA)可以实现对粒子尺寸、一维到三维速度、粒子浓度及流场同步无干扰实时测量,具有空间分辨率高、动态响应速度快、测量量程大等优点,也可以在高温、高压、高湍流等高难度测量环境中工作。相位多普勒测速系统主要由激光器、光发射单元、光电接收单元、光电转换单元、数字信号处理器和微处理器等组成。图6.60是一个采用PDPA进行燃油雾化测量的实例。

图6.60　PDPA燃油雾化测量实例

3. 实时喷雾粒度仪

实时喷雾粒度仪主要由喷雾采样室、光源系统(激光器)、光信号接收系统、控制计算机等组成。由激光器发出的光束经扩束、准直后得到一定宽度的单色平行光,平行光照到雾区的颗粒群后产生光散射现象,散射光的强度和分布与雾滴直径、浓度有关。多颗粒散射出来的相同方向的光聚焦到接收透镜的焦平面上,这个平面放置一个多元光电探测器,用来检测散射光的分布。图6.61是一个采用实时喷雾粒度仪测量燃油雾化的实例。

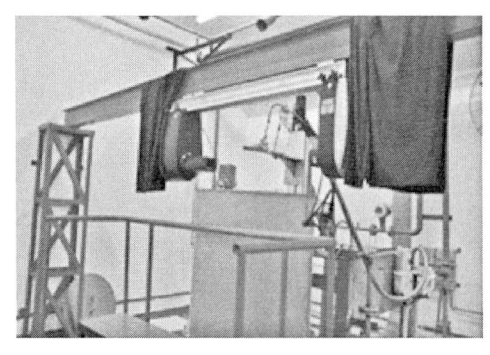

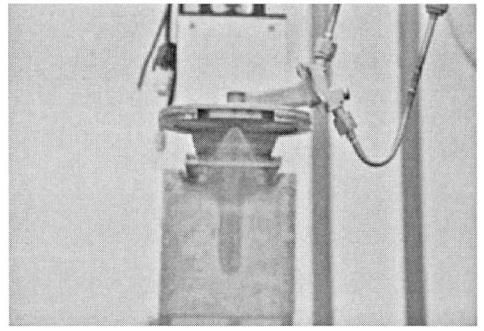

图6.61　实时喷雾粒度仪测量燃油雾化实例

4. 热线风速仪

热线风速仪的传感器是用很细的金属丝做成的热线和热膜探头。金属丝的材料一般选用电阻温度系数高、机械强度好的钨丝或铂丝。金属丝的长短受两种矛盾的要求所制约：一方面要求金属丝的长细比大一些，以减小两端支杆的影响；另一方面要求金属丝短一些，以提高空间分辨率。一般热线的长细比选为 100~200，对于直径为 2.5~5 μm 的金属丝，其空间分辨率为 0.5~1 mm。热线风速仪应用范围很广，最常用于测量平均气流速度、气流方向、气流湍流度、温度以及雷诺应力等。图 6.62 是一个采用热线风速仪测量某发动机试验舱内流场的实例。

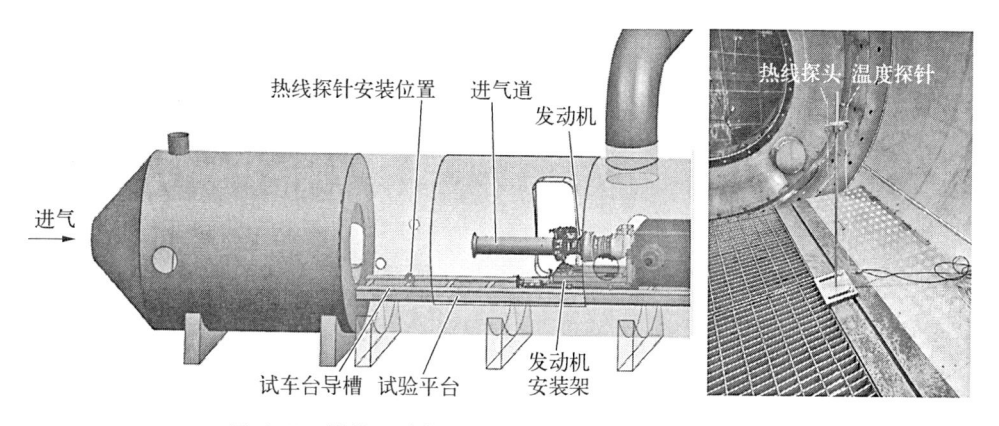

图 6.62 热线风速仪测量某发动机试验舱内流场实例

6.4 测试系统集成

6.4.1 测试系统集成技术简介

测试系统集成是指通过结构化的综合布线技术和计算机网络技术，将各个分离的测试设备、功能和性能等集成到相互关联的、统一和协调的系统之中，使资源达到充分共享，实现集中、高效、便利的管理。

由于航空发动机测点多，测试参数类型广泛，所以需采用多种仪器设备协同工作，才能较好地完成测试任务。因此，航空发动机试验测试中，需要利用测试系统集成技术将各测试仪器协调为一个整体，实现测试数据的统一管理。

测试系统集成分为硬件集成和软件集成两大部分。硬件集成的发展趋势是构建基于计算机的网络架构系统。基于网络架构使得系统集成变得简单，通用性强，技术提升快。目前，无论是基于总线的集中式数据采集系统还是小型化分布式的测量模块，一般采用直接内嵌单片机，或是通过通信接口与外部计算机相连，由外部计算机控制其工作。软件集成的发展趋势是专业化、智能化、通用化，且实时性、可靠性强,人机交互界面友好。

6.4.2 测试系统硬件集成

在进行航空发动机试验测试时,测试系统硬件集成就是要以数据采集计算机为中心,以综合布线技术连接所用的各类测试仪器设备,构成一个完整的测试网络。需要集成的硬件设备主要有模块式压力测试系统、专用测试设备以及数据采集系统等。其中,模块式压力测试系统用于测试气体、液体的压力参数,通过以太网与数据采集计算机互联;水力测功器、电子控制器等专用测试设备用于测试一些特殊的(如功率、扭矩等)或机载监测的参数,一般通过以太网或串行总线与数据采集计算机互联;数据采集系统则用于测试其余的各类模拟量(如温度信号、振动总量信号)、频率量(如转速信号)、开关量(如启停信号)等,一般通过 IEEE 1394 串行总线或以太网与数据采集计算机互联。模块式压力测试系统在 6.2 节中已有介绍,本节重点介绍常用的数据采集系统的集成应用,并对专用测试设备的集成情况略做介绍。

1. 典型的数据采集系统集成

目前,常用的数据采集系统有以下几类:基于通用接口总线(general-purpose interface bus,GPIB)的数据采集系统(如 NEFF 470 系统)、基于 VXI(VMEbus extension for instrumentation)总线的数据采集系统(简称 VXI 系统)、基于 PXI(PCI extensions for instrumentation)总线的数据采集系统(简称 PXI 系统)、基于 LXI(LAN extension for instrumentation)总线的数据采集系统(简称 LXI 系统)以及基于以太网总线的模块式测试设备(如 QUANTUMX 系列模块)等。各总线的性能比较见表 6.7。航空发动机试验测试中应用最多的是 VXI 系统和 LXI 系统。

表6.7 几种常用总线的技术性能比较

技术指标	GPIB	VXI	PXI	LXI	以太网总线设备
吞吐率/(Mbit/s)	8	40	132	串行 100/1 000	—
物理形式	分立式	插卡式	插卡式	标准式/分立式	分立式
软件规范	IEEE 488.2	VPP	ICI-C	ICI-COM	—
互换性	差	一般	较强	很强	很强
系统成本	高	中-高	低-中	低-中	中-高

2. 其他专用测试设备集成

航空发动机试验时,水力测功器和测扭器等专用测试设备测得功率和扭矩等参数、专用设备自身的状态参数,以及发动机控制器监测到的各类发动机运行状参数,也都需要进入数据采集计算机,与试车台测试系统监测到的参数同步显示、保存。因此,需要将这些设备与试车台测试系统集成形成整体测试网络,协同进行测试工作。需要集成的主要专用测试设备有:水力测功器(轴功率试车台),一般通过水力测功器上配置的 RS232 或以太网接口与数据采集计算机通信,部分水力测功器直接输出转速、扭矩、功率等模拟信号由数据采集系统采集;测扭器,一般通过测扭器上配置 RS232 接口与数据采集计算机互联,部分测扭器直接输出模拟量(包含频率量)信号,由数据采集系统采集;电子控制器,根据具体发动机型号的不同,航空发动机的电子控制器通过 RS422、ARINC429/629、以太网、IEEE 1553B 等接口与数据采集计算机进行互联。

由于以太网接口在各类测试设备中应用越来越广泛,基于以太网的测试系统硬件集成已成为测试系统集成的主要方式。在硬件集成时,具有以太网接口的仪器实际上都是通过网线连接到网络交换机上,形成星形结构的局域网。当测试仪器较为分散时,需要采用多个网络交换机,将相对集中的测试设备就近连接,再将网络交换机互联组成局域网。

6.4.3 测试系统软件集成

测试系统软件集成是指对通过运行于数据采集计算机上的采集软件,获取测试系统硬件网络中压力模块、数据采集设备、专用测试设备等测得的信号数据,并对这些数据进行分析、处理、显示与保存等操作。数据的获取方式是利用计算机及其接口,通过通信或调用驱动函数的方式进行的。

通过软件获取被测参数数据可分为以下三种情况:

第一种情况是稳态数据采集计算机通过其标准接口控制设备并获取数据。随着计算机和微电子技术的发展,仪器设备的智能化程度提高,带微处理器的智能测试设备得到普遍应用。这些设备提供了与外部计算机的通信接口,外部计算机通过网络或串口发出各种命令,并与设备进行数据交换,获取测试数据,如测扭器、压力扫描模块等。

第二种情况是利用稳态数据采集计算机内部总线扩展接口获取数据。通常要在计算机中插入接口卡,通过驱动程序和各种功能函数调用来直接控制设备,获取测试数据。例如,利用计算机的 IEEE 1394 接口与 VXI 数据采集系统进行数据交换,利用 ARINC429 或其他串口与电子控制器进行数据交换等。在这种情况下,可将采集设备等视为计算机的外部设备,无须考虑具体的通信过程。

第三种情况是利用计算机间数据交换获取数据。有些参数测试采用专门的测控系统,具有完整的计算机。这时稳态数据采集计算机通过网络与另一套系统计算机进行数据交换,获取数据,达到数据集成的目的。例如,采用 FADEC 的控制计算机,电气系统的可编程逻辑控制器(programmable logic controller,PLC)控制计算机等。在这种情况下,可将这些设备和计算机统一视为独立计算机系统。

航空发动机试验时,测试软件除了完成 6.4.1 节中所述参数测量,还需完成试验数据的实时分析处理及数据管理,测试软件应具有专业化、智能化、通用性、可靠性、使用简便性的特点。

(1) 专业化:体现航空发动机试验特点。其主要包含软件中测试参数符号标准化、发动机流程截面划分按照型号规范、发动机性能计算按照相关测试技术要求进行。

(2) 智能化:准确快速地判断试验状态,对安全监控参数进行预警、报警,甚至自动保护。

(3) 通用性:数据采集软件要兼容试车台和试验项目的差异性,做到通用。

(4) 可靠性:测量数据可靠、设备运行稳定可靠、报警保护可靠。

(5) 使用简便性:使用操作简单便捷、观看数据直观、数据分析直观。

1. 测试软件功能

测试软件除了保证采集速率、精度等最基本性能外,还需要具有以下功能。

(1) 试验配置:试验前的测量通道配置、显示配置、通道校准配置。

(2) 数据采集处理:实时数据采集、实时数据处理和发动机性能计算。

(3) 状态监测:发动机试验状态、设备状态和性能参数的实时监视、实时数据超限报警。

(4) 显示:以数字、虚拟仪表和曲线等多种方式直观显示试验数据。

(5) 数据统计:累计时数、起停次数、高温区工作时数等的统计。

(6) 试验结果:生成试验报表并输出。

(7) 数据管理:试验文件、测试数据的存储及数据库管理。

(8) 事后处理:试验后的数据回放、检索和查询。

2. 软件结构

软件结构采用模块化设计方法,分为上位机软件和下位机软件。上位机软件也就是测试终端软件,完成数据的采集、获取、计算、存储和网络通信等;下位机软件是显示终端软件。上、下位机软件之间采用网络通信,通常是一台上位机和多台下位机组成局域网。测试软件模块结构如图 6.63 所示。

3. 软件界面设计

软件界面设计是为满足软件专业化、标准化的需求而对软件使用界面进行美化、优化、规范化的设计。软件界面是人机交互的重要部分,是软件使用的第一印象。一个好的发动机试验测试软件要有强大的功能,还要有美观、实用的用户界面。软件界面设计往往决定了该软件的易用性和可操作性。在设计时,从用户角度出发,以方便用户使用为软件程序设计的目标。

航空发动机试验测试软件界面有很多共同点,如软件操作、数据显示、重要参

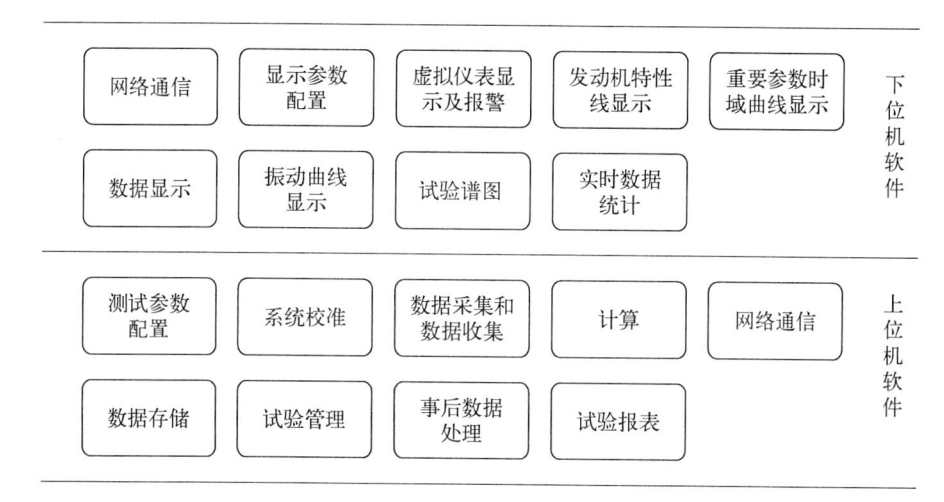

图 6.63 测试软件模块结构

数时域曲线显示、虚拟仪表显示等界面可以统一设计,但与发动机特性相关软件界面设计需要考虑不同型号的兼容性。在航空发动机试验时,不同发动机的特性线、发动机的试验图谱、性能达标指标等是不同的。例如,图 6.64 显示了某压气机特性线和转速试验图谱;图 6.65 显示了某发动机性能参数达标显示界面(试验时性能曲线在两条线之间则达标)。软件设计时应考虑不同的航空发动机试验,只需要更新相应的数据文件,特性线将自动更新,量程也将自动更新。

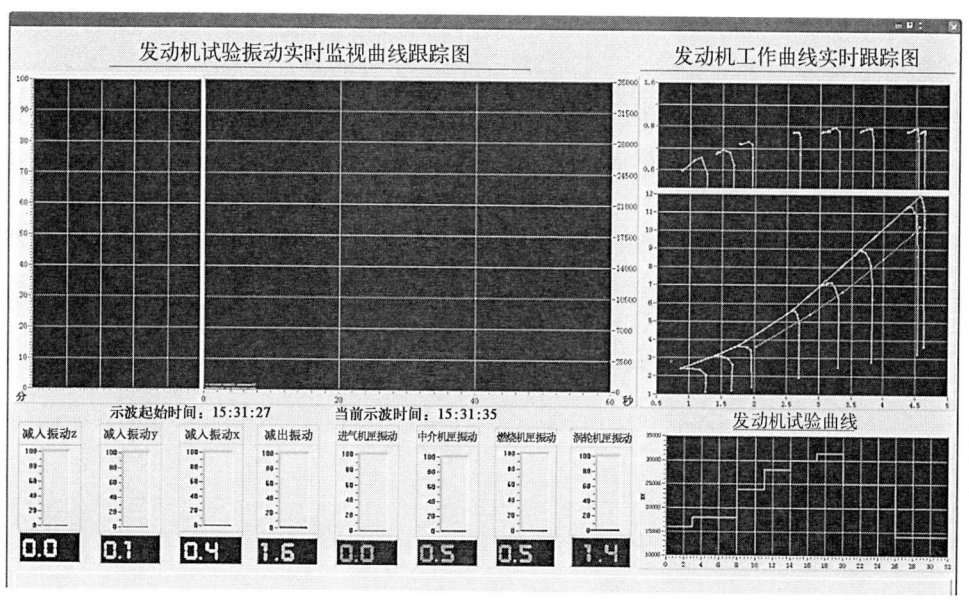

图 6.64 航空发动机试验曲线实时跟踪显示界面

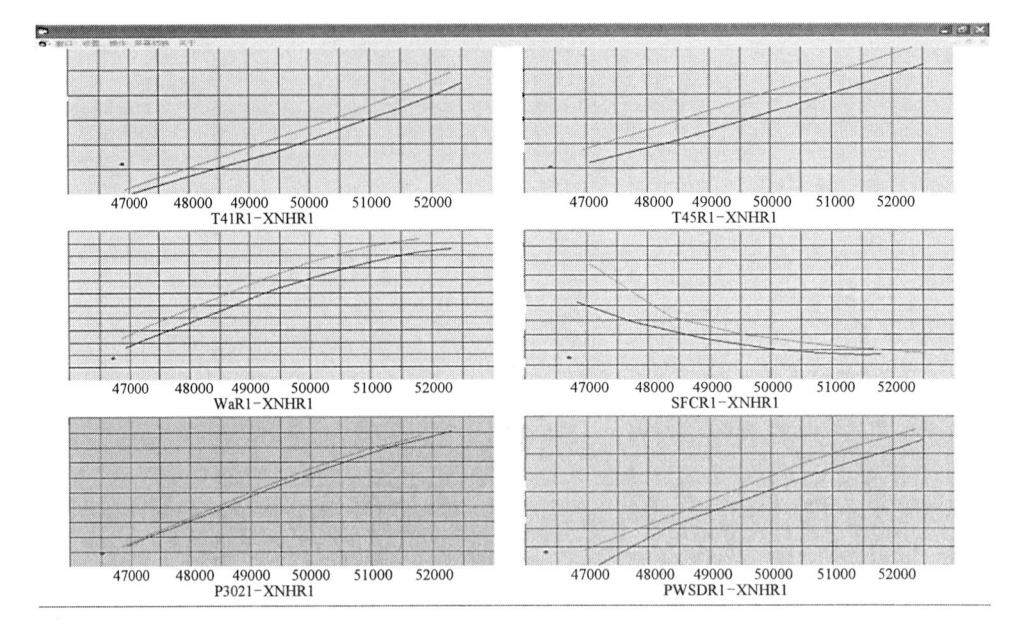

图 6.65　航空发动机性能参数达标显示界面

6.4.4　典型测试系统集成案例

在发动机试验过程中,需要对发动机及其试验设备上的各类参数进行测试。为完成这些测试,配置的传感器、受感器、管线、仪器设备以及计算机等各类软硬件,构成试车台测试系统。以某典型航空发动机整机试车台为例,其测试系统总体结构如图 6.66 所示。

VXI 数据采集系统由机箱、零槽控制器、采集板及调理模块组成,用于大多数低频和准静态信号(电压、电流、电阻、频率等)的采集处理。

大气压力测量采用大气压力计,数字实时显示大气压力数据,同时通过 RS232 转以太网转换器(UT620)转成以太网接口,送入数据采集计算机;气体压力测量采用气体压力模块;液体压力测量采用压力变送器,其输出电压信号由 VXI 数据采集系统进行数据采集。

流量参数包括气体流量和液体流量。通常根据介质的温度、压力、流速等情况,考虑管路结构后选择合适的流量计进行测量,由数据采集系统进行采集。发动机进口燃油流量采用质量流量计和涡轮流量计同时测量。前者具有测量精度高、稳定性好等特点;后者反应灵敏,可以为动态测量提供信号,获得所需要的发动机起动过程燃油变化规律。引气质量流量采用热式气体质量流量计,其输出信号进入 VXI 数据采集系统进行测量。

温度参数包括大气温度信号、气体温度信号、液体温度信号及壁面温度信号。

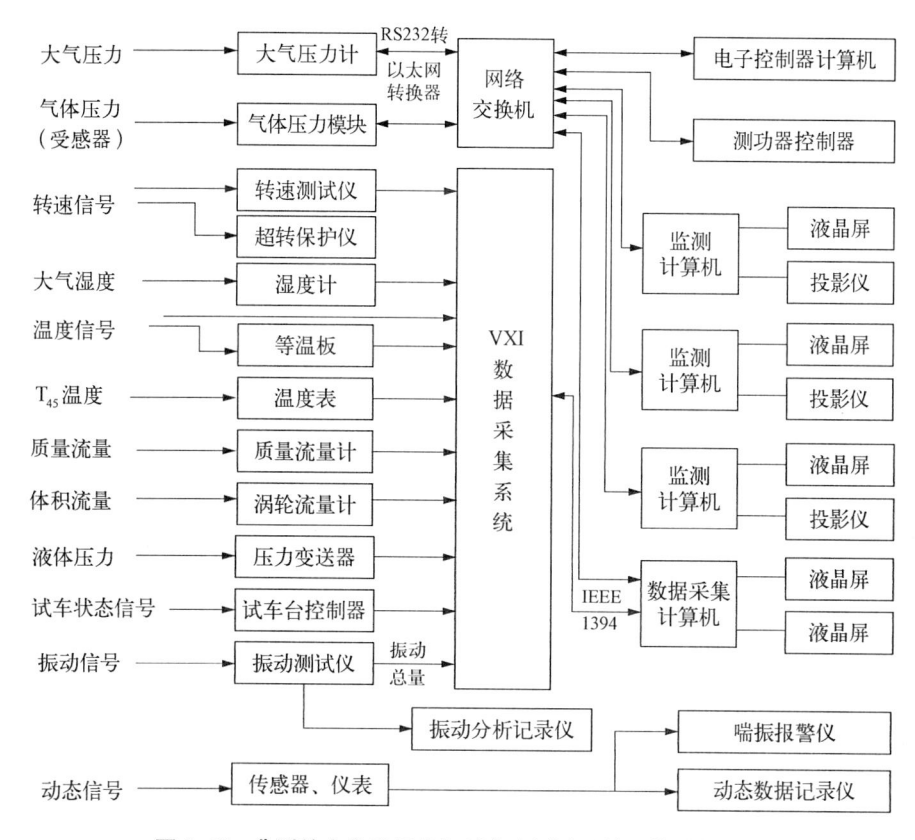

图 6.66　典型航空发动机整机试车台测试系统总体结构框图

其中大气温度信号由铂电阻测量；其他温度信号由热电偶测量，经 X0280 型等温参考板进行冷端补偿，由数据采集系统进行采集。其中，燃气涡轮出口温度信号接入数字温度表，该表可在测量温度范围内任意设置报警值，当测量值超出设定的报警值时，输出触点信号给电磁阀控制断油，达到超温保护的目的。

转速参数包括燃气涡轮转速和动力涡轮转速，由磁电式转速传感器测试，信号接入转速测试仪和超转保护仪。转速测试仪输出 F/F 信号接入 VXI 数据采集系统、输出 F/V 信号接入动态数据记录仪。当超转时，超转保护仪提供常开/常闭触点信号输出，供给 PLC 进行切油控制或其他控制，实现停车保护。

振动参数由振动传感器测量，经专用振动测试仪与电荷放大器进行信号调理后，将检波后的振动总量传输给 VXI 数据采集系统采集，带通信号传输给振动分析记录仪进行频谱分析。

动态测试信号包括动态转速、压气机出口压力、流量、涡轮出口温度和起动电流/电压等，由传感器测试或经转速表、流量仪转换后，进入动态数据记录仪进行记录和分析。

稳态测试系统以数据采集系统和数据采集计算机为中心,通过标准通信接口连接构成的综合系统。数据采集计算机(上位机)与各种硬件设备连接,完成数据的获取、处理和数据存储管理等功能,监测计算机(下位机)通过网络从数据采集计算机中获取数据,完成图形显示、报警、虚拟仪表显示等功能。

第 7 章
试验安全控制

7.1 试验风险辨析与安全控制

7.1.1 整机试验概述

据统计,发展一种新型的航空发动机,按照传统的研制程序,发动机试验要 5 年以上时间,一般材料试验需要 40 000 h 以上,部件需要试验 100 000 h 以上,整机试验需要 10 000 h 以上。以涡桨发动机整机试验为例,其必要性主要表现在以下几个方面:

(1) 新型涡桨发动机研制中使用了大量新材料、新结构,其性能和功能需要长期持久的试验,以验证其可行性和合理性;为了适应现代发动机的需求,通过各种试验来探索某些改进的可能性和方法;国内外航空发动机研制表明,新研制发动机从设计到使用成熟需要几十年,其研制、改进、改型需要几万小时的整机试验。

(2) 检查和修正用计算方法得到的特性和参数,验证涡桨发动机设计和生产工艺修改的效果,当通过试验发现录取的特性和参数不符合技术要求时,便随时调整发动机。

(3) 为了适应直升机提升功率、降低油耗以及提高机动性、可靠性和耐久性的要求,涡桨发动机需通过试验来探索某种改进的可能性和有效途径。

(4) 为了查明外部作用对涡桨发动机主要技术参数的影响,在发动机上各个部件相互关联、相互影响的情况下,外部作用会引起发动机气动力、强度和使用性能变化的二次效应,如飞鸟、砂尘、杂物和雨滴进入进气道,结冰,飞行员急收油门造成的燃烧室极大贫油等都必须通过试验来检验其对发动机各项性能的影响。

(5) 在批量生产的涡桨发动机中,按验收标准规程检验整台发动机的质量是否达到技术要求。在考查发动机耐久性和长期工作后性能的稳定性时,通过一定时数的寿命试验及循环次数来确定发动机的实际可靠性和工作能力。

(6) 涡桨发动机装机状态需要带螺旋桨,因此发动机与螺旋桨匹配性的验证和考核,以及安装螺旋桨后气动力对发动机自身的影响,需要进行相关试验来验证。

7.1.2 试验风险辨析

现代航空发动机燃气发生器具有高转速、高热力参数、高功重比、长寿命、低油耗和高可靠性的特点,发动机设计和制造中大量采用了新技术、新结构、新材料和新工艺,因此需要进行大量的验证试验。据统计,一种新型号涡桨发动机的研制过程需要进行 10 000 多小时的整机试验,总体结构和性能的匹配性、发动机各部件的相互影响、外界条件变更引起的发动机性能和稳定性的改变,都要靠整机试验来确定,发动机整机和各结构件的使用寿命也需要大量的整机试验来验证。发动机的高转速、大功率和长寿命对整机试验提出了新的挑战,为防范试验风险,要求试验技术和设备应随之不断提高和发展。

发动机试车台使用航空煤油等易燃物质作为燃料,可能发生火灾事故。试验期间可能发生燃油泄漏,存在安全隐患,需落实消防安全措施。发动机试验件在高温、高压、高转速的条件下工作,易发生人员被尾气灼伤,被机匣、管路烫伤,飞出伤人等事故。因此,试验过程中严禁人员进入试车间,停车后 2 h 内不允许在发动机上进行任何安装、拆卸工作。发动机试车台系统设备较多,供电复杂,电气线路易发生短路,可能发生人员触电和火灾事故。试验前对电气设备进行检查,落实安全措施。新机试验时风险更大,需加强发动机状态监控,密切关注发动机性能变化情况和振动变化趋势,如有异常,需停车检查相应设备。操作人员对试车台操作方式的熟悉程度也是风险控制的重要因素,试验时间过长,操作人员也容易疲惫,存在误操作和监控不到位的风险。试验前需组织操作人员对试验程序进行学习、讨论,统一操作规范,重点排查相关限制保护参数,落实关键参数限制保护功能,并在每天开车前检查确认。

对试车台计划任务进行分类,并按试验的不同性质对试车台危险源进行辨识,结果如表 7.1 所示,对于四新工艺及重大专项试验,按规定进行安全评审,并落实至具体责任人进行安全控制,按要求组织试验工作,确保试车安全。

表 7.1 危险源及控制措施

作业活动 (活动/设备设施/操作人员)	危险源	风险	已有措施	是非判定 是	是非判定 否	L	E	C	$D=LEC$ D	是否
试验/试验器/操作人员	粉尘排放	诱发职业病	控制人员进入,配备劳动防护用品	—		1	6	3	18	否
安装/试验件/操作人员	零件跌落	物体打击	经常进行安全警告	—		1	6	1	6	否

续表

作业活动 （活动/设备 设施/操作人员）	危险源	风险	已有措施	是非判定 是	是非判定 否	$D=LEC$ L	$D=LEC$ E	$D=LEC$ C	$D=LEC$ D	是否
装配、安装、维修/试验器/操作人员	工具使用不当	物体打击	经常进行安全警告			1	6	1	6	否
试验/试验器/操作人员	高温高压气体泄漏	灼烫	悬挂安全警示牌			3	6	1	18	否
试验/试验器/操作人员	高压气体管道爆裂	机械伤害	管道定期检修			0.5	6	15	45	否
试验/试验设备/操作人员	控制系统失灵	机械伤害	机械连锁			1	6	1	6	否
启动规律试验/试验设备/操作人员	低温损害	冻伤	试验隔离			1	6	1	6	否
试验/试验设备/操作人员	试验电器设备老化	火灾	密切观察,定期检修维护			1	3	15	45	否
发动机整机、部件试验/试验器/操作人员	管道高温部位裸露	人员烫伤	悬挂安全警示牌			3	6	1	18	否
发动机整机、部件试验/试验器/操作人员	保温层破损	人员烫伤	经常检查并及时修复			3	6	1	18	否
工作/电加热器/操作人员	壳体漏电	人员触电	已有航空发动机性能科研试验电气人员安全操作规程			1	3	15	45	否
安装/试验舱内/操作人员	碰撞试验舱顶部	人员伤害	戴安全帽、悬挂安全警示牌			1	6	3	18	否
试验/设备运行/操作人员	噪声排放	噪声损害、诱发职业病	隔声、降噪			3	6	3	54	否
燃油储存/燃油间/操作人员	违章操作	火灾	消防安全通用管理规定			1	3	15	45	否
试验/电控柜/操作人员	电流控制柜无标识	触电	定期检查及时张贴安全标识			1	3	5	15	否
试验/设备/操作人员	操作失误	机械伤害				1	6	1	6	否
试验/设备/操作人员	试验件、联轴器飞逸	物体打击	安装安全挡板			1	3	15	45	否
试验/设备/操作人员	热辐射	灼伤	悬挂安全警示牌			3	6	1	18	否

续　表

作业活动 （活动/设备 设施/操作人员）	危险源	风　险	已有措施	是非判定 是	是非判定 否	$D=LEC$ L	$D=LEC$ E	$D=LEC$ C	$D=LEC$ D	是否
试验/设备/操作人员	发动机尾气排放	诱发职业病	配备劳动防护用品			1	6	3	18	否
试验/设备/操作人员	燃油泄漏	火灾	消防安全通用管理规定			1	6	7	42	否
试验/试验平台/操作人员	滑油泄漏	火灾				1	6	1	6	否
试验/设备/操作人员	楼梯粘油	其他伤害	及时清除油腻			1	6	1	6	否
试验/设备/操作人员	润滑油泄漏	其他伤害				1	6	1	6	否

7.1.3　安全控制

1. 安全制度的落实

按照"管业务必须管安全"的原则，各型号(项目)总师是该型号(项目)科研试验安全生产第一责任人。各型号(项目)技术责任人、协管技术负责人对其分管业务范围内的科研试验安全工作负责。科技部门的各型号(项目)主管人员在下达科研试验计划任务的同时，要对科研试验安全工作的落实情况进行监督检查。设计部门在组织编制型号(项目)科研试验技术要求、测试技术要求的过程中，必须自行组织技术安全性评审。并指定相关技术人员参与试验大纲(试验卡片、安全保障方案)的评审。试验(测试)部门根据型号(项目)科研试验技术要求，组织编制试验大纲、试验卡片的过程中，应进行试验(测试)安全风险分析，预判可能发生的事故，明确提出应对措施和试验安全保障方案。动力能源保障部门在为科研试验提供水、电、油、气的过程中，应明确专人与试车台保持联系，密切关注动力设备的安全运行状态，做好试验需求保障和安全巡视工作。试验现场指挥(试验值班负责人)在试验时应佩戴指挥(安全值班)标志，对试验过程的安全管理负责；在试验开始前组织对试验场所和设备设施进行安全检查与确认，负责参与试验人员的登记工作，规范指挥流程和口令，明确工作接口和应急措施；在试验期间及时处理试验过程中发生的异常情况，并及时向动力能源保障部门反馈动力能源需求和使用情况。试验操作(测试)人员要服从试验现场指挥的指令，认真检查本岗位负责的仪器、设备是否正常，严格遵守试验程序和操作规程，做好本岗位安全巡视检查和记录工作。试验中发现异常情况应及时向试验现场指挥报告，并按试验现场指挥的指令进行处置。

2. 人员操作安全控制

各试验部门应根据试车台特点和试验危险等级,组织相关人员编制试车台现场处置方案,并将现场处置方案张贴在试验场所的明显位置,将火警、医疗应急电话张贴在固定电话机旁。各试车台的现场处置方案应每年至少开展1次演练。演练由试验部门统一组织,其他参试部门的人员配合。演练可依据实际情况,以桌面演练、功能演练或全面演练的形式开展。各试验部门应根据试车台特点,定期组织参试人员进行安全教育培训。重点培训危险源辨识、安全技术要求、安全操作规程、现场处置方案、管理制度等内容。新上岗、转岗、复工人员必须经过安全培训,考核合格后持证上岗。

3. 试验过程安全控制

(1) 试验前的安全控制:试验准备工作就绪后,试验实施单位依据《科研安全例行检查表》中的项目逐项对照进行检查,检查合格或对存在的问题采取相应的措施后,由现场指挥确认方能进行试验。

(2) 试验中的安全控制:参加科研试验的人员应对自身岗位的危险源进行跟踪管理,监督检查试验前辨识的危险源控制措施,试验现场负责人检查有关规章制度的执行情况,发现问题及时处理,遇有危及安全的异常情况应立即中断试验,并妥善处理。

(3) 试验后的安全控制:做好试验临时线路及其他管线的拆除和危险的清理工作,维护保养试验设备,各岗位应对试验中本岗位的危险源进行可靠性确认并对执行情况进行总结与评价。特别对于事前未预知的、但在试验中出现的安全问题进行分析和反馈,以便使类似试验重复进行时的安全控制更加完善有效。

7.2 试验限制值及保护值

对于不同的发动机,试验前根据试验类别设置试验的限制值及保护值,通常包含振动、转速、排气温度、滑油压力及温度、燃油压力及温度,特殊试验还包含弹支、应力等。试车台和数控均有限制值及保护值,两者相互独立,实现双重限制及保护。以某试车台进行某项适航取证试验为例,试车台限制值与保护值规定如下。

7.2.1 发动机紧急停车(AM2)

试验前按表7.2对试车台AM2参数进行确认检查,触发其中任意一项将会导致发动机紧急停车或禁止发动机重新起动。

表 7.2　AM2 参数

试 车 台 保 护	AM2
燃气发生器转速	(41 819±375) r/min(111.5%±1%)
动力涡轮转速	(24 360±210) r/min(116%±1%)
起动时排气温度	>860℃
运转时排气温度	>1 277 K(1 004℃)
扭矩	>782 N·m
燃气发生器振动前	>30 mm/sRMS
燃气发生器振动后	>30 mm/sRMS
动力涡轮振动后	>30 mm/sRMS

7.2.2　发动机稳定 1 min 后停车(AM1)

试验前按表 7.3 对试车台 AM1 参数进行确认检查,触发下列任意值,试车台数据采集系统立即显示 AM1 状态,并进入 1 min 倒计时状态,提示操作员进行 AM1 停车操作。

表 7.3　AM1 参数

试 车 台 保 护	AM1
滑油温度(T9431)	>130℃
相对滑油压力(S9431)	<90 kPa(相对压力),20 628 r/min<燃气发生器转速<27 942 r/min <190 kPa(相对压力),燃气发生器转速>27 942 r/min
磁阻探测	3 次烧熔清除无效果

7.2.3　动力涡轮转速限制范围

在动力涡轮转速为 13 230~15 330 r/min(63%~73%)时,试车台测试系统自动计时,工作时间超过 20 s 时,测试系统发出红色超时提示。

7.2.4　发动机限制值

试验中发动机限制值按照以下控制,发动机均未超出以下限制状态。

1. 燃气发生器转速

(1) 100%燃气发生器转速=37 506 r/min。

(2) 地面慢车状态最小允许稳定燃气发生器转速：19 471 r/min(51.9%)。

(3) 飞行慢车状态最小允许稳定燃气发生器转速：22 592 r/min(60.2%)。

(4) 起飞状态：38 223 r/min(101.9%)。

(5) 最大连续状态：37 458 r/min(99.9%)。

(6) 20 s 瞬态所有发动机工作(all engines operating，AEO)条件下最大燃气发生器转速：38 598 r/min(102.9%)。

2. 动力涡轮转速

(1) 100%动力涡轮转速为 21 000 r/min。

(2) 地面慢车状态：动力涡轮转速为 15 540 r/min(74%)。

(3) 最大连续状态：动力涡轮转速为 22 470 r/min(107%)。

(4) 最大瞬态(<20 s)：动力涡轮转速为 23 730 r/min(113%)。

(5) 最小连续状态：动力涡轮转速为 18 900 r/min(90%)。

(6) 最小瞬态(<20 s)：动力涡轮转速为 16 800 r/min(80%)。

3. 输出轴扭矩

(1) 稳定最大扭矩：695 N·m。

(2) 瞬态最大扭矩(<20 s)：695 N·m。

4. 燃气涡轮出口的燃气温度

(1) 起动过程中最大排气温度：<800℃(无时间限制)，800℃<排气温度<860℃(<10 s)。

(2) AEO 起飞：最大燃气温度为 1 177 K(904℃)。

(3) AEO 最大连续：最大燃气温度为 1 143 K(870℃)。

(4) 20 s 瞬态(AEO 条件下)：最大燃气温度为 1 186 K(913℃)。

5. 滑油系统

(1) 最高温度：135℃。

(2) 起动的最低温度(对黏度为 5cST 的滑油)：-30℃。

(3) 输出功率前最低温度(燃油中添加了防冰添加剂)：-5℃。

(4) 输出功率前最低温度(燃油中没添加防冰添加剂)：+15℃(燃油滤出口温度≥5℃)。

6. 振动

燃气发生器一阶振动量(振动总量)不大于：

(1) 振动总量 1,10 mm/sRMS 稳态；

(2) 振动总量 1,15 mm/sRMS 瞬态(<20 s)；

(3) 振动总量 2,4 mm/sRMS 稳态；

(4) 振动总量 2,8 mm/sRMS 瞬态(<20 s)。

动力涡轮一阶振动量(动力涡轮基频)不大于：

(1) 10 mm/sRMS 稳态；

(2) 15 mm/sRMS 瞬态(<20 s)。

发动机在 110~2 000 Hz 范围内的振动总量不大于：

(1) 11 mm/sRMS 稳态；

(2) 15 mm/sRMS 瞬态(<20 s)。

7.3 安全防护技术及方法

安全防护技术及方法随着试验技术和试验方法的发展而进行相应的提升，两者相辅相成，不可分割。下面以涡桨发动机为例对其进行说明。

7.3.1 试验技术

我国涡桨发动机的研制起步较晚，发动机寿命比较短，对整机试车台的要求也比较低，因此在发动机整机试验技术研究方面的投入比较有限。随着航空发动机设计、材料和工艺技术的快速发展，涡桨发动机的寿命已经从几百小时延长到了几千小时，涡桨发动机在研制过程中的整机试验时数都超过了 10 000 h，发动机对试车台的要求也越来越高。现在涡桨发动机整机试验技术的发展趋势主要表现在以下几个方面：

(1) 试车台高度自动化。随着发动机寿命的延长，整机试验时数越来越长，非自动化试车台在进行试验时需要投入大量的人力、物力，参试人员的劳动强度也非常大。为了减小发动机试验的投入成本，特别是人力成本，高度自动化试车台已经成为今后试车台的重要发展趋势，自动化试车台最重要的就是安全防护的整体控制方案，包括控制逻辑、双冗余回路控制、优先级设置等关键技术。

(2) 试车台模块化。随着航空发动机设计和制造方法的快速进步，发动机的研制周期也明显缩短，同一个试车台往往需要承担不同型号的试验任务，以减少设备投资。因此，在试车台设计阶段就要考虑试车台的多机种适应性，可以同时或经过简单改造后承担多个机种的试验任务。模块化设计安全防护的关键技术在于防错设计以及在不同发动机型号间无差错切换。

(3) 试验手段的多样化。探讨适应涡桨发动机新特性要求的试验方法，研究新条件下发动机的特性，如涡桨发动机陀螺试验方法、姿态试验方法、腐蚀敏感性试验方法、发动机内部间隙在线测量方法、整机电磁兼容性试验方法、结冰试验方法、吞冰试验方法、吞砂试验方法、吞鸟试验方法等。不同的试验方法采取的安全防护措施必须有一定的针对性，在确保常规防护措施有效的基础上，腐蚀敏感性试验着重于对设备的抗腐蚀性防护，电磁兼容性试验着重于对设备的电磁干扰防护，吞冰、吞鸟试验侧重于对试验件破裂造成的损害进行防护。

(4) 试车台设计方法的现代化。目前航空发动机试车台采用三维设计软件(UG、PRO-E、SolidWorks等)进行试车台设计,并通过数值模拟(ICEM+Fluent等)的方法对试车台的流场进行仿真计算和分析,对强度刚度等关键指标进行仿真分析,从设计源头避免出现危害试验的颠覆性安全风险。

7.3.2 试验方法

涡桨发动机整机地面台架试验主要有两种形式:一种是装螺旋桨的试验;另一种是用测功器吸收轴功率的试验。这两种形式的试验方法都是涡桨发动机研制过程中不可缺少的。由于轴功率试验的试车台(简称轴台)使用建设成本相对较低、扭矩测量精度高、占地面积小、试验噪声小和发动机上下台方便等优点,可承担涡桨发动机在研制阶段的较多试验项目。但在涡桨发动机研制过程中,螺旋桨与发动机存在机械、油路和控制关联匹配关系,且由于轴台的结构、功能和气动等方面的局限性,如无法真实模拟涡桨发动机的装机特点、无法完成螺旋桨匹配性试验、无法模拟螺旋桨的气动特性等,所以在涡桨发动机研制过程中,还要进行相当多的发动机带桨状态下(桨台)的整机试验,来完成涡桨发动机较为全面的试验考核。

涡桨发动机试验方法的发展主要包括三个方面:常规试验方法、特种试验方法和持久试验方法。

(1) 常规试验主要是在地面试车台(包括轴台和桨台)进行涡桨发动机检查试验和性能试验,目的是检查发动机设计、制造和装配情况,录取发动机基本性能参数。

(2) 特种试验主要是在特种试车台上完成如高空试验、姿态试验、吞咽试验、结冰试验等,目的是验证发动机各项性能是否达到型号规范要求。

(3) 持久试验主要是在自动化试车台上进行的,目的是验证发动机寿命和耐久性,应深入探索加速度任务试验方法和全自动试验方法等。

7.4 安全监控及应急处置

7.4.1 安全监控

1. 一般监控设备

工业电视监控系统用于试车台试验时的实时监控,由摄像机、硬盘录像机、监控硬盘、液晶电视、交换机和线缆辅材等组成,通过视频信号对试验发动机进行实时监控。视频信号进入硬盘录像机进行处理、储存,并由两个液晶电视显示,供试验操作人员实时监视,视频图像可实现多画面显示和切换。

硬盘录像机主机为目前主流配置,硬盘容量不小于2×4T,并能满足多路视频信号(不低于30帧/路/秒)同时存储200 h。硬盘录像机的主要功能及技术指标要求如下:

(1) 视频图像信号(30 帧/路/秒)实时显示、实时录制、实时回放,能进行多画面分割、视频切换、硬盘录像、智能回放及资料备份等;

(2) 专业软件设计,良好的人机界面,全中文图形操作及设置,便于操作人员短时间内即能学会使用;

(3) 全方位云台、镜头控制功能,可分别设定每路摄像机的不同参数;

(4) 具有多个不同的显示与回放格式;

(5) 系统扩充性良好,软件、硬件均可升级。

2. 试验安全监控

试验时按通知单规定的限制值及保护值对发动机进行监控,结合现场摄像监控,在试验过程中,发生下列任何一种情况时,当班主操作人员可不必请示,立即紧急停车,待停车后再检查分析原因:

(1) 燃油、滑油或燃气有严重泄漏现象;

(2) 异响、烟雾或排气火焰异常;

(3) 工作或加速时出现喘振;

(4) 滑油压力突然出现报警;

(5) 振动及重要参数出现突变。

除以上情况之外,当由燃气发生器或设备监控参数达到限制值而引起台面发出报警信号时,操作人员应立即降低试验状态或停车。

(1) 如遇突然停电事故,当班主操作人员应立即紧急停车;

(2) 如台面重要监测参数(包括转速、排气温度、滑油压力、振动参数等)显示异常,则不再升高转速,并视情降低到慢车状态或停车。

7.4.2 应急处置

(1) 火灾:出现火情时,现场当班操作人员应在确保安全的前提下迅速将设备退出运行状态并切断电源,当班主管或试验现场指挥人员在确保安全的前提下利用现场的消防器材进行扑救,并报告应急总指挥,事故得到控制时应保护好现场,当火势不受控制时,应组织现场人员撤离现场,并立即拨打火警电话,引导、等待消防人员到达。

(2) 人员伤亡:当出现人员伤亡时,现场当班操作人员应在确保安全的前提下迅速将设备退出运行状态并切断相关设备的电源,当班主管或试验现场指挥人员将伤者转移至安全地带,采取必要的救护措施,并报告应急总指挥,试车台当班记录员立即拨打急救电话,引导、等待救护人员到达。

(3) 重大设备事故:当出现重大设备事故时,现场当班操作人员应在确保安全的前提下迅速将设备退出运行状态并切断相关设备的电源,当班主管或试验现场指挥人员保护好现场,报告应急总指挥,等待事故处理人员到达。

（4）触电：当出现触电事故时，当班操作人员应在最短的时间内切断电源，并用绝缘物体将触电者与带电体分开。现场当班操作人员应在确保安全的前提下迅速将设备退出运行状态并切断相关设备的电源，当班主管或试验现场指挥人员将触电者抬到安全地带后，实施简单的救护，等待并引导救护人员前来救治。

（5）财产保护：在确保安全的前提下应迅速将关键、重要的文件、资料、图样及可移动设备等物品运至安全地带。

（6）紧急疏散方案：在火势无法控制或出现爆炸的情况下，发动机试车台区域内工作人员应立即撤离现场，报告应急总指挥，疏散路线见各试验器区域内的应急疏散通道标志。

（7）演练：应急预案每年至少演练一次，演练过程中发现的问题要及时纠正，并对应急预案进行修改。如果有 1/2 以上的工作人员或应急工作组织成员发生岗位变动，应对本预案进行修改并重新演练。若发动机试车台进行了较大的改造，则应对新的危险源进行辨识，并对应急预案进行修改和重新演练。在意外事故或紧急情况发生后，应对应急预案的有效性进行评价，必要时进行修订。

第 8 章
试验结果分析与评定

8.1 试验结果处理方法

试验数据处理方法在工程中、在航空发动机试验中是很重要的环节,正确处理试验数据对获得有代表性的结果和更真实地反映发动机工作状态具有重要作用。下面概述发动机试验中稳态数据采集和动态数据采集的原理,以及常用的数据分析和处理方法。

8.1.1 稳态数据处理

1. 稳态数据采集基本原理

对于所需测量的参数,由前端受感部/传感器及变送器等测试仪表将被测物理量转换为稳态数据采集设备可直接处理的电信号,再由稳态数据采集设备对电信号进行处理并将其转化成数字形式,最后以通信的方式传送给稳态数据采集计算机。

按数据采集信号处理类型即数据采集设备测量通道类型划分,电信号可分为模拟量和频率量。以模拟量为例,来自传感器的电信号要经过整形、放大、滤波、多路选择、采样保持、A/D 转换等环节。频率量也有相似的采集处理过程,不同之处在于其转换为数字量的方法是频率/数字转换。

以模拟量采集为例,稳态数据采集设备工作原理图如图 8.1 所示。图中,传感器、变送器之后的电信号为模拟量,其后的信号处理流程是在稳态数据采集设备内部进行的。

在图 8.1 中,采样保持和 A/D 转换是最重要的两个环节。采样就是周期性地读出或测量一种连续信号,测量的周期称为采样周期 T_s,采样周期的倒数称为采样频率 f_s。被采样的连续信号一般是连续时间的函数,发动机试验时,数据采集系统要把这些信号转换成数字量,这项工作由 A/D 转换器完成。然而无论 A/D 转换器的转换速度有多快,完成一次转换总是要占用一定的时间。为了保证 A/D 转换器能稳定可靠地工作,往往通过采样/保持器先对连续信号进行采样,即只在转换周

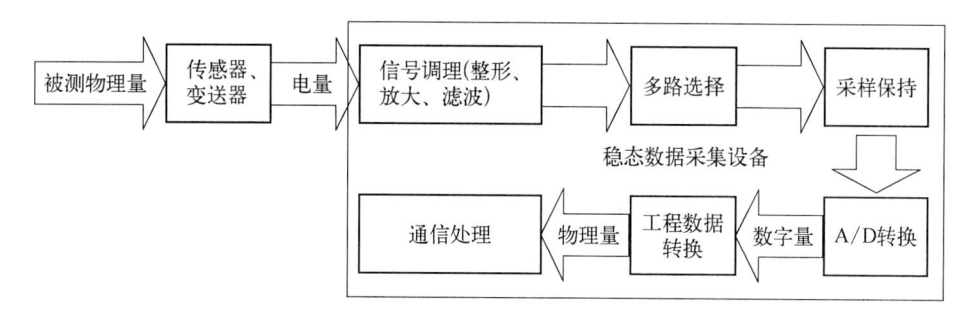

图 8.1　稳态数据采集设备工作原理图

期中一段很短的时间间隔内完成对输入信号的测量。采样保持器的输入是一种连续信号,而输出为离散信号,采样所得的离散信号是从连续信号中取出的,是连续信号的一部分,它与作为数字量的离散信号完全不同。采样信号仍是模拟量,是一种脉冲调制信号。根据香农采样定理,为了使采样信号 $f_0(t)$ 能完全恢复连续信号 $f(t)$,包含任何干扰在内的信号 $f(t)$ 的最高有效频率 f_H 必须小于采样波形重复频率 f 的 50%,一般实际应用中保持采样频率不小于信号最高频率的 2.56 倍。只有在有限带宽信号情况下,采样定理才是准确的,否则将产生误差,不能完全恢复原信号。在一些数据采集设备中,在采样之前,先对连续信号进行滤波,以保证满足有限带宽条件。

在稳态数据采集中,A/D 转换是一项核心技术。A/D 转换器是一种编码电路,是将模拟量转换成数字量的装置,即它能将连续模拟信号转换成若干个离散数字信号。A/D 转换器的转换关系可以表示为

$$D = A_i / A_R \tag{8.1}$$

式中,D——数字输出信号;

A_i——模拟输入信号;

A_R——参考模拟量。

在实际中把 D 转换成二进制的数学表达式,式(8.1)变为

$$\begin{aligned} A_i = A_R D &= A_R (a_1 \times 2^{-1} + a_2 \times 2^{-2} + \cdots + a_{n-1} \times 2^{-(n-1)} + a_n \times 2^{-n}) \\ &= A_R \sum_{i=1}^{n} a_i \times 2^{-i} \end{aligned} \tag{8.2}$$

式中,a_i——第 i 位的数字码;

n——位数。

式(8.1)和式(8.2)为 A/D 转换器的基本传递函数。

此外,部分被测参数由其他各类测试仪器进行信号处理后,以通信的方式将数字信号传送给数据采集计算机。

2. 稳态数据采集常用数据处理方法

数据采集系统的数据处理就是在采集到原始数字化数据信息的基础上,滤除噪声和不必要的信息,把数据转变成工程物理量形式,以可输出的形态在输出设备上输出,如数据库存储、打印、显示、绘图等。在发动机试验过程中,数据采集系统的数据处理都是实时处理的。为了与采集软件很好地融合,并满足实时要求,本节采用自行编制数据采集软件。目前,各试车台因试验件、试验目的等不同,数据采集软件中采用的数据处理方法各异,其中主要的数据处理方法有:对试验数据的求真处理,包括时间、空间或其他物理概念上的平均和排除干扰信号获取数据真值;根据物理-电信号特性逆向获取物理参数值;对间接测量的发动机性能等参数进行计算;对特定数字信号的解码;对试验数据的统计分析;对数据的显示;针对特定试验件和试验目的的其他数据处理方法。以下对常用的几种数据处理方法分别进行介绍。

1) 平均值法

平均值法是各类试验中最常见的求真处理方法,通常包括对试验数据时间上的平均(算术平均法和滑动平均法)、空间上的平均(算术平均法和面积加权平均法)以及物理量上的平均(质量加权平均法)。

(1) 算术平均法。

对同一个参数进行多次测量,取其算术平均值,该算术平均值更接近真实值,这是提高测量精度、减小随机误差的有效方法,例如,系统采集的数据选取 n 次平均的数据作为测试数据:

$$\bar{x} = \frac{1}{n} \sum_{i=1}^{n} x_i \tag{8.3}$$

式中,$\bar{x}$ ——平均值;

x_i ——第 i 次测量值。

同一个发动机流道截面分布多个测量点,取其算术平均值,该算术平均值反映该参数的综合水平。例如,T_{t45} 温度测量,在 45 截面均匀周向分布 m 支 n 点探针,$m \times n$ 个测点的平均值反映 45 截面温度的综合水平。

$$\bar{x} = \frac{1}{m \times n} \sum_{i=1}^{m} \sum_{j=1}^{n} x_{ij} \tag{8.4}$$

式中,$\bar{x}$ ——平均值;

x_{ij} ——第 i 支探针上第 j 个测点的测量值。

(2) 滑动平均法。

滑动平均法是指测量当前点数据与之前测量的 $n-1$ 次数据的算术平均值。

这种算法能减少测试系统的随机误差,同时具有实时性,例如,发动机试验稳定性判断,就采用某些参数滑动平均数据之间的差值满足要求来作为判断准则。

$$\bar{x}_k = \frac{1}{n} \sum_{i=0}^{n-1} x_{k-i} \qquad (8.5)$$

式中,$\bar{x}_k$——第 k 采集点时刻的平均值;

x_{k-i}——第 $k-i$ 采集点时刻的采样值。

(3) 面积加权平均法。

在发动机试验过程中,气体同一流通截面内采用多支多点探针测试时,以某测点所代表的面积占总面积的比例作为权重进行平均计算,称为面积加权平均法。

$$\bar{x}_k = \frac{1}{A} \sum_{i=1}^{n} A_i x_i \qquad (8.6)$$

式中,$\bar{x}_k$——第 k 采集点时刻的平均值;

x_i——第 i 次测量值;

A_i——x_i 所对应的测量面积;

A——该截面总流通面积,应有 $A = \sum_{i=1}^{n} A_i$。

(4) 质量加权平均法。

在发动机试验过程中,气体同一流通截面内采用多支多点探针测试时,以某测点所代表的面积流过的气体质量占总面积内流过气体质量的比例作为权重进行平均计算,称为质量加权平均法。

$$\bar{x}_k = \frac{1}{m} \sum_{i=1}^{n} m_i x_i \qquad (8.7)$$

式中,$\bar{x}_k$——第 k 采集点时刻的平均值;

x_i——第 i 次测量值;

m_i——x_i 所对应的气体质量;

m——该截面流通气体总质量,应有 $m = \sum_{i=1}^{n} m_i$。

2) 数字滤波法

数字滤波法就是通过一定的算法对信号进行处理,将某个频段的数据滤除(通常是干扰信号),从而获取所需信号的方法。一般情况下,先进行硬件滤波,在硬件滤波困难时,采用软件数字滤波。

广义而言,基于时间的算术平均法、滑动平均法等均可视为数字滤波法。其他常用的实时算法还有中位值法、中位值平均法、一阶滞后法等。

(1) 中位值法。

取 k 时刻前(含 k 时刻)的连续采样数据 m 个：$X_{k-m+1}, X_{k-m+2}, \cdots, X_k$，进行排序后得到 $X'_{k-m+1}, X'_{k-m+2}, \cdots, X'_k$。

$$Y_k = \begin{cases} aX'_{k-\frac{m-1}{2}}, & m \text{ 为奇数} \\ X'_{k-\frac{m}{2}} + X'_{k-\frac{m}{2}+1}, & m \text{ 为偶数} \end{cases} \tag{8.8}$$

式中，Y_k——k 时刻滤波后的值。

(2) 中位值平均法。

取 k 时刻前(含 k 时刻)的连续采样数据 m 个：$X_{k-m+1}, X_{k-m+2}, \cdots, X_k$，进行排序后得到：$X'_{k-m+1}, X'_{k-m+2}, \cdots, X'_k$，去除最大值和最小值各 j 个后，求平均值：

$$Y_k = \frac{1}{m-2j} \sum_{i=k-m+1+j}^{i=k-j} X'_i \tag{8.9}$$

式中，Y_k——k 时刻滤波后的值。

(3) 一阶滞后法。

$$Y_k = \begin{cases} X_0, & k = 0 \\ Y_{k-1} + a(X_k - Y_{k-1}), & k > 0 \end{cases} \tag{8.10}$$

式中，Y_k——k 时刻滤波后的值；

X_0——初始采样值；

X_k——k 时刻采样值；

X_{k-1}——k 时刻的前一个采样值。

3) 回归分析法

回归分析法是在相关分析的基础上，把变量之间的具体变动关系模型化，求出关系方程式，即找出一个能够反映变量间变化关系的函数关系式，并据此进行估计和推算。

(1) 一元线性回归分析法。

在整个测量范围内，两个变量间关系是线性的，就称为一元线性回归。一元线性回归方程的表达式为

$$y = a_0 + a_1 x \tag{8.11}$$

方程(8.11)的获取步骤如下。

① 通过校准或实验得到一组关系数据，如表 8.1 所示。

表 8.1 某压力变送器校准数据

i	y_i/kPa	x_i/mV
1	0	1 000.2
2	1 000	2 000.3
3	2 000	3 001.1
4	3 000	3 999.8
5	4 000	4 998.5

② 用最小二乘法求得 a_1、a_0：

$$a_1 = \frac{\sum_{i=1}^{n} x_i y_i - \frac{1}{n}\left(\sum_{i=1}^{n} y_i\right)\left(\sum_{i=1}^{n} x_i\right)}{\sum_{i=1}^{n} x_i^2 - \frac{1}{n}\left(\sum_{i=1}^{n} x_i\right)^2} \tag{8.12}$$

$$a_0 = \frac{1}{n}\sum_{i=1}^{n} y_i - a_1 \frac{1}{n}\sum_{i=1}^{n} x_i \tag{8.13}$$

③ 验算方程式的误差。

例如，根据表 8.1 的数据和式(8.12)、式(8.13)得到某压力变送器的函数关系式为

$$Y_{(压力)} = 1.000\,389\,9X - 1\,001.149\,8 \tag{8.14}$$

根据表 8.1 的数据和式(8.14)得到结果，见表 8.2。

表 8.2 拟合误差

Y_i(标准)	Y_i(计算)	x_i	Δ(误差)
0	-0.559 82	1 000.2	0.559 82
1 000	999.930 1	2 000.3	0.069 9
2 000	2 001.12	3 001.1	-1.12
3 000	3 000.21	3 999.8	-0.21
4 000	3 999.399	4 998.5	0.701

(2) 分段拟合法。

两个变量间的关系基本呈线性,但是在整个量程范围内线性度不是很高,为了提高变量函数关系式的拟合精度,根据关系模型,采用分段拟合的办法。分段拟合可以是线性拟合,也可以是非线性拟合。怎样分段,怎样取数据样本,则根据测量精度的要求而定,可能需要经过多次反复才能最终确定一个较优的分段方案,最终以达到精度要求为目标。例如,在数据采集软件中,热电偶分度表分为4段拟合方程。以 k 分度为例,回归方程形式见式(8.15)。

$$T = a_0 + a_1 x^1 + a_2 x^2 + a_3 x^3 \tag{8.15}$$

式中,x——采集的电压值,mV;

T——温度值,℃。

如表 8.3 所示,按照采集数据在 $(-2.920, 2.436)$、$(2.436, 8.537)$、$(8.537, 34.095)$、$(34.095, 54.875)$ 范围分成四段分别进行拟合。

表 8.3 K 分度热电偶分段及其拟合系数

电压值范围 /mV	对应温度范围/℃	分段拟合系数			
		a_0	a_1	a_2	a_3
$(-2.920, 2.436)$	$-80 \sim 60$	$6.872\,393 \times 10^{-2}$	25.320 4	$-0.490\,470\,3$	$7.949\,668 \times 10^{-2}$
$(2.436, 8.537)$	$60 \sim 210$	2.573 866	23.229 26	0.145 541 8	$-0.002\,400\,1$
$(8.537, 34.095)$	$210 \sim 820$	$-10.629\,4$	27.090 02	$-0.165\,874\,4$	$2.519\,571 \times 10^{-3}$
$(34.095, 54.875)$	$820 \sim 1\,373$	$-72.530\,46$	30.470 92	$-0.208\,802\,2$	$2.427\,451 \times 10^{-3}$

(3) 样条插值法。

样条插值法是利用最小表面曲率的数学表达式来模拟生成通过一系列样点的光滑曲面,适应于较大样点的插值计算,在此不详细介绍具体算法。

3. 发动机性能参数计算

发动机性能参数计算有以下几个方面。

1) 参数换算

采用经过湿度修正后(CH1~CH5 为湿度修正系数,后面参数修正小节有详细说明)的数据进行换算,换算到海平面标准大气条件。

$$n_{\text{gkc}} = n_{\text{g}} \times \text{CH4} \times \left(\frac{288.15}{T_{\text{amb}}}\right)^{0.5} \tag{8.16}$$

$$T_{\text{t4.5kc}} = T_{\text{t4.5}} \times \text{CH3} \times \left(\frac{288.15}{T_{\text{amb}}}\right) \tag{8.17}$$

$$W_{akc} = W_a \times CH5 \times \frac{101\,325}{P_{amb}} \times \left(\frac{T_{amb}}{288.15}\right)^{0.5} \qquad (8.18)$$

$$W_{fkc} = W_f \times CH2 \times \frac{101\,325}{P_{amb}} \times \left(\frac{288.15}{T_{amb}}\right)^{0.5} \qquad (8.19)$$

$$P_{kc} = P \times CH1 \times \frac{101\,325}{P_{amb}} \times \left(\frac{288.15}{T_{amb}}\right)^{0.5} \qquad (8.20)$$

$$sfc_{kc} = \frac{W_{fkc}}{P_{kc}} \qquad (8.21)$$

2) 估算

在满足一定约束的条件下,按照基本理论从测量的一个或多个参数推算出另一个参数,这一过程称为估算。常用的估算项如下:

(1) 发动机进气流量。

通过测量发动机进气流量管上的压力、温度和流量管的流通面积来计算发动机进气流量,例如,采用双纽线流量管的计算公式如下:

$$Q = 0.1561 \times A \times 0.995 \times \frac{P_{amb}}{\sqrt{T_1 + 273.15}} \times \sqrt{\left(\frac{P_{1s}}{P_h}\right)^{\frac{2}{k}} - \left(\frac{P_{1s}}{P_h}\right)^{\frac{k+1}{k}}} \qquad (8.22)$$

式中,P_{amb}——大气压(进口总压),Pa;

P_{1s}——进口截面静压(绝压),Pa;

T_1——进气温度,℃;

A——进气流量管流通面积;

K——气体常数(常温下是1.4)。

(2) 燃气涡轮进口温度(T_{t41})计算。

由于条件恶劣,目前在涡轴发动机整机试验中直接测量 T_{t41} 基本不具备可行性,只能通过计算的方法估算。其原理是通过考虑燃油转换成热量后燃气焓值的变化来确定截面温度,由此可确定燃烧室出口温度。高温燃气与高压压气机出口气体按照空气系统设计的比例在燃气涡轮导叶处掺混,由此改变了燃气的性质,并通过焓值函数确定 T_{t41}。某型发动机的 T_{t41} 计算如下。

已知参数:燃烧室进口温度 T_{t3}(K)、进口压力 P_{t3}(kPa)和压气机进口空气流量 W_{a2}(kg/s) 等参数。

计算:

$$\theta = \frac{\left(\dfrac{P_{t3}}{100}\right)^{1.8} \times e^{\left(\dfrac{T_{t3}}{300}\right)}}{W_{a2} \times 0.776} \tag{8.23}$$

$$\eta_B = 0.855 \times \theta^{0.0236} \tag{8.24}$$

式中，η_B ——燃烧效率。

（3）燃烧室出口温度。

首先由气体性质函数 f 计算燃烧室进口焓值：

$$H_3 = f\left(\frac{W_f}{0.776 \times W_{a2}}, T_{t3}\right) \tag{8.25}$$

燃料燃烧引起气体焓的变化，出口焓 H_4 为

$$H_4 = H_3 + \text{FHV} \times W_f \times \eta_B \tag{8.26}$$

式中，$\text{FHV} = 43.1 \times 10^6$；

W_f ——燃油质量流量，kg/s。

通过迭代计算燃烧室出口温度 $T_{t4}(\text{K})$，迭代过程可看作一个反函数 f^{-1}，则可表示为

$$T_{t4} = f^{-1}\left(\frac{W_f}{0.776 \times W_{a2}}, H_4\right) \tag{8.27}$$

（4）燃气涡轮进口温度。

燃烧室产生的燃气经过燃气涡轮导向器后与压气机来流气体进行掺混，此过程假定掺混均匀，由此得到该截面总焓值，然后由气体函数迭代获得 $T_{t41}(\text{K})$。

$$H_{41} = \frac{H_3 \times W_{a2} \times 0.1 + H_4 \times (W_{a2} \times 0.776 + W_f)}{W_{a1} \times 0.876 + W_f} \tag{8.28}$$

$$T_{t41} = f^{-1}\left(\frac{W_f}{0.876 \times W_{a2}}, H_{41}\right) \tag{8.29}$$

4. 参数修正

发动机性能应采用修正到干空气、海平面、静止条件、标准燃料热值的试车台数据进行考核，即进行湿度、环境压力和燃料低热值修正。考虑到国内试验与飞行使用中均采用 3 号喷气燃料，该燃料低热值变化很小，这里只进行湿度与环境压力的修正。

转速 n_g 湿度修正为

$$n_{gk} = n_g \times CH4 \tag{8.30}$$

排气温度 $T_{t4.5}$ 湿度修正为

$$T_{t4.5k} = T_{t4.5} \times CH3 \tag{8.31}$$

燃油流量 W_f 湿度及压力修正为

$$W_{fk} = W_f \times CH2 \times \frac{101\ 325}{P_{amb}} \tag{8.32}$$

功率 P 湿度及压力修正为

$$P_k = P \times CH1 \times \frac{101\ 325}{P_{amb}} \tag{8.33}$$

扭矩 M_{dn} 湿度及压力修正为

$$M_{dnk} = M_{dn} \times CH1 \times \frac{101\ 325}{P_{amb}} \tag{8.34}$$

空气流量湿度及压力修正为

$$W_{ak} = W_a \times CH5 \times \frac{101\ 325}{P_{amb}} \tag{8.35}$$

耗油率 sfc 湿度及压力修正为

$$sfc_k = \frac{W_{fk}}{P_k} \tag{8.36}$$

其中，CH1、CH2、CH3、CH4、CH5 为湿度修正系数，可按照式(8.37)~式(8.41)进行计算，其湿度修正系数与绝对湿度数据的关系图见图 8.2。

$$CH1 = -0.000\ 23 \times R_d + 1 \tag{8.37}$$

$$CH2 = -0.000\ 46 \times R_d + 1 \tag{8.38}$$

$$CH3 = 0.000\ 048 \times R_d + 1 \tag{8.39}$$

$$CH4 = -0.000\ 28 \times R_d + 1 \tag{8.40}$$

$$CH5 = 0.000\ 32 \times R_d + 1 \tag{8.41}$$

式中，R_d——试验时测量的绝对湿度(即每千克干空气中所含的水蒸气克数，g/kg)。

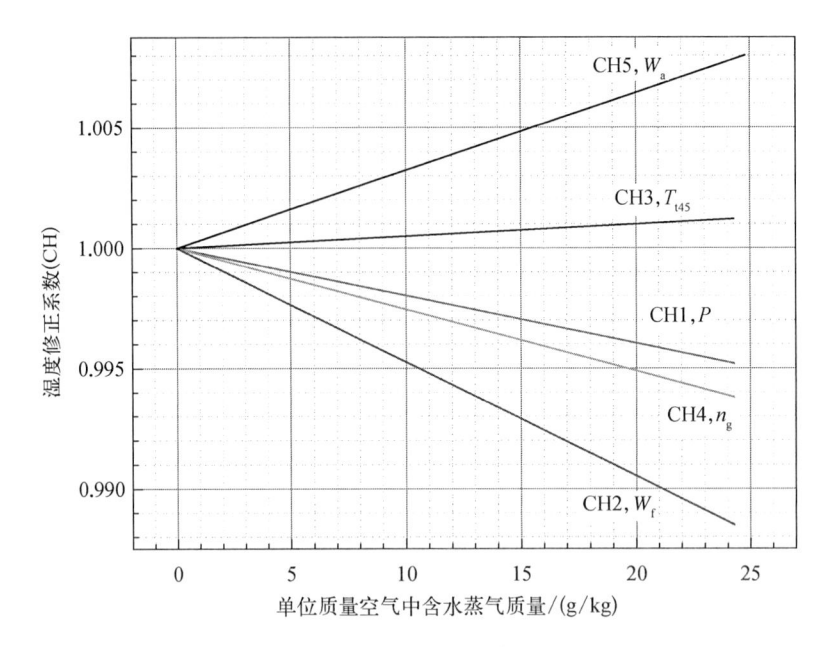

图 8.2 各参数湿度修正因子与大气绝对湿度的关系

试验时如测量了大气绝对湿度,各参数的绝对湿度修正系数由图 8.2 查出。发动机试验时若没有测量大气绝对湿度,则根据试验时测得的大气压力、大气温度和相对湿度,计算绝对湿度:

$$R_d = 0.622 \times \frac{R_h \times P_w}{P_{amb} - R_h \times P_w} \times 1\,000 \tag{8.42}$$

式中,R_d——绝对湿度(每千克干空气中含水蒸气的克数),g/kg;

R_h——相对湿度,%;

P_w——对应于试车大气温度时饱和水蒸气压力(由图 8.3 查得),Pa;

P_{amb}——试车时测得的大气压力,Pa。

5. 信息字解码

从电子控制器或其他控制设备传输给数据采集计算机的信息字包含丰富的信息,信息字按照一定的规则组合,不能直接查看到有用的信息,只有将其中的信息进行分解,并重新组合才能得到可直接应用的数据。信息字从分解到重新组合的过程称为信息字解码。例如,某控制器通过 ARINC429 发送到数据采集系统的数据,数据格式及与计算机之间的数据转换见图 8.4,图中上部分是标准的 ARINC429 数据字格式,下部分是通过 ARINC429 通信板卡将 ARINC429 格式的数据转换成计算机习惯的数据。从图中可以看出,我们需要的信息字是 LAB(bit0~bit7)、DATA(bit13~bit30)、SIGN(bit31)。根据这三个信息字解码并合成我们需要的数据。

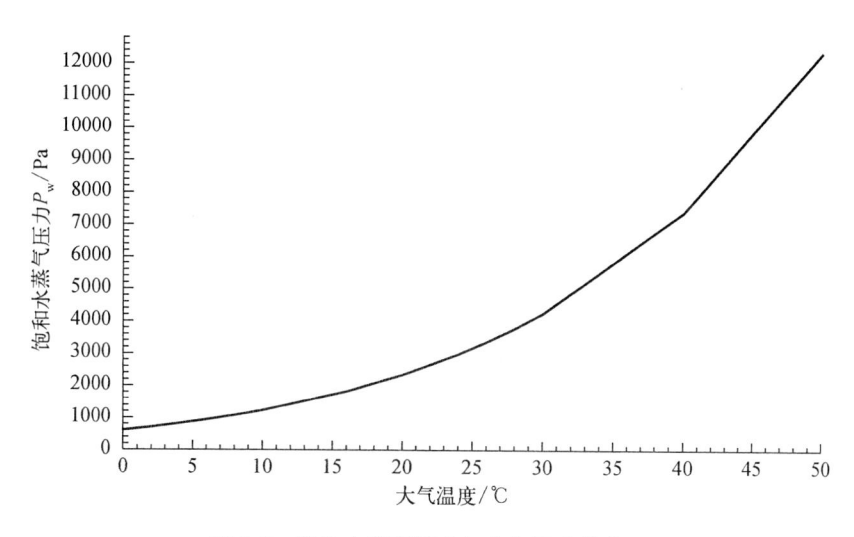

图 8.3 饱和水蒸气压力与大气温度的关系

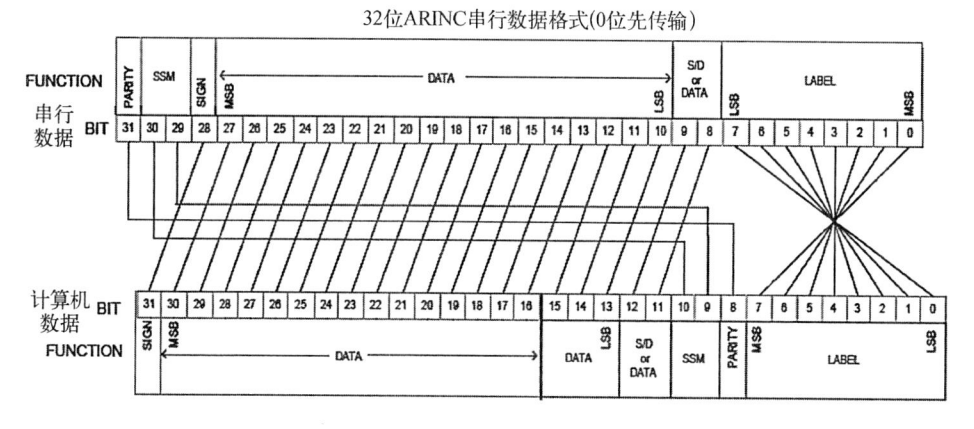

图 8.4 ARINC429 数据格式及与计算机之间的数据转换(32 位)

如表 8.4 所示,不同 LAB 对应不同的物理量,每一个 DATA 可单独定义。表 8.4 列出了接收的某控制器字(32 位)中解析出数据的关键信息。虽然 ARINC429 的数据格式是固定的,并以 BNR 或 BCD 编码,但具体的数据定义可以不一样,所以不同的电子控制器数据没有统一的解码软件,只有解码方法可以借鉴。

表 8.4 某 ARINC429 数据解码关键信息

LAB(八进制)	物理量	数据位(二进制)/bit	符号位	工程数据计算
171	累计时数	13~30	0	二进制直接转换成十进制数
172	起动次数	15~30	0	二进制直接转换成十进制数

续　表

LAB(八进制)	物理量	数据位(二进制)/bit	符号位	工程数据计算
216	燃油流量	19~30	0	二进制转换成十进制数×0.453 592 3/4
175	排气温度	20~30	0	二进制直接转换成十进制数
			1	二进制转换成十进制数-4 095
226	进气压力	24~30	0	(二进制转换成十进制数×0.228 53+1.225 85)×6.895
240	进气温度	21~30	0	二进制转换成十进制数/4
			1	二进制求反后+1 转换成十进制数/4

6. 试验数据统计

虽然大量的试验数据统计都是事后进行的,也由于一台发动机往往在多个试车台进行试验,完整的自动统计有难度,但完成本试车台试验数据实时统计能减少事后统计的工作量,提高试验效率。统计数据的准确性很重要,关键是要设计出统计数据模型的唯一性,例如,计算机的时间是从 0:00 开始直到 23:59 结束,在统计发动机运行时间时,要考虑过 0 点的情况处理;统计过程中要考虑试验中途软件退出等情况,统计数据怎样继承等。每个发动机型号统计数据和规则稍有差别,需要根据其技术要求设计统计模型,某机型主要进行的数据统计如下:

(1) 总起动次数,PMS 开关位于"慢车"或"飞行"时,起动按钮接通、燃气涡轮换算转速超过 13%表示起动一次;

(2) 起动成功次数,起动开始并使燃气涡轮换算转速超过 67%表示起动成功;

(3) 统计在某转速范围的工作时间,例如,90%<燃气涡轮换算转速<95% 的工作时间;

(4) 统计在某高温区工作时间,例如,累计 T_{t45} 在 880~890℃时的总工作时间;

(5) 起动时间,从起动开始到燃气涡轮换算转速为 67%的时间;

(6) 燃气发生器转子余转时间,从燃气涡轮换算转速为 10%开始计时直到燃气涡轮换算转速为 0 所用时间;

(7) 图形显示。

为了突出展现数据特性或变化情况,发动机试验很多重要参数或参数间的关系,以图形形式显示,主要包含各种虚拟仪表、时域曲线、XY 关系曲线、试验谱图等,图形显示界面如图 8.5 所示。

7. 其他数据处理项

在试验过程中,还有一些不常用的数据处理项。例如,马赫数大于 1 时测量数

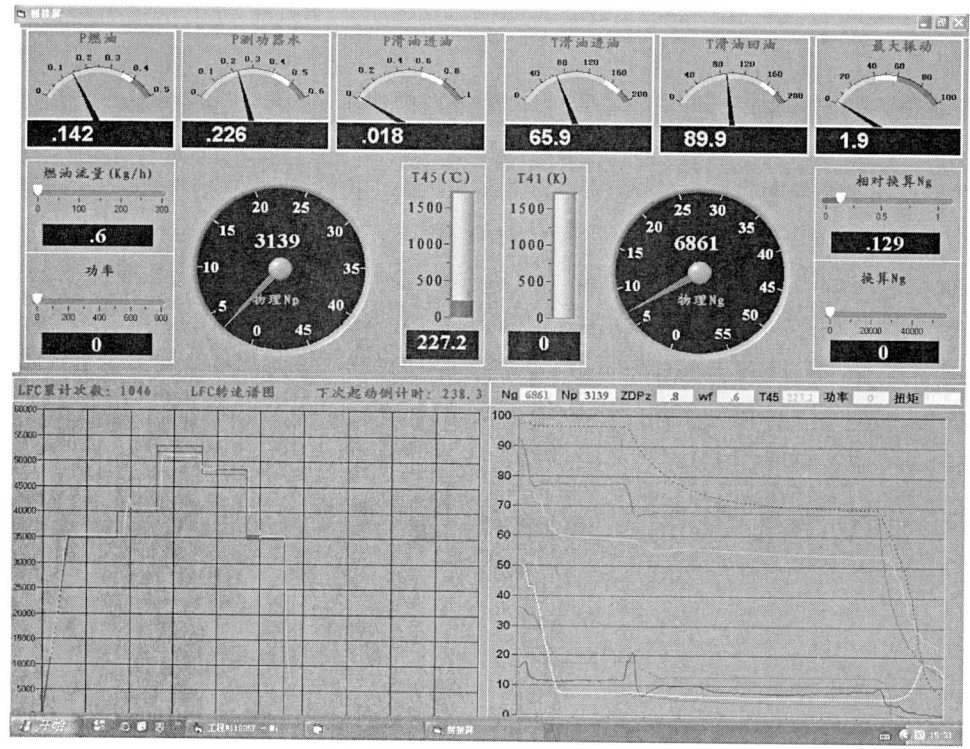

图 8.5 图形显示界面

据的处理;三孔探针数据计算;五孔探针数据计算;位移组合探针测量等值线图等,虽然目前只有一些专项试验中才用得到,但以后会成为常规测试手段。此类数据处理方法因具体的发动机型号及试验方法的不同而有所差异,在此不再进行具体介绍,可参照具体的试验技术要求进行相应的数据处理。

8.1.2 动态数据处理

1. 动态数据的基本特点

动态测试所测量的是随测试时间变化的量,尽管实际上被测变量本身未必都是时间的某种函数。动态数据的基本特点首先是由其定义所决定的,即总是表现为随测试时间而变化,可简称为时变性。

由于测试过程中难免存在随机误差或干扰、噪声等,与常量静态数据一样,被测量本身的函数形式也是多种多样的,多数是确定性函数,也有的是随机函数。可见动态数据的另一个特点是既含有确定性变化部分,又含有随机性变化部分,即总是表现为时间的随机函数,可简称为随机性。

不仅如此,尽管动态测试的瞬时值是一个确定量,类似于常量的测试。又因常量是变量的一个特例,就此意义而言,静态测试可视为动态测试的特例,这是两者统一性的一面。然而,并不等于说动态数据就是瞬时静态数据的罗列,因为其相邻瞬时数据之间并非孤立无关的,相反,它们之间具有一定的统计相关性。正是这种相关性才是动态数据所具有的一种基本特性,而静态测试数据之间则应是统计独立或不相关的。

另外,动态测试不像常量的静态测试那样,处在稳定的平衡状态或静态状态,即稳态或静态。相反,它处在不断变化的运动状态,即动态。因而,需采用微分方程来描述动态测试系统的输入被测变量,与其输出即显示的动态数据之间的关系,或以其离散化的差分方程,或以系统内部的状态方程等形式来描述,以反映出其动态特性。可见,动态数据不像静态数据那样,只需直接以被测常量与其测得示值之间的函数关系(通常是线性关系,有时是非线性关系)来表示其静态特性,而是与测试系统的动态特性有关。在动态数据处理中常借助于系统分析方法,且主要取决于其动态特性分析,对这种基本特性可简称为动态性。

综上,动态数据具有上述的时变性、随机性、相关性与动态性等基本特点。

2. 动态数据处理的基本方法

动态数据处理的主要目的和静态测试一样,即经合理处理分离出测试误差,可靠而精确地表示其测量结果。动态数据中含有被测变量的测试结果及系统误差和随机误差,通常表现为非平稳随机过程。动态数据处理分为三个阶段:预处理、成分分离与结果表示。

预处理阶段的主要目的在于快速初判动态数据的统计特性及其所含的粗略成分,以便为后续的成分分离阶段提供方案、算法及其参数选定的信息与依据。预处理的基本方法有随机过程的特征量估计,统计特性的显著性检验,通常还结合中心平滑算法和时间序列建模分析方法进行预处理。

成分分离是主要处理阶段,具体处理方法取决于数据处理的实际目的和要求及所设定的数学模型。主要方法有两种:拟合法和滤波法。拟合法主要应用于各种广义回归分析方法。在拟合代数多项式或一般的广义多项式时,采用传统的最小二乘法回归分析。滤波法主要采用各种中心平滑方法,各种数字滤波方法,也包括递推数字滤波法等。

常用于表述、分解随机性成分的方法有:时域相关分析法和频域谱分析法。时域相关分析法包括:时间序列建模的统计分析法和系统分析法;各种时变参数模型的递推拟合算法以及移动快速成批算法。频域谱分析法主要为傅里叶谱分析法(包括周期图分析、快速傅里叶变换、加窗平滑处理等)、最大熵谱分析法。

以上概述的这些动态数据处理的基本方法,有些仍待进一步研究和探讨。然而,动态数据处理及其测试误差分析是较复杂的,至今仍存在许多问题待深入研究解决。例如,动态测试误差的评定指标尚未统一;动态数据中确定性成分的识别方法,尤其是它与随机性成分之间可靠的分离和判别方法,尚不完善;非平稳随机过程的统计分析及其实用且有效的数据处理方法,尚待研究;测量结果与测试误差的分离方法,尤其是分离系统误差的方法,尚需探讨。这些重大难题都有待读者深入研究,加以解决。

总之,动态数据处理及其测试误差分析所涉及的面很广,依据的理论颇深,应用的方法较多,是正在发展中的一门边缘性新学科,存在许多待深入研究的课题。尽管近年来国内外的专家、学者已对此进行过许多有成效的研究,进展迅速,并取得了大量研究成果,然而仍未尽成熟、完善。

8.2 试验结果分析

8.2.1 试验记录

每台完成试验的发动机,将下述项目记录在试车记录单上,以备后续对试验结果进行分析和评定。

1. 记录项目

记录项目包括:日期;试车类型;发动机类型;型号;序号;试车台号;进气道序号;面积和流量系数;燃油牌号及热值;滑油牌号;总工作时间和总起动次数;振动值(最大值);发动机接收、安装、拆卸工作记录;发动机开车前、停车后检查记录,等等。

2. 稳态数据

每个规定的工作状态,参数稳定以后,至少记录一次型号规范要求的稳态数据和运转时间。

3. 瞬态数据

在每次推力(功率)瞬变过程中,包括反推力,应连续记录油门杆角度、燃气测量温度、发动机转速、燃油消耗量、推力(功率)及型号规范、试车规程所规定的其他参数随时间变化的关系。

4. 起动数据

起动数据包括每次起动从起动开始到起动机脱开,到稳定的发动机慢车所需要的时间及相应的发动机转速、最高燃气测量温度及加速曲线上任何明显的悬挂点。

5. 其他数据

每次试车至少记录一次大气压力、大气温度和燃油密度。测量并记录所有停车时间和停车后自转时间。测量并记录整个试车过程中的滑油消耗量。记录运转中所有异常情况,如发动机滑油泄漏、不正常的振动和发动机及设备的不正常工作以及采取的相应措施等。

6. 数据精度

发动机试车的数据精度按型号规范中规定,关于试验结果具体的测试参数精度以及误差分析将在8.2.2节中进行详细讲解。

8.2.2 测量参数误差分析计算

试验结果的测量参数数据的误差分析计算,包括动态测量参数误差分析和稳态测量参数误差分析。

1. 动态测量参数误差分析

1) 动态测试系统结构框图

动态测试系统由传感器、动态数据采集仪组成,系统框图如图 8.6 所示。

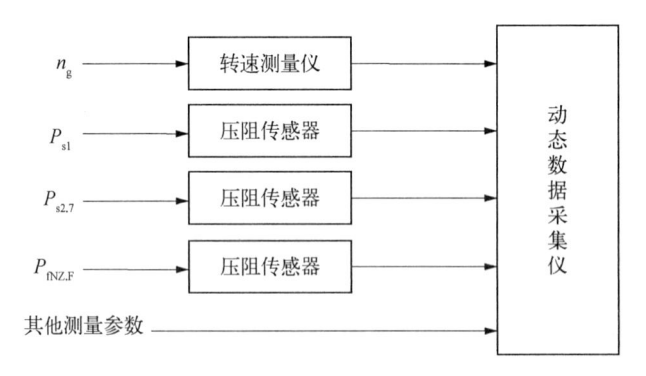

图 8.6 动态测试系统结构框图

2) 动态测量参数误差计算

对所有的参数进行现场校准,校准数据用最小二乘法进行线性拟合,试验后从记录数据中可获得试验件不同工作点的参数值。部分数据见表 8.5~表 8.8。

表 8.5 n_g 校准数据

标准 n_g/(r/min)	实测 U/V	拟合 n_g/(r/min)	Δn_g/(r/min)
0	−0.022 1	−21	21
10 000	0.949 1	10 016	−16
20 000	1.955 4	19 994	6
30 000	2.960 6	29 985	15
40 000	3.966 7	39 997	3
50 000	4.973 8	49 988	12

拟合曲线方程式:

$$n_g = 9\,989.487U + 385.738\,5$$

校准误差:

$$\sigma n_g = \pm |\Delta n_g|_{max}/n_{gmax} = \pm(21/50\,000) \times 100\% = \pm 0.042\%$$

表 8.6 P_{s1} 校准数据

标准 P_{s1}/kPa	实测 U/mV	拟合 P_{s1}/kPa	ΔP_{s1}/kPa
0	0.05	-0.1	0.1
-2	-0.964	-1.991 4	-0.008 6
-4	-1.984	-3.994 7	-0.005 3
-6	-3.013	-6.015 7	0.015 7
-8	-4.033	-8.02	0.02
-10	-5.031	-9.978 1	-0.021 9

拟合曲线方程式：

$$P_{s1} = 1.963\,998 \times U - 0.098\,188\,2$$

校准误差：

$$\sigma P_{s1} = \pm |\Delta P_{s1\max}|/P_{s1\max} = \pm(0.021\,9/10) \times 100\% = \pm 0.219\%$$

表 8.7 $P_{s2.7}$ 校准数据

标准 $P_{s2.7}$/kPa	实测 U/mV	拟合 $P_{s2.7}$/kPa	$\Delta P_{s2.7}$/kPa
0	-0.010 4	-0.6	0.6
400	5.496 1	400.7	-0.7
800	10.987 1	801.5	-1.5
1 200	16.450 5	1 200.8	-0.8
1 600	21.907	1 598.8	1.2
2 000	27.403	2 000.7	-0.7

拟合曲线方程式：

$$P_{s2.7} = 73.006\,8U - 0.596\,955$$

校准误差：

$$\sigma P_{s2.7} = \pm |\Delta P_{s2.7\max}|/P_{s2.7\max} = \pm(1.5/2\,000) \times 100\% = \pm 0.075\%$$

表 8.8 $P_{\text{fNZ.F}}$ 校准数据

标准 $P_{\text{fNZ.F}}$/kPa	实测 U/mV	拟合 $P_{\text{fNZ.F}}$/kPa	$\Delta P_{\text{fNZ.F}}$/kPa
0	-0.011	18	-18
1 000	7.732	1 003.3	-3.3

续 表

标准 $P_{fNZ.F}$/kPa	实测 U/mV	拟合 $P_{fNZ.F}$/kPa	$\Delta P_{fNZ.F}$/kPa
2 000	14.932	1 996.7	3.3
3 000	22.301	3 002.1	-2.1
4 000	29.547	4 001.2	-1.2
5 000	36.821	4 998.7	1.3

拟合曲线方程式：

$$P_{fNZ.F} = 135.7187U - 11.2935$$

校准误差：

$$\sigma P_{fNZ.F} = \pm |\Delta P_{fNZ.Fmax}|/P_{fNZ.Fmax} = \pm(18/5\,000) \times 100\% = \pm0.36\%$$

3）动态测量参数最终误差分析

动态测量中，被测量值随时间变化，其误差由动态校准误差和静态校准误差组成。由于现在不具备动态校准条件，所以只能估算静态误差。根据参数的拟合方程可计算出相应的读数误差。系统的综合静态误差按均方根法计算求得，动态测试误差分析见表 8.9。

表 8.9 动态测试误差分析(%)

测量参数	标准源误差	传感器误差	校准误差	综合静态误差
n_g	±0.01	0	±0.042	±0.043
P_{s1}	±0.025	±0.25	±0.219	±0.333
$P_{s2.7}$	±0.025	±0.25	±0.075	±0.215
$P_{fNZ.F}$	±0.02	±0.25	±0.36	±0.439
P_{mio}	±0.02	±0.1	±0.388	±0.401
...	...	...	...	...

以上各动态测量参数按照上述误差分析计算方法，可以得出各动态测量参数综合静态误差均低于±2%，满足动态测试需求（其他动态测试参数也可以按照此方法进行误差分析）。

2. 稳态测量参数误差分析

1）压力、流量稳态测量参数误差分析

(1) 压力、流量测试系统结构框图。压力、流量测试系统结构如图 8.7 所示。

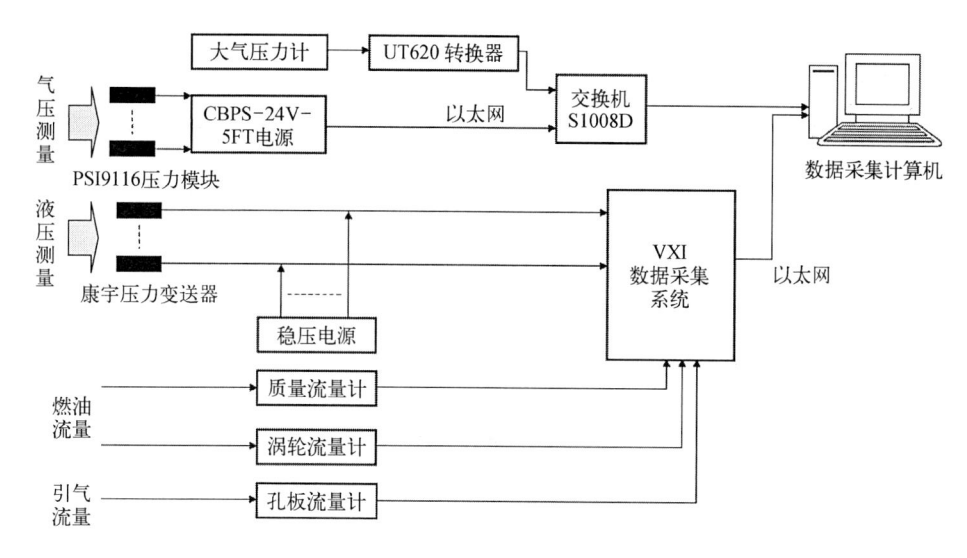

图 8.7　压力、流量测量系统结构框图

（2）压力测量参数误差分析。大气压力测量采用某型大气压力计，数字实时显示大气压力数据，同时通过 RS232 转以太网转换器转成以太网接口，送入数据采集计算机。大气压力计校准周期为 1 年，精度优于±0.02%。

压力参数测量系统分为气压测量和液压测量。气压测量采用压力模块，每次开车前进行一次零校准，每年进行一次满量程校准，模块的测压精度优于±0.05% F·S；液压测量使用压力变送器，经计量检定合格后现场压力校验仪对其进行了抽点检测复核，工作正常，数据稳定，检测数据见表 8.10。压力变送器校准周期为 1 年，测压精度优于±0.25% F·S。

总压探针校准周期为 1 年，在校准风洞进行了速度特性校准和角度特性校准，其测压精度优于±0.1% F·S。

表 8.10　传感器检测数据

发动机进口燃油压力变送器	标准值/kPa	41	380
	测量值/kPa	40	378
测扭器压力变送器	标准值/kPa	63	900
	测量值/kPa	62	901
测功器供水压力变送器	标准值/kPa	120	850
	测量值/kPa	121	848
喷嘴前燃油压力变送器	标准值/kPa	652	4 450
	测量值/kPa	652	4 449

续 表

调节器出口燃油压力变送器	标准值/kPa	584	5 500
	测量值/kPa	583	5 501
增压泵后燃油压力变送器	标准值/kPa	584	940
	测量值/kPa	585	941

压力误差分析：

① 总压测量误差包括总压探针误差（±0.1% F·S）、压力模块误差（±0.05% F·S）。按均方根法估算其总的误差如下：

$$\sigma = \pm\sqrt{(0.1\%)^2 + (0.05\%)^2} = \pm 0.112\% < \pm 0.15\%(F \cdot S) \quad (8.43)$$

② 静压测量误差包括壁面开孔测量误差（±0.3% F·S）、压力模块误差（±0.05% F·S）。按均方根法估算其总的误差如下：

$$\sigma = \pm\sqrt{(0.3\%)^2 + (0.05\%)^2} = \pm 0.304\% < \pm 0.35\%(F \cdot S) \quad (8.44)$$

③ 液压测量实际上是从壁面测取液体的静压，其误差包括壁面静压误差（±0.3% F·S）、压力变送器误差（±0.25% F·S）。按均方根法估算其总的误差如下：

$$\sigma = \pm\sqrt{(0.3\%)^2 + (0.25\%)^2} = \pm 0.391\% < \pm 0.4\%(F \cdot S)$$

（3）流量测量参数误差分析。

某型涡轮流量计用于测量发动机进口燃油体积流量，测量范围为 0.5~16 L/min，测量精度为 ±0.5% F·S。流量的综合测试误差主要来源于流量计、流量测量仪和数据采集通道的误差。从涡轮流量计出来的信号已是频率信号，流量测量仪和数据采集通道产生的误差相对于流量计本身的误差很小，可忽略。采用信号发生器在流量计前端输入频率量，在显示仪表上输出实测频率量来检测流量信号通道。流量信号检测数据见表 8.11。

表 8.11 流量信号检测数据

信号发生器给定值/Hz	燃油流量涡轮流量计/Hz
50	50
100	100
150	150
200	200
300	300

续　表

信号发生器给定值/Hz	燃油流量涡轮流量计/Hz
400	400
500	500

燃油质量流量采用质量流量计进行测量,测量范围为 0~400 kg/h,经计量检定,测量精度为±0.24%,每两年进行一次校准,以保证质量流量计的测量精度。质量流量误差包括质量流量计的测量误差(±0.24% F·S)、数据采集系统的误差(±0.05% F·S),按均方根法估算其总的误差：$\sigma = \pm\sqrt{(0.24\%)^2+(0.05\%)^2} = \pm 0.245\%$。

引气质量流量用孔板流量计进行测量,测量范围为 0~1 kg/s,孔板流量计经检定合格,其测量精度优于±2%。数据采集系统的误差相对于流量计很小,可忽略不计,能满足±2% F·S 的精度要求。

2) 温度测量参数误差

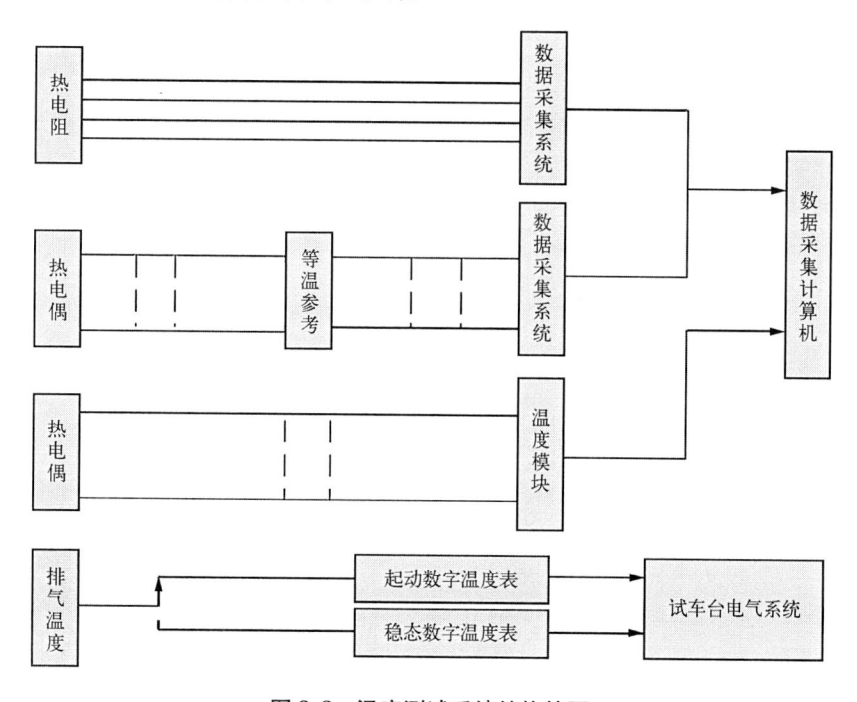

(1) 温度测试系统结构框图。

温度测试系统结构简图见图 8.8。温度测试采用热电偶和铂电阻两种受感器,热电偶采用等温板作为等温参考端。

图 8.8　温度测试系统结构简图

(2) 铂电阻温度信号的检测及误差分析。

采用铂电阻进行发动机进气温度测量,精度为±(0.15+0.002|t|)℃。在试验期间按照标准温度输入对应的电阻值,启动数据采集系统进行采集,并经过换算获取对应的温度值,记录相应数值,如表 8.12 所示。

表 8.12 铂电阻(Pt100)信号通道检测数据

标准值/℃	数据采集通道实测值/℃	
	T01 T02	T02 T04
−10	−9.9	−9.8
0	0.1	0.1
10	10.1	10.1
20	20.1	20.1
30	30.1	30.2
40	40.1	40.1
50	50.1	50.2

测量温度在−10~50℃的测试范围内,铂电阻的误差为±0.25℃,由表 8.12 可知,数据采集实测值与标准值比较,最大偏差为±0.2℃。温度的综合测试误差为 $\pm\sqrt{0.2^2+0.25^2}\approx\pm0.32$℃,能满足±0.5℃的精度要求。

(3) 热电偶温度信号的检测及误差分析。

热电偶偶丝采用经检定合格的 I 级精度的 T、K、E 分度的热电偶。对热电偶测量通道进行了抽检,采用工业过程校验仪(精度为±0.025% F·S)输入标准温度对应的电压值,启动数据采集系统采集电压值,并经过换算获取对应的温度值,记录相应数值,见表 8.13~表 8.15。

表 8.13 T 分度热电偶温度检测数据表

标准值/℃	数据采集通道实测值/℃
−10	−9.8
0	0.1
50	50.1
100	100.0

续 表

标准值/℃	数据采集通道实测值/℃
150	150.1
200	200.1

表 8.14 *E* 分度热电偶温度检测数据表

标准值/℃	数据采集通道实测值/℃
−10	−10.1
0	0.1
100	100.2
200	200.2
250	250.2
300	300.3
350	350.2
400	400.1

表 8.15 *K* 分度热电偶温度检测数据表

标准值/℃	数据采集通道实测值/℃
0	−0.2
300	300.2
400	400.1
500	500.1
600	600.1
700	700.1
800	800.0
900	900.2
1 000	1 000.3
1 100	1 100.2
1 200	1 200.2

① T 分度热电偶测温,在 $-10 \sim 200$℃ 的测试范围内,偶丝精度为 ± 0.5℃,由表 8.13 可知,数据采集通道实测值与热电偶温度标准值比较,最大偏差为 ± 0.2℃。均方根估算误差为

$$\sigma = \pm \sqrt{0.5^2 + 0.2^2 + 0.2^2} = \pm 0.57 ℃ < \pm 1 ℃$$

满足要求。

② E 分度热电偶测温,在 $-10 \sim 400$℃ 的测试范围内,偶丝精度为 $\pm 0.4\% |t|$℃,偶丝最大误差为 ± 1.6℃,由表 8.14 可知,数据采集通道实测值与热电偶温度标准值比较,最大偏差为 ± 0.3℃,均方根估算误差为

$$\sigma = \pm \sqrt{1.6^2 + 0.2^2 + 0.3^2} = \pm 1.64 ℃ < \pm 3 ℃$$

满足要求。

③ K 分度热电偶测温,在 $0 \sim 1\,200$℃ 的测试范围内,偶丝精度为 $\pm 0.4\% |t|$℃,偶丝最大误差为 ± 4.8℃,由表 8.15 可知,数据采集通道实测值与热电偶温度标准值比较,最大偏差为 ± 0.3℃,均方根估算误差为

$$\sigma = \pm \sqrt{4.8^2 + 0.2^2 + 0.3^2} = \pm 4.81 ℃ < \pm 5 ℃$$

满足要求。

以上各稳态测量参数按照上述误差分析计算方法,可以得出各稳态测量参数综合误差满足稳态测试需求(其他稳态测试参数也可以按照此方法进行误差分析)。

8.2.3 试验结果主要性能参数分析

为确定发动机试验真实数据误差情况,下面对试验结果的几个主要性能参数进行讨论。

1. 功率误差分析

试车台采用测功器测量功率,根据扭矩和转速算出,公式为

$$P = a \times n_e \times \mathrm{MKP}$$

式中,a——常数;

n_e——测功器转速,$\delta n_e = \pm 0.025\%$;

MKP——测功器扭矩,$\delta \mathrm{MKP} = \pm 0.2\%$。

由误差传递和误差合成理论可知:功率 P 的相对误差为

$$\delta P = \delta n_e + \delta \mathrm{MKP} = \pm (0.025\% + 0.2\%) = \pm 0.225\%$$

2. 发动机耗油率误差分析

发动机耗油率是根据燃油流量和功率算出的,公式为

$$\mathrm{sfc} = W_\mathrm{f}/P$$

式中，W_f——燃油流量，$\delta W_\mathrm{f} = \pm 0.5\%$；

P——功率，$\delta P = \pm 0.225\%$。

由误差传递理论和误差合成理论可知：耗油率 sfc 的相对误差为

$$\delta\mathrm{sfc} = \delta W_\mathrm{f} - \delta P = \pm(0.5\% - 0.225\%) = \pm 0.225\%$$

3. 空气流量误差分析

在试车台试验中，一般采用双纽线型面的流量管来测量实验件的空气流量，公式为

$$W_\mathrm{a} = m \times K_\mathrm{G} \times F_\mathrm{B} \times \frac{P_\mathrm{amb}}{\sqrt{T}} \times \sqrt{\left(\frac{P_\mathrm{bs}}{P_\mathrm{amb}}\right)^{(k-1)/k}\left[\left(\frac{P_\mathrm{bs}}{P_\mathrm{amb}}\right)^{(k-1)/k} - 1\right]}$$

由误差传递和误差合成理论可知：

$$\delta G_\mathrm{B} = \frac{\mathrm{d}G_\mathrm{B}}{G_\mathrm{B}} = \frac{\mathrm{d}F_\mathrm{B}}{F_\mathrm{B}} + \frac{\mathrm{d}P_\mathrm{amb}}{P_\mathrm{amb}} - \frac{1}{2}\frac{\mathrm{d}T}{T} + \frac{k-1}{2k}\frac{2(P_\mathrm{bs}/P_\mathrm{amb})^{(k-1)/k} - 1}{(P_\mathrm{bs}/P_\mathrm{amb})^{(k-1)/k} - 1}\left(\frac{\mathrm{d}P_\mathrm{amb}}{P_\mathrm{amb}} - \frac{\mathrm{d}P_\mathrm{bs}}{P_\mathrm{bs}}\right)$$

令

$$B = \frac{k-1}{2k}\frac{2(P_\mathrm{bs}/P_\mathrm{amb})^{(k-1)/k} - 1}{(P_\mathrm{bs}/P_\mathrm{amb})^{(k-1)/k} - 1}$$

所以有

$$\delta G_\mathrm{B} = \sqrt{B^2\left(\frac{\mathrm{d}P_\mathrm{bs}}{P_\mathrm{bs}}\right)^2 + (1-B)^2\left(\frac{\mathrm{d}P_\mathrm{amb}}{P_\mathrm{amb}}\right)^2 + \left(\frac{1}{2}\right)^2\left(\frac{\mathrm{d}T}{T}\right)^2 + \left(\frac{\mathrm{d}F_\mathrm{B}}{F_\mathrm{B}}\right)^2}$$

式中，P_bs——静压，$\delta P_\mathrm{s} = \pm 0.3\%$；

P_amb——大气压，Pa，$\delta P_\mathrm{amb} = \pm 0.04\%$；

T——总温，$\delta T = \pm 0.1\%$；

F_B——流通面积，$\delta F_\mathrm{B} = \pm 0.18\%$。

当 $P_\mathrm{bs}/P_\mathrm{amb} = 0.827$、$k = 1.4$ 时，$B = 2.84$，m、K_G 均为常数，代入公式得 G_B 的相对误差为

$$\delta G_\mathrm{B} = \sqrt{(2.84)^2 \times (0.3\%)^2 + (1.84)^2 \times (0.04\%)^2 + \left(\frac{1}{2}\right)^2 \times (0.1\%)^2 + (0.18\%)^2}$$
$$\approx 0.86\%$$

4. 换算参数误差分析

试车台试验中换算参数的测量包括换算转速、换算功率、换算空气流量、换算

进气流量、换算耗油率等。根据换算公式 $Y_c = KY$,可知换算参数的误差需要计算出换算系数的误差。

换算系数公式为

$$K = 101.325/P_{amb} \times \sqrt{(T_{amb} + 273.15) + 288.15}$$

式中,P_{amb}——大气压力,Pa,$\delta P_{amb} = \pm 0.04\%$;

T_{amb}——大气温度,$\delta T_{amb} = \pm 0.1\%$。

对于换算系数的误差,可以由大气温度和大气压力来算出,故换算系数总误差估算如下:

$$\delta K = \frac{1}{2}\delta T_{amb} + \delta P_{amb} = \pm\left(\frac{1}{2} \times 0.1\% - 0.04\%\right) = \pm 0.01\%$$

与测量参数相比,此误差影响很小,可忽略不计。根据换算参数的误差分析,可以认为换算参数的总误差与被换算参数误差相同。

8.2.4 试验结果偏离及问题处理

在试车过程中,如果存在明显的发动机故障(如发动机振动,涡轮后温度、漏液超过型号规范规定的极限值)或发动机不符合型号规范时,在继续进行试车前应将故障进行分析排除。如果分析排除需要分解发动机或更换附件,按规定进行重新试车或重新进行故障前部分试车。如果需要更换零件、组件,则需要按规定进行附件试车和分解检查。

8.3　试验结果评定

试验结束后,应对照试验技术要求或试验大纲要求,检查是否全部完成规定的试验及测试内容;试验、测试负责人组织人员对试验情况进行总结,试验部门编写试验报告,设计部门编写试验分析报告,重要试验报告应送顾客代表签署同意。试验报告中应包括试验概况、试验目的和性质、试验发动机数量和技术状态、试验设备、试验项目、步骤和方法、试验数据、试验中出现的主要技术问题及处理情况、试验结果、试验结论。

重要的试验可根据需要进行试验后评审,对试验结果的合理性、有效性、试验程序的符合性等进行综合评估。

将试验相关文件按规定归档,包括试验技术要求、试验大纲、试验报告、试验评审书等。

根据仪器仪表量程、精度以及结合实际测量参数的量值,对试验数据的有效性、准确性和数据的重复性进行评定。

对试验过程、试验方法正确与否进行评定,根据试验数据处理分析结果,评定试验目的是否达到。主要评定试验数据包括性能状态、滑油压力和温度极限、滑油消耗量极限、振动极限、停车、稳定性、推力瞬变、整台发动机干质量、漏液、起动系统等。如果完成试车程序,并且下列试车数据符合相应部分型号规范的规定,则认为试验目的达到,试车满意地完成。

典型发动机性能验收曲线实例如图8.9~图8.11所示。

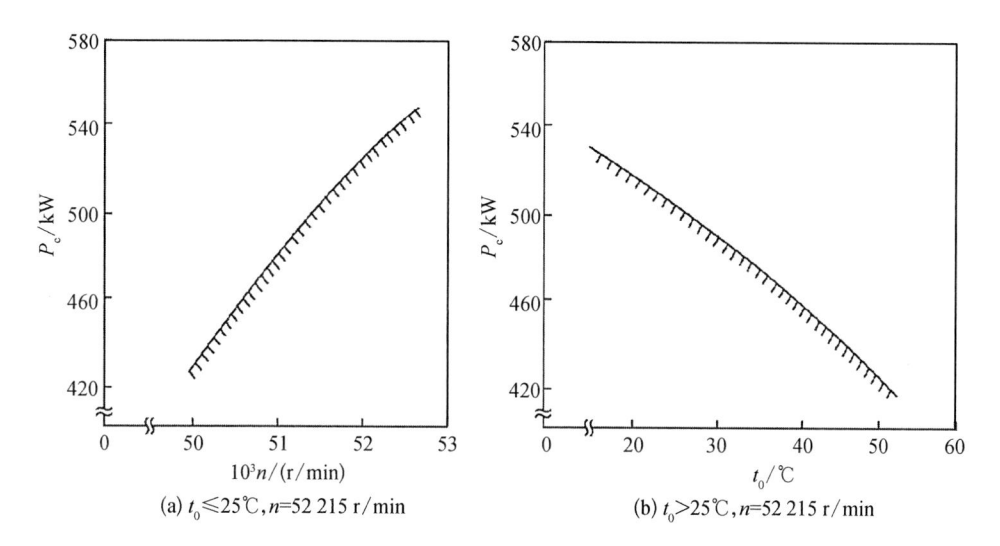

(a) $t_0 \leqslant 25℃, n=52\ 215\ \text{r/min}$　　(b) $t_0 > 25℃, n=52\ 215\ \text{r/min}$

图 8.9　某涡轴发动机功率验收曲线

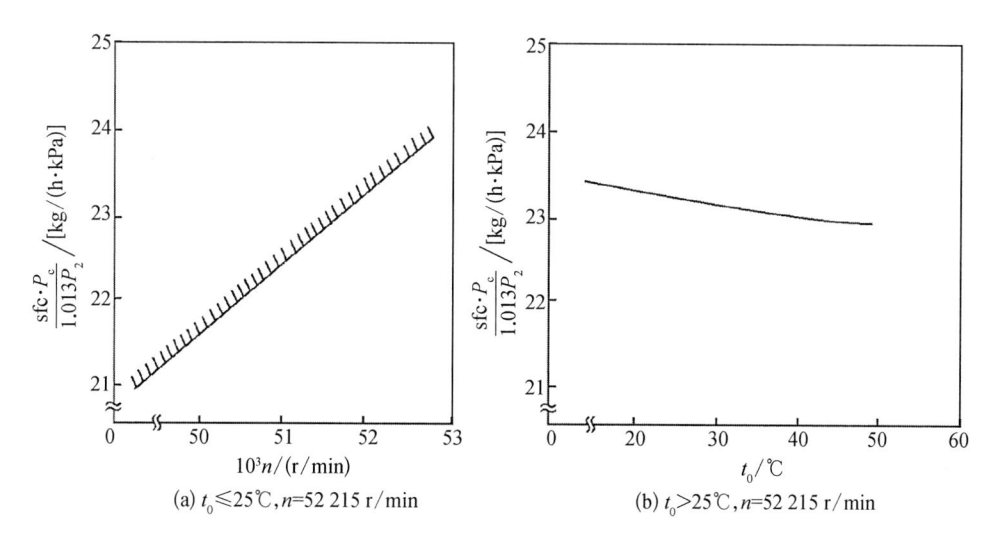

(a) $t_0 \leqslant 25℃, n=52\ 215\ \text{r/min}$　　(b) $t_0 > 25℃, n=52\ 215\ \text{r/min}$

图 8.10　某涡轴发动机油耗验收曲线

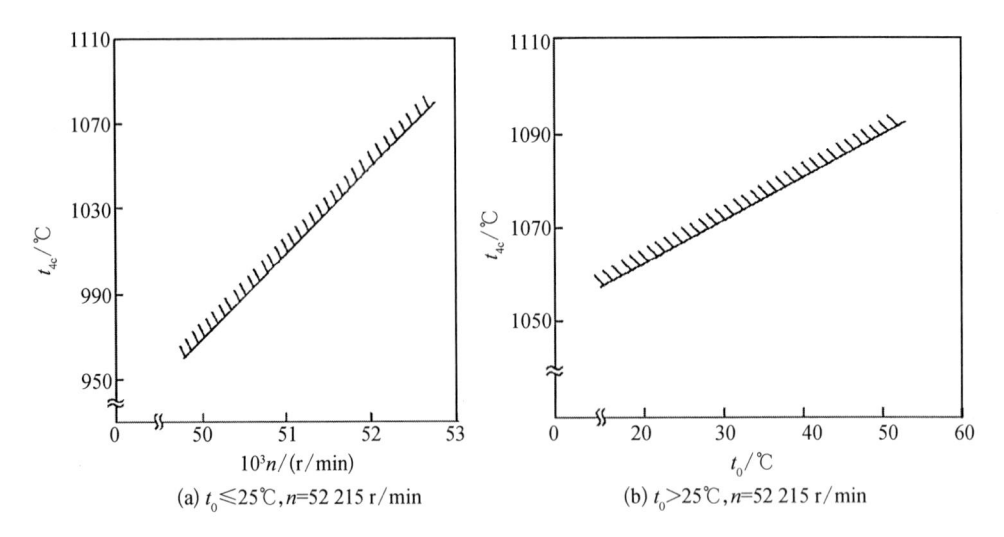

图 8.11　某涡轴发动机涡轮前燃气温度验收曲线

　　发动机完成了规定的所有试验内容，还需认真分析试验数据，通过直观的曲线坐标图对试验目的是否达到进行评定。试验分解检查发动机各零部件并重点检查发动机各润滑件无损坏，则认为该试验顺利通过。

第 9 章
试验常见问题及处理

航空发动机整机试车是一项高风险试验,在试验过程中会遇到多种故障,不仅会影响试车效率,也会影响发动机的研制进度,总结排故经验、提高排故效率具有重大意义。各类型发动机试车常见问题基本相同,本章对试验过程中发生的常见故障进行整理,为后续试验提供处理方法及排故参考。

9.1 点火不成功

问题描述:在起动过程中发动机排气温度没有明显上升。出现这种故障的原因主要有如下几个方面:

(1) 试车台燃油系统未供油。
(2) 发动机点火装置及点火电嘴失效。
(3) 起动供油规律设置不合理。

处理方法:

(1) 检查排油量是否满足要求,进行独立的点火检查,点火装置与点火电嘴是否工作正常。
(2) 起动时,若出现超过规定时间点火不成功,则应立即停车。

9.2 不明情况的燃油、滑油泄漏

问题描述:在发动机试验过程中,出现不明情况的燃油、滑油泄漏。出现这种故障的原因主要有如下几个方面:

(1) 发动机供油管路密封不好;
(2) 试车台管路密封不好;
(3) 回油不畅。

处理方法:

(1) 仔细排查管路,确定漏油部位,查找设计图纸定位故障。

（2）出现不明情况的燃油、滑油泄露应立即采取措施下拉状态停车，情况严重时应采取紧急停车。停车过程中可能出现火情，外部着火应立即采取灭火措施，内部着火应立即进行冷吹处理。

9.3　冷悬挂

问题描述：发动机在起动时，供给燃烧室的燃油不够，导致排气温度偏低，转子在转速爬升过程中加速过慢或不能加速（即转速和排气温度都不上升），造成起动失败。出现这种故障的原因主要有以下几个方面：

（1）发动机起动供油阀出现故障，导致发动机燃油供应不足，可能出现发动机无法点火，或者出现发动机点火转速无法爬升而冷悬挂。

（2）试车台防火开关未开，某些试车台防火开关未与起动准备连锁。正常情况下，发动机起动前，试车台自检时检测到防火开关未开，起动指令无法生效。但部分试车台防火开关并未与起动准备连锁，因此可能会出现未开防火开关就发布起动指令的情况，导致管路余油用完，起动失败。

（3）起动供油规律设置不合理，供油不足。

处理方法：

（1）发动机在首次起动前进行假起动，并检查假起动时发动机最高带转转速、燃油流量、滑油压力。检查发动机本体上是否有燃油排放痕迹（体内排油或者体外排油），视情检查排油量是否满足要求。

（2）起动时，若出现冷悬挂，试车台采取的措施是直接停车。

9.4　热悬挂

问题描述：发动机在起动时，压气机失速引起转子阻力矩增大，起动机驱动力矩小于发动机起动需求力矩，造成进气流量过小，而燃油按正常供油规律供给或供给过多导致发动机涡轮前温度急剧上升，发动机转速无法上升（即排气温度上升很快，转速不上升），造成起动失败。出现这种故障的原因主要有以下几个方面：

（1）发动机压气机设计或制造缺陷，引发压气机起动时转子失速；

（2）起动机故障，导致起动机驱动力矩变小；

（3）进气堵塞，起动时造成进气不畅，发动机无法吸入足量的空气。

处理方法：

（1）当发动机接收时，务必对发动机进气道、尾喷管进行细致检查，确保进气道和尾喷管通畅，无异物；

（2）起动前，使用专用工具对发动机转子进行盘转检查，某些发动机可以测量

盘车力矩符合要求方能进行试验,某些发动机对盘车力矩未进行规定,则手动盘转发动机转子,检查盘转是否灵活,盘转是否有异响;

(3) 起动时,若出现热悬挂,则紧急停车;

(4) 若未查找到试车台故障原因,则可以考虑是发动机本体出现故障,通过孔探仪检查压气机转子是否过紧,或者压气机/涡轮转子叶片是否与机匣存在刮磨(这种情况比较少见,一般通过盘转发动机转子预先发现该问题)。

9.5 喘　　振

问题描述:常规整机试验,喘振一般发生在起动过程中,发动机由于进气量远少于设计点(低转速、进气量少时),导致进气攻角增大,压气机级间压力梯度变小,气流在叶背产生分离,形成涡流气旋,气流流动受阻,使气流压力和流速发生脉动,以忽高忽低的压力和速度从出口流出,喘振产生。喘振时主要有如下现象:

(1) 发动机声音由正常工作时的尖锐声变为低沉;

(2) 机身抖动;

(3) 压气机出口的压力和速度高幅、低频脉动,平均压力有较大下降,流量也出现脉动;

(4) 气流有倒流现象,压气机出口压力下降;

(5) 尾喷口有喷火、放炮声,并有排气温度升高等现象。

处理方法:

(1) 喘振发生时,应紧急停车;

(2) 查找喘振发生的原因,通过调整供油规律,改变起动机带转转速,降低起动时 $T_{t4.5}$ 余温等方式,可以解决起动过程喘振问题。

9.6　起动过程中滑油压力无正向指示

问题描述:起动时转速上升到规定值,但是滑油压力无正向指示。

处理方法:停车检查。分析查看数据采集系统和控制系统数据,判断原因,可能是滑油泵损坏、漏油、管路堵塞等。

9.7　起动过程中转速和温度不上升

问题描述:起动过程中,起动机已带转到点火转速,发动机转速和温度不上升。

处理方法:停车检查。分析查找原因,可能是无燃油、点火线圈故障、点火电嘴故障、控制器故障等。

9.8　起动过程中尾喷管喷火

问题描述：发动机起动过程中尾喷管喷火，喷火一般是由富油引起的。

处理方法：可以停车，也可以不停车，根据发动机实际情况判断，有些型号发动机起动过程中经检查有喷火现象。如果发动机起动过程中持续喷火，应停车，如果只是喷一下，可以考虑继续试验。

9.9　试验过程中滑油压力波动或降低

问题描述：发动机试验过程中滑油压力突然大幅波动或者突然降低。

处理方法：紧急停车。查找原因，可能是发动机滑油泄漏导致滑油不足、滑油泵故障等，在排除故障后才能恢复试验。

9.10　试验过程中金属屑报警

问题描述：在试验过程中发动机金属屑指示灯常亮或闪烁报警。

处理方法：试验过程中如果发动机金属屑指示灯常亮，应立即停车，检查磁堵，并对滑油进行取样做光谱分析。如果发动机金属屑指示灯闪烁报警，只是闪烁几下即恢复正常，可以继续试验，如果不停闪烁，应下拉状态停车检查磁堵，并对滑油取样做光谱分析。

9.11　发动机余转时间变长或变短

问题描述：发动机冷运转或停车时，余转时间变长很多或变短很多。

处理方法：发动机余转时间变长应进行检查，可能是发动机与附件连接轴断裂，导致负载变小，运转时间变长（某发动机发生过燃油泵调节器与附件传动连接轴断裂）；发动机余转时间变短，可能是转子刮磨或卡滞，应检查发动机和车台设备。

9.12　转速/温度/功率大范围波动

问题描述：发动机试验过程中在稳态停留时，出现转速/温度/功率突然大范围波动。

处理方法：如果在参数变化过程中伴随着异响或振动突变等情况，应立即紧急停车处置；如果无异响和震动异常，则可以下拉状态后停车处置。

9.13 尾喷管喷出火星或不正常火舌并伴随异响和振动变化

问题描述：发动机试验过程中，突然出现尾喷管喷出火星或不正常火舌并伴随异响和振动变化。

处理方法：紧急停车。检查发动机，大概率是刮磨或叶片等断裂。

9.14 明显的燃油或滑油泄漏

问题描述：发动机试验过程中，从视频监控画面发现有明显的燃油或滑油泄漏，并伴随冒烟现象。

处理方法：立即停车。检查发动机，排除漏油后才能继续试验。

9.15 试验时燃油压力波动

问题描述：发动机试验过程中，燃油压力波动，这是由油库放油或其他燃油管路相关试车台试验或燃油系统中有气导致的。

处理方法：如果仅是燃油压力波动，发动机状态无变化，可以维持状态不变，等燃油压力稳定后再改变发动机状态进行试验；如果发动机状态随之变化，则应下拉状态观察或停车。

9.16 试验时振动值突变或超限

问题描述：发动机试验过程中，发动机振动值突变或超限。

处理方法：在稳态时发动机振动值突变或超限应立即停车检查，如果在状态变化时振动突然变大或超限，则可以下拉状态处理。

9.17 试验时数据采集系统死机

问题描述：发动机试验过程中，数据采集系统死机，无法监控和记录数据。

处理方法：应保持发动机状态不变，同时加强控制系统参数和动态参数监控，重启数据采集系统程序或计算机，排除死机故障，若无法排除，则下拉状态停车排除故障。

9.18　试验时测功器故障或保护停车

问题描述：发动机试验过程中，测功器故障，控制不稳，功率或动力涡轮转速波动；测功器保护停车。

处理方法：测功器故障，控制不稳，功率或动力涡轮转速波动时应下拉状态停车，检查测功器控制程序，确定排除故障方案后再进行试验；测功器保护停车应将操纵台试验相关按钮/开关置于停车位置（如操纵杆拉至停车位置、关闭防火阀、PMS 开关置于停车位置等），同时迅速关闭测功器水系统（保护停车时测功器阀门锁定，在水的作用下，可能会带着测功器和发动机动力涡轮转动）进行检查排故；测功器故障和保护停车种类多种多样，如阀门不跟随、110 V 故障、锁定电磁阀故障等。在找到原因和排除故障后，方能继续进行试验。

9.19　试验时设备故障

问题描述：发动机试验过程中，试验设备故障。

处理方法：在无法迅速定位原因和排除故障时，应立即停车处置，在找到原因和排除故障后方能继续试验。

9.20　发动机自主起动和尾喷口起火

问题描述：在与无人机动力控制单元进行匹配试验时，正常停车休息。几分钟后，发动机突然自主起动，但未到慢车状态就停车，停车后试验人员进入试验间发现尾喷口有火苗。

处理方法：灭火后对这种现象进行分析，无人机控制单元程序设定发动机自主起动的条件是在高空停车 3 min 后，而试车台停车后应当为地面慢车状态。经检查发现试验人员误触摸了试车台操纵台触摸屏上的"轮载"按钮，导致该信号未接通，使程序控制判定为高空停车，3 min 后发动机自主起动。试车台燃油管路上的防火开关已关闭，只有管路部分余油进入发动机，导致发动机起动后不久就停车，而尾喷口附近的余油没有被完全吹出，从而被点燃。

9.21　发动机达不到最大状态

问题描述：发动机在试验中由低状态向高状态上推功率杆时，不能到达最大转速状态。

处理方法：功率杆电机与发动机燃油调节器的油针是机械连接，通过功率杆上推或下拉驱动电机带动油针到达指定角度，使得发动机可以停留在某个状态。电机与油针通过连杆相连，呈平行四边形状，当角度到达某个位置时，连杆只能往回拉，不能再向前走，否则只会卡死，所以不能到达燃油调节器的油针指示的最大角度。适当调整连杆平行四边形的角度，使连杆动作时可以到达燃油调节器的最大油门角度，确保发动机在试验过程中能够到达最大状态。

9.22 发动机起动时超温或超转报警停车

问题描述：发动机冷吹后进行首次起动，或试验过程中停车后再次起动，操纵台上声光报警，超转或超温保护停车。

处理方法：由于刚起动，转速和温度都不可能达到保护报警值，应为测试干扰信号传递给电气控制系统，误判为保护停车。测试人员一般采用重新接线或其他抗干扰措施。

9.23 涡桨发动机不能反桨

问题描述：发动机在慢车状态，当下拉功率杆至最大反桨位置时，发动机状态有所变化，但未达到发动机应有的反桨状态，桨流方向也未发生改变。

螺旋桨是靠活塞内腔的滑油压力和桨叶离心扭矩克服配重离心扭矩、气动扭矩和顺桨弹簧力而使螺旋桨变小距或反桨，主要是由于发动机反桨操纵机构调整不到位，而使螺旋桨调速器中 β 活门不起作用，导致螺旋桨不能进入 β 范围内（$-14°\sim 20°$）反桨。

处理方法：适当调整反桨操纵机构中凸轮机构与拉索的距离，试验中可以通过 β 活门、碳块使螺旋桨进入反桨状态。

9.24 涡桨发动机桨轴抱死

问题描述：发动机在进行尝试前调整试车，出现螺旋桨桨速不稳定，有掉转现象，停车后，螺旋桨余转时间偏小，手动盘转螺旋桨阻力较大，并且发现滑油颜色异常，呈黑色，现场检查减速器磁性堵头，有少量金属屑被吸附在上面。

处理方法：拆除螺旋桨调节器，检查发现在滤网处有大量金属屑，后经下台分解检查发现减速器输出机匣供油路内残余机械加工金属碎屑，碎屑随滑油流动，进入滑油分油套与桨轴的配合间隙内，导致桨轴抱死。

第10章
先进试验测试技术的应用及发展

10.1 技术应用综述

10.1.1 现状分析

航空发动机研制过程需要按国家军用标准、适航认证标准等开展大量试验,包括性能、强度、环境适应性、安全性、可靠性、寿命等方面,高效安全开展这些试验则需要先进的试验测试技术作为支撑。随着先进新型航空发动机研制的需要,对相应试验测试技术也提出了更高的要求,尤其在航空发动机整机测试技术领域,由于整机的结构更为紧凑和复杂、测试的环境更为恶劣,所以试验测试技术的难度更大,更需要先进的试验测试技术作为支撑。

在试验技术方面,重点发展技术成熟度较低和目前尚属空白的试验技术。使用环境条件的逼真模拟是获取准确鉴定结果的必要前提,需要继续发展的试验技术包括高空工作环境畸变进气、非均匀进气、瞬变过程动态变化、进气结冰和外物吞咽(吞水、吞鸟、吞砂、吞冰、吞烟等)、"三高"起动,以及航机烟雾环境、电磁环境等的模拟技术和分析评定方法;全面获取发动机性能/特性需要开展各类等效试验,技术基础薄弱和存在缺项的试验技术包括台架推力/功率综合校准技术、自由射流高空模拟试验技术和寿命、气动、系统、隐身的等效方法,以及过渡态气动特性和动态气动稳定性的试验技术。

目前,掌握航空发动机试验技术的国家有美国、俄罗斯、英国、法国、德国、韩国、日本。其中,美国阿诺德工程发展中心保持技术领先地位,设备数量和模拟范围最大,高度 30 km、马赫数 3.0 以下能够满足所有型号发动机和先进概念验证的试验需求,涉及气动、热力、高低周疲劳、结冰、吞咽、污染检测等内容,能够进行推进系统试验,具备综合验证航空发动机及推进系统的气动性能、结构特性、动态特性、环境特性的能力。发动机工作条件试验模拟的逼真程度高,涵盖稳态飞行条件模拟、过渡态飞行轨迹模拟、大气结冰条件模拟等。

20 世纪 80 年代起,国外设备能力建设曾出现一段时间的中断,在进入高超声速发展时期,未能预先进行设备投资和试验技术研究,在飞行器系统发展阶段,缺少地面验证途径,导致项目频繁失败。其中,根本原因在于基础试验能力不足,在燃烧、高速空气动力学、摩擦、传热等方面的预估不准确,在系统试验方面模拟范围不够,低空一致性不能保证,验证影响了评估的确定性。项目失败的教训被归结为如下三个方面:

(1) 资源分散,各自为战,没有形成国家层面的聚力来应对新兴难题的挑战;

(2) 缺乏科学统筹,设备能力不够系统,从子系统到系统,存在试验能力断节、试验条件不一致等问题;

(3) 试验条件建设与系统发展项目捆绑,存在经费不足。

20世纪90年代,美国对试验设备统筹整合,建成了全世界规模最大的飞行器及其动力的试验基地——阿诺德工程发展中心,为其试验测试技术快速提升和发动机飞速发展提供了强有力的支持。

在测试技术方面,国外测试精细,能力全面。应用非接触、光学、遥感、耐高温探测等先进技术,解决了航空发动机复杂内流的测试、高温环境气动热力参数测试、高速转子叶片的动应力测试、排气污染检测等难题,为性能、可靠性、安全性、环保性等重要特性评估奠定了基础,保障了国外航空应用以及相关标准规范的持续健康发展。国家、行业、部门十分重视测试与量值表示的一致性,统一定义,统一计量,统一标准。

在试验智能化技术方面,效率的提升始终是国外航空发动机试验技术发展的目标,因此国外不仅建立起操作性强、行业统一的成套试验测试技术标准,而且在发动机研制验证试验策划、试验设备控制、试验流程组织、试验过程操作、试验数据采集管理、试验结果分析、知识经验积累、试验状态在线监控与设备健康管理等多方面实现了自动化、数字化、网络化、智能化,实现多学科综合、多系统协同、虚拟试验与实物试验一体,并随着计算机技术的进步,诞生了数字试验评估和数字/试验综合评估技术,部件、整机、推进系统、飞机综合试验评估系统,从而促进了试验与评估方法和系统的进步。

10.1.2 发展趋势

随着发动机性能全面提升和工作包线不断扩展,对试验也提出了越来越高的要求,在计算机技术、仿真技术、网络技术日趋成熟的今天,国外航空发动机试验测试技术呈现如下主要发展趋势:

(1) 虚拟化、数字化试验测试技术广阔发展。

充分利用计算机技术、建模与仿真、可视化和虚拟现实技术以及辅助软件进行各种虚拟和仿真,并利用虚拟仪器进行测试,达到在有限的基本硬件支持下,通过软件实现各种试验与测试功能。数字化实验测试技术有利于辅助制订测试计划,预测测试结果,降低试验测试风险,节约试验测试成本。

(2) 网络化、智能化测试和诊断技术迅速发展。

网络和通信技术的不断发展,促进了以网络为中心的军事技术的进步。数据、服务和信息安全将是网络化测试和诊断架构的基础,并以此为综合诊断搭建信息平台。通过网络实现智能的远程监控,及时获取试验数据信息,专家系统实时分析判断,发出故障警告,试验信息实现网络共享。随着智能传感技术、信息技术的飞速发展,测试与诊断系统进一步与人工智能技术、计算机技术、微机电技术、无线通信技术等现代信息技术相结合形成网络智能测控系统。

(3) 非接触、非干涉光学测试技术蓬勃发展。

随着精密光学技术的发展,出现了成熟的光学测试仪器、设备,在航空发动机上得到了广泛应用和推广。红外技术、激光技术、荧光技术等光学技术蓬勃发展。红外技术在高温测试、化学组分、浓度检测、红外辐射测量、红外无损检测等领域得到大量应用。激光技术应用领域更是广泛,在微传感器领域,温度、压力、组分、浓度等检测方面,图像采集的光源、叶轮机械流场测试、高温燃气流场测试、无损检测技术等领域得到广泛应用。荧光技术在光学测温、测压、光源等方面得到应用。

10.2 测试前端受感、传感技术

受感器在航空发动机领域主要是指温度、压力测试的探针,用于航空发动机试验中总压、静压、总温等参数信号的传输及转换。航空发动机结构复杂、零部件数量多,其工作的高转速、高负荷和高温环境带来了一系列试验测试技术方面的特殊问题,也使得发动机测试技术必须具备耐高温、高频响等显著特点。以某型涡轴发动机燃烧室出口参数测试为例,其出口热点温度超过 1 800℃,且要在高度为 20~30 mm 的流道中布置 4~5 个径向测点,在进行受感器设计时,需要充分考虑受感器头部材料的耐高温、抗氧化、抗还原、抗腐蚀能力。又如,某型涡轴发动机叶片通过频率为 10~34 kHz,每级级间间隙只有 3~10 mm,叶尖间隙仅为 0.2~0.8 mm,这就要求级间参数测试受感器的频率响应非常高(达到 100 kHz),头部尺寸尽可能小(小于 2 mm),受感器的研制难度也因此增大。

发动机试验中需要用到各种类型的传感器,以获得发动机工作的有关信息。发动机的工作条件恶劣、结构复杂,并且流路参数多变,因此需要多种特殊传感器,如微型压力传感器、薄膜温度传感器和高温光纤传感器等。传感器是将被测的某一物理量(或信号)按一定规律转换为另外一种(或同种)与之有确定对应关系的、便于应用的物理量(或信号)输出的装置。目前,对传感器的定义,普遍的认识仍局限于非电物理量与电量的转换,由于传感器直接或间接地与被测对象发生联系,将被测参数转换成可以直接测量的信号,为系统提供进行处理和决策所必需的原始信息,其性能直接影响整个测试工作的质量,因此,传感器已成为现代测试系统中的关键环节。

随着许多新技术、新工艺的发展,传感器技术也在快速发展中,其发展的主要趋势是开发采用新工作原理的传感器、传感器的集成化、传感器的多功能化、传感器的智能化和开发仿生传感器等。

目前,在发动机整机测试领域应用的一些先进传感、受感技术的主要应用情况如下所述。

10.2.1 先进发动机内流流场测试技术研究

研制先进的发动机来源于对发动机内部流动过程有深入透彻的认识,发动机内部流道形状复杂,加之静子和转子相互作用,使得内部流动的时间和空间结构极其复杂,一般情况下为非定常三维湍流流动,典型的流动现象有分离流、二次流、激波与边界层间的相互作用、叶片尾迹区的复杂流动、动叶叶尖间隙泄漏流动、动静叶排间相互作用以及旋转失速、喘振等。以下方法可用于这些复杂流动的研究。

(1) 旋转探针移动机构。

利用探针测量转子流道内部流动的先决条件之一是需要一个可以使探针在转子旋转过程中沿叶片流道移动的机构,即旋转探针移动机构。安装在这个装置上的探针,应具有和转子相同的速度。探针测得的电信号通过数据接触式滑环或遥测系统传到安装在静部件上的测试系统。

旋转探针移动机构可控制压力探针或热线探针完成从叶片前缘到后缘、一个流道到另一个流道、轮毂到顶部的测量。利用带压力探针或热线(热膜)探针的旋转探针移动机构可深入转子流道内部测量转子尖区三维压力场和矢量场,分析泄漏流的三维紊流特性及流动损失。

(2) 热线/热膜风速计。

热线风速仪(hot wire anemometry,HWA)基于热平衡原理,使探针上被加热的敏感元件钨丝(或金属膜)的电信号与介质的流速建立一一对应的函数关系,从而实现流速的测量,具有惯性小、频率响应宽、信号连续、灵敏度高等优点。它的出现是实验流体力学进步的一个里程碑,流体力学中的许多成果、结论都与 HWA 的成功应用密不可分,它也被拓展用于温度、浓度和密度等物理量的测量,这方面还在不断发展中。热线测速技术现已广泛应用于众多相关学科的流动研究工作中,是测量湍流脉动的最好仪器。

10.2.2 高温测试技术

(1) 薄膜热电偶。

薄膜热电偶采用真空镀膜、真空溅射、电镀或化学涂层技术将两种热电极材料

(金属薄膜)直接镀制在金属表面形成沉积有绝缘材料层的薄膜状热电偶,其热电极一般为镍铬、镍硅或铜、康铜等。使用时将其粘贴在被测物体的表面,使薄膜层成为待测面的一部分,所以可略去热接点与待测面的传热热阻。薄膜热电偶是一种比较先进的瞬态温度传感器,其热接点很薄,厚度仅为 $0.01\sim0.1~\mu m$,响应时间仅为数毫秒,因此非常适用于动态测温及测量微小面积上的温度。传感器本身不干扰叶片的内部换热,不影响叶片表面的燃气流。薄膜热电偶是表面温度测量的理想产品。能保证不会对附着流或热流轨迹及壁厚产生扰动,可以显著提高局部温度测量的精度。美国航空航天局刘易斯研究中心(Lewis Research Center, LeRC)专门建立了一个薄膜传感器实验室,以促进用于涡轮性能研究的薄膜热电偶传感器技术的发展。其应用方向主要是航空发动机涡轮导叶、动叶表面高温测量。

(2) 示温漆。

示温漆是以颜色变化来指示物体表面温度及温度分布的特种涂料,它是一种非干涉式测量表面温度的重要手段。单变色不可逆示温漆是利用感温颜料在一定的温度下升华、晶格转变、热分解、固相反应等引起的颜色变化来指示温度;多变色不可逆示温漆则是利用物质的热色连续变化和物质与物质之间的相互作用出现的热色连续变化显示多种颜色。一般,单变色不可逆示温漆准确度较高,多变色不可逆示温漆便于测量表面温度的分布。可逆型示温漆加热到某一温度即发生色变,冷却时又恢复到原状。用示温漆测温的主要优点是能在其他测温传感器或测温方法不便实施的恶劣场合,如燃烧室、涡轮叶片等,方便地显示被测表面的温度,而不破坏部件表面的形状且不改变气流状态,对测量高温、高速旋转构件和复杂构件的壁面温度,以及显示大面积温度分布有独到之处,使用方便、成本较低。

(3) 辐射测温仪(比色测温仪)。

辐射测温仪是非接触测温的典型代表,不会对目标温度场产生干扰;响应时间短,能测量快速变化的温度场,且能测量旋转物体、高速运动物体的温度;测温范围宽,测量距离可远可近,测量目标面积可以很小,灵敏度高、分辨率高、可靠性强。辐射测温仪在工程测温领域占有重要的地位,对于一些旋转物体、高速运动物体或腐蚀性强的物体,在不可能接触测量的情况下,辐射测温仪是最佳选择。亮度测温仪和全光谱测温仪(辐射测温仪)要在已知发射率的情况下才能使用。而比色测温仪只要发射率随波长的变化相对缓慢就可以用色温来测量接近物体表面的真实温度,特别是灰体,色温就准确反映了物体的真实温度。亮度测温仪是通过测量物体的辐射来测温的,因此在测量时,辐射功率的部分损失(如光学系统效率、介质吸收率变化)、电子线路中的放大倍数的变化等,都直接影响亮温度和辐射温度的测量,而比色测温仪是基于辐射功率之比的,对这些因素没有影响。

(4) 晶体测温技术。

晶体测温技术是利用辐照晶体温度传感器对航空发动机表面温度进行测量的一种技术。其原理是：以中子辐照过的晶体为信息载体,通过建立物性(通常用辐照晶体的晶格常数表征)与退火温度之间的函数关系,从而实现对温度的测量。它的主要优点是体积微小、无须安装导线、测温精度高,特别之处是可以应用于传统测温方法难以实施测温的特殊部位,如高速旋转的涡轮盘和叶片、封闭环境下的燃烧室内壁等。

10.3 特种测试技术

1. PIV 应用技术

粒子图像测速(particle image velocimetry, PIV)技术的出现是现代流体力学实验技术的一个重大发展,是流动测试技术不断发展的产物,是激光、数字成像、计算机、光学等技术发展的结晶。PIV 技术是基于传统流动显示的原理并结合现代数字图像处理技术发展而来的新一代流动瞬态场测量技术,它突破了空间单点测量技术的局限性,可在瞬间记录下一个截面(激光片光)内的流动信息,从中可以得到流动在这一时刻、这一测量截面上的二维瞬态速度场或三维瞬态速度场,被广泛应用于从低速到高速、从小尺寸到大尺寸压气机的内部流场测量,能够获得流场在快速变化过程中的细节,是研究涡流、湍流等复杂流动结构的有力工具,并且可获得传统测试技术无法观察到的一些流场的瞬态结构。PIV 流场测试同时具有整体性和瞬时性的特点。

2. 激光诱导荧光测速技术

激光诱导荧光(laser-induced fluorescence, LIF)测速技术与激光多普勒测速(laser doppler velocimetry, LDV)技术大不相同,它不直接测量光信号的多普勒频移量,而是将吸收线频移与辐射线强度变化相结合的一种综合处理方法。激光诱导荧光测速技术避免了因使用粒子而带来的对流场的干扰和跟随性误差。它是第一个将速度场测量与压力场测量相结合的光学技术,它可以进一步将密度测量、温度测量和压强测量结合在一起。由于激光诱导荧光测速技术在高速流场中的良好发展前景,已引起人们的极大关注。

对于很多原子自由基的浓度测量,平面激光诱导荧光(planar laser induced fluorescence, PLIF)是唯一实现手段。以 PLIF 为代表的激光光谱学诊断技术,作为一种非介入式的,可以实时测量再现活化原子基团浓度(密度)的二维空间分布信息的试验方法,在燃烧研究领域具有其他技术无法替代的能力和优势,也因此越来越受到人们的重视。激光诱导荧光测速技术和其他光谱测量方法一样,具有极高的检测灵敏度,检测极限很低,通常可以低到每一百万个分子中有几个被测组分的粒子(原子或分子)都可以检测出来。

3. 燃气分析技术

燃气分析测量装置是国内外燃烧室出口高温测量和排气污染物测量的有效手段,通过分析燃烧室出口气体成分及其沿截面分布,可以准确测量燃气温度分布以及燃烧室的燃烧效率,为改进组织燃烧、提高燃烧效率和推进性能、降低污染提供了依据。因此,燃气分析测量装置的建设是发动机燃烧室研制中必不可少的项目。

4. 相位多普勒粒径测速仪

激光测速技术在20世纪80年代取得了显著的研究成果,遍及剪切流、内流、两相流、分离流、燃烧、旋转机械等各个领域。为了促进国内和国外在流速测试领域的交流,清华大学先后于1989年、1994年、1997年举办了"流体动态测量与应用国际会议",清华大学先后研制出我国第一台一维、二维和三维LDV系统。20世纪末,LDV的一个重大进展就是发展了相位多普勒粒径测速(phase doppler sizing anemometry,PDSA)技术,它只在LDV系统上增加一个或多个光检测器和一套位相检测器,就能同时得到粒子的速度和粒径信息。目前,单一的LDV系统已逐渐被多功能的PDSA系统取代。激光多普勒技术本身还在继续发展中,如多维(主要是三维)、光纤传输技术及数字信号处理技术和微机数据处理技术等的发展把LDV技术推向更高水平。激光多普勒测量技术以它精度高、线性度好、动态响应速度快、测量范围大、非接触测量等特点,近年来得到了长足的发展。

5. 在线滑油颗粒检测技术

发动机的状态监测技术对保证发动机的正常安全运行显得非常重要,对发动机滑油油滤、磁性堵塞处收集到的金属屑进行分析是发动机监控的主要技术手段。滑油金属屑分析对零部件故障预报、预测和寿命估计是非常重要的依据,进而对整台发动机的状态评估、拆发和维修决策起重要作用。因此,滑油中金属屑的分析技术是不可缺少的技术手段。在发动机可靠性试验中润滑系统试验是必不可少的项目,在发动机整机试验中润滑系统也是必不可少的监测项目。试验过程中滑油系统出现故障或油的品质不符合要求,都将影响试验,甚至造成重大事故发生。在线滑油磨粒监测系统最大的优点是能够实时监测滑油中的金属颗粒,通过金属颗粒数量的累积判断磨损部件(如滚动轴承)的损伤程度,实现自动报警,避免重大事故的发生。但不能进行成分分析,不能准确判断受损部件的位置。现场滑油颗粒分析仪能够定量分析发动机、齿轮箱和液压系统中过滤器上过滤得到的磨损金属颗粒,能够对金属颗粒进行成分分析,从而判定颗粒的来源(轴承或齿轮箱等)。这对于损伤部件受损程度的定量分析、事故后的部件位置判断、事故后的拆卸和维修决策起到非常重要的作用。在高风险的整机试验任务中有必要采用在线滑油磨粒监测系统对滑油进行实时监测,避免由滑油系统引起的重大事故。在试验后采用现场滑油颗粒分析仪定量分析发动机、齿轮箱和液压系统中的磨损金属颗粒,判定受损源,对相关部件的设计和改型提供建设性的建议。两套系统共同发挥作用,在试验过程中确保滑油系统的安全、稳定运行,试验后对滑油系统快速定量分析,可以较大地缩短发动机的试验周期,加快发动机型号研制的进程。

6. 高速高压转子叶片压力场测试技术研究

目前,国外越来越广泛地开展压敏漆技术研究,它是一种具有压力敏感特性的新型材料,涂在被测试验件的表面,再通过光学检测系统,经计算机采集做数据处理后,可以获得一幅完整的叶片表面压力分布图。压敏漆与普通传感器相比,具有远距离的检测能力、较高的空间分辨率及数据采集率,而且在模型测量装置和制造方面都大大降低了成本并节约了时间,应用前景非常广阔。

7. 高速旋转件测试技术

国外先进发动机研制机构(如 GE、Rolls-Royce 等)都广泛开展了高速旋转件测试技术研究,发展了动态压力、温度、应变等参数的遥测装置。国内也有采用滑环引电器装置把旋转件上的测量参数通过引出进行测量的研究。滑环引电器测量通道少、相同通道下体积也比较庞大,使用寿命较短以及使用费用较高,已越来越不能满足试验要求。国外遥测技术逐渐成熟,在航空发动机和工业燃机的测试中得到广泛应用。近年来,欧美等积极研制数字遥测系统,并取得了很大进展,但相对于模拟遥测,其还没有形成完全成熟的产品。为了适应未来先进发动机研制的需求,需要在遥测技术上加大研究力度。

10.4 综合测试系统集成技术

航空发动机地面试验数据采集系统,是将试验现场由受感器、传感器变送的试验件及设备的测点信号集中采集、显示、存储的一系列设备的总称。一般是由数据采集计算机通过各类总线连接现场测试仪器组成。由数据采集设备采集到的原始信号,通常需要进行公式计算、滤波等实时处理,转化为所需的显示、存储数据,并按试验的具体要求进行报警提醒。试验完成后,提供本次试验的数据报告,并将数据报告提交到试验数据库系统进行分类保存,以便进行事后分析。

航空发动机地面试车台数据采集系统的特点如下:

(1) 科研试验时,测点多且经常变化。通常一个科研试车台需要对多个类型的试验件进行试验。根据试验件和试验目的不同,测点的种类、个数、量程范围也各不相同。

(2) 受感器或传感器类型众多。有压力、温度、流量、转速、振动、电流、电压、应变、功率、扭矩、角度等。

(3) 受感器或传感器各异的特点反映在数据采集设备需要采集的原始信号上,信号类型多、范围广,包含范围从微伏特级到伏特级的电压信号、电流信号、频率量信号、电阻信号以及通过总线传输的数字信号等。

（4）数据采集现场机械环境、电磁环境复杂，信号传输布线受限制条件多，对于采集精度、稳定性、抗干扰性、实时性、同步性等要求很高。

（5）科研试验时，由于试验目的不同，试验件状况变化、试验测点变化等因素的影响，某些参数的实时处理方法也会随之变化。

（6）试验完成后，需要较长的时间来分析、处理试验数据，有时需要与历史试验数据一并进行分析。

目前，航空发动机地面试验数据采集系统的主流方式是集中式数据采集。其原理是：将测点受感器或传感器的信号，通过信号线集中连接到一台或多台多功能多通道的数据采集设备上，数据采集计算机再通过总线连接该数据采集设备进行采集。少数不能直接接入该数据采集设备的信号，则通过其他设备采集后，通过各类总线传输给数据采集计算机；数据采集计算机上的数据采集软件对采集来的数据进行实时处理，采用数字或虚拟仪表的方式显示，根据需要进行保存、报警等。

对于集中式数据采集方式，其拓扑结构较为简单。能够保证通过集中式数据采集设备采集的信号具有同样的高精度、同样的数据采样率，能保证信号的同步性，进行误差分析时较为简单。但难点在于：当需要采集的信号过多、信号点过于分散、类型超出集中式数据采集设备的能力范围需要采用其他仪器采集时，集中式数据采集的拓扑结构将会变得复杂，布线、连接等将会显得困难，往往不能满足试验的要求。

数据采集程序能够保证试验数据的准确性与实时性，但难点在于：只提供简单的界限报警，对于信号合理与否难以判断；试验完成后一般只生成原始数据报告，没有对试验数据的特性进行分析与合理性判别。

目前试验数据库只提供试验数据的分类保存与查看功能，对试验数据的统计、分析、比对等，功能还不够强大。

针对上述难点，需要发展的关键技术如下：

（1）采用小型模块化分布式现场数据采集技术。其基本原理是：在试验现场，采用多个小型多通道测试模块采集各个测点受感器或传感器信号，然后通过统一的数据总线，以数字信号的形式传送给数据采集计算机。

（2）采用智能化数据采集与处理技术。其基本原理是：针对特定型号的发动机，采用数据采集程序中关键性能参数的特征值进行实时分析，判断其合理性，并在试验完成后，对本次试验数据的关键参数的特点进行统计分析，给出分析结果。

（3）采用试验数据库专家系统。其基本原理是：对于提供的试验数据，能够提供数据挖掘、统计分析、曲线显示等功能，可在很大程度上减少试验数据人工分析的工作量，大幅提高工作效率。

国外的航空发动机地面试车台数据采集系统,其结构也分为集中式数据采集与分布式数据采集两种。测点信号均由数据采集计算机进行采集、显示、保存。实时数据处理也在数据采集计算机中进行。需要用原始信号计算获得的参数则作为特殊参数,在试验通道表内输入计算公式,不必修改数据采集程序源代码。数据以虚拟仪表及图标形式在显示屏上进行显示,用户可以直观地看到试验情况。其数据库系统具备专家数据库的特点,并具备常用的数据统计与分析处理等功能。

其中,对于集中式数据采集系统,其核心采集设备采用的大多是基于 VXI 总线的数据采集设备,但目前基于 PXI 总线的数据采集设备有逐步增多的趋势。该核心设备放置在距离试验现场一定距离的测试间内。基于 VXI 总线及 PXI 总线的数据采集设备,其基本结构都是在机箱内插入采集卡,可根据需要及厂商能力,选择不同功能的采集卡,如适用于稳态信号采集的扫描采集卡、适用于动态信号采集的同步采集卡等。受到背板总线传输速率、接口总线传输速率及设备存储能力的限制,数据采集系统实际保存到数据库的采样率要比板卡的采样速率低得多。目前,尚不清楚其稳态数据采集的保存速率及动态信号的实际保存速率及动态信号最长能够保存的时间。据统计,VXI 总线数据采集设备的最大稳态采样通道数为 768,其稳态信号的精度约为 ±0.05% F·S,分辨率约为 16 bit,共模抑制比大于 120 dB,通道间串扰大于 90 dB。

分布式数据采集系统,由多个不同功能、分布在试车台上的采集模块组成。放置在测试间的数据采集计算机通过总线与采集模块相连。采集模块依功能分为多种,如压力采集模块、温度采集模块、应变采集模块、动态信号采集模块等,部分采集模块自带存储功能。据统计,一个典型的罗罗公司航空发动机地面试验台架,其数据采集系统可接入的信号类型与数目如下:

(1) 1 500 个稳态气压测量传感器;
(2) 556 个热电偶;
(3) 250 个交流应变片;
(4) 50 个直流应变片;
(5) 100 个动态压力传感器或加速度传感器;
(6) 250 个其他测点;
(7) 350 个遥测应变或热电偶复合测点;
(8) 150 个以上的设备信号。

稳态信号记录速率为每通道 50 Sa/(s·ch);提供的同步动态信号采集通道为 150 个,速率为 14 Mbit/s,存储能力为 2 h。其中,动态信号保存是根据试验需要进行的,不是全程连续保存。

分布式数据采集系统的精度与分辨率等指标取决于所选用的产品指标,不低于 VXI 总线设备或 PXI 总线设备的同类指标。

国内航空发动机地面试车台台架的数据采集系统，部分旧试车台仍采用集中式数据采集系统、搭配分布式模块化的压力采集设备的方法，新建成的试车台大多采用以模块化的压力采集模块、温度/模拟量采集模块为主的分布式数据采集系统。

主流的集中式数据采集系统，国内采用的主要设备情况与国外大体一致，主要是 VXI 总线设备，但 PXI 总线设备正在逐步增多。国内采用的 VXI 总线设备主要是美国阿美特克有限公司生产的系列 VXI 总线设备，PXI 总线设备主要是美国国家仪器有限公司的系列产品。一个典型的集中式数据采集系统，如果采用国外主流厂商的产品，其主要指标与国外大体相当，稳态参数的通道数为 128~256，精度为 $\pm 0.05\% F \cdot S$，分辨率为 16 bit，共模抑制比为 120 dB，通道间串扰为 90 dB，记录速率为 5~30 Hz；对于动态信号采集，为 8~64 并行通道，速率为 2 Mbit/s 左右，存储能力超过 24 h。

在数据采集设备的国产化方面，国内很多厂商正在研发生产 VXI 总线和 PXI 总线这两类产品。其中，PXI 总线的研发生产厂商比 VXI 总线的研发生产厂商要多很多。但在航空发动机地面试车台台架数据采集系统中，国产化设备应用较多的还是 VXI 总线系列产品。从技术角度而言，与国外主流厂商的产品相比，国产化的 VXI 总线系列产品在部分主要指标上差别不大，如稳态采集模块的扫描率、精度、分辨率等与国外主流水平相当。但在长期性能稳定性、抗干扰能力上尚有差距。可以认为，在部分现场工作环境较好的试车台，采用国产化 VXI 总线设备是可以满足需要的。

分布式数据采集系统的压力采集模块，主要采用美国进口的系列压力模块产品，用于采集各类气体和液体的压力，量程涵盖航空发动机地面试车台台架可能需要测试的各类测点量程范围。每个模块提供局域网接口与数据采集计算机通信，提供 16 通道测点，最高采样率可达 500 Sa/(s·ch)，精度为 $\pm 0.05\% F \cdot S$。

分布式数据采集系统中的温度/模拟量采集模块，主要是采用美国阿美特克有限公司或德国霍丁格包尔文公司的系列产品。温度/模拟量采集模块可接入各类热电偶、热电阻和应变电阻信号，也可直接接入 -10~10 V 直流电压信号、0~20 mA 电流信号，接铂电阻时，模块自带激励源。其精度对于热电偶为 ± 1.1 ℃，对于热电阻为 ± 0.2 ℃，对于电压为 ± 1.5 mV。实际应用过程中，对于热电偶、热电阻、电压信号采样率为 50 Sa/(s·ch)。

在实时数据处理方面，国内大部分航空发动机试车台的数据采集程序能较好地保证测试参数的准确性，但是数据合理性一般通过事后人工判断。实时数据处理方法，如公式计算、迭代计算等，可通过公式编辑器进行在线编辑，已在多个试车台获得应用验证。对于数据合理性自动判断，部分科研试车台已经开始与国外一样，采用了智能化技术实时判断参数的合理性，如判断参数突变、数据异常波动等，具备简单的故障诊断能力。数据显示方式以虚拟仪表、曲线、数字等多种显示方式相结合,在显示屏或投影仪上显现。

在事后数据处理方面,国内航空发动机地面试车台采用的是将试验数据导入试验数据管理系统中,按照型号或试车台、试验数据类型分类保存。同时,数据分析人员再对试验数据进行分析、处理,分析完成后提供试验数据报告进行归档保存。部分试车台正在使用试验数据库专家系统,该试验数据库专家系统具有数据自动统计、数据挖掘、曲线对比显示等多种智能功能,可以为试验数据的事后分析提供更好的帮助。

结合我国航空发动机地面试验的现状,未来试车台将发展成以分布式数据采集系统为主、集中式数据采集系统为辅的并存模式。

在集中式数据采集方式上,预计 PXI 总线设备逐步取代 VXI 总线设备,并在不降低技术指标的情况下,逐步提高数据采集设备的国产化率。PXI 总线设备以其更高的采样速度、更小的机械结构与 VXI 产品性能指标相当,且与主流计算机技术的更紧密结合,其相对于 VXI 总线的优势将会越来越明显。就目前市场上而言,更多的可选产品、更高的国产化率,已经将 PXI 总线设备的市场占有率大幅提高,适用于航空发动机地面试验数据采集的 PXI 设备也越来越多。相对于 VXI 总线的全金属覆盖式及更稳固的机械结构,PXI 总线设备尽管复合欧标标准,但其抗干扰能力仍比 VXI 总线设备稍弱。

在分布式数据采集设备上,以 LXI 总线设备为主,构建以太网总线的分布式数据采集系统。以太网接口为计算机行业的主流接口技术,其在数据传输速率、设备种类数目、总线性能稳定性、总线技术的继承性上,有其他总线产品所无可比拟的优势。在以太网总线基础上发展的 LXI 总线技术,使得多仪器的采样同步性获得了与 VXI 总线产品相当的性能,使之能够满足多仪器多通道同步采样的需要。国际上正全力推进 LXI 总线产品的研发与应用。国内厂商也在稳步跟进,发展 LXI 总线产品。目前,LXI 总线正在取代通用接口总线,在台式仪表、小型模块化采集设备获得广泛应用,具有较高的市场占有率,成为市场主流产品。国产的压力采集模块正在进入市场,性能指标已接近进口产品。

在数据分析处理方面,能自动判断发动机状态并判断试验数据是否异常、性能趋势自动预测、发动机健康管理、试验结果智能化评价等技术正在研究过程中,应用市场大、前景广阔,具备足够的推广价值,目前已有国内外厂商、科研院所投入较多技术力量与资源进行开发,预计未来将在行业中推广。

10.5　先进试验测试技术发展展望

为更深入了解和掌握发动机的真实工作情况,为设计和改进提供准确可靠的依据,发动机试验要求越来越多、越来越全、越来越高。因此,测试参数越来越多,测点容量、测量速度和测量精度越来越高,测量参数范围越来越宽,测量环境越来越恶劣,常规测量已越来越难以满足测量需求;非接触式、特种测试技术的快速发展解决了对测量参数的"扰动"和对发动机结构的"破坏";电子和计算机技术的广泛应用,使数据采集和处理的速度越来越快;测试设备更加智能化,更加精准,更新换代速度越来越快。

国内近十年来航空发动机测试技术方面在引进设备的基础上,通过消化吸收和创新活动取得了较快的发展。已经掌握气动探针、叶型受感部、刷环引电、1 800℃的热电偶、接触振动测量等关键技术;达800℃的高温应变计已取得技术突破;燃气分析、红外测温、叶尖间隙测量、PIV、热线热膜、试温漆等技术攻关都取得了一定的进展;发动机转子轴向力测量分析技术也日趋成熟;基于光纤的黑体高温传感器和高温下压力传感器的研究工作已经启动。这些技术的掌握对发动机的研制工作都起到了很大作用。

新型武器装备和民用航空产品的发展需要通过大量科研试验,结合先进科学的测试手段和方法获取海量数据;需要完成大量繁重、复杂的试验测试任务,特别是过去未曾做过的大型客机发动机适航性试验、非传统新型发动机试验、无人机动力和高水平先进涡轮发动机试验等。为不断完善提高我国发动机研制设计体系,扭转我国航空发动机长期落后被动的局面,满足国防建设和经济发展的需求,需要积极开展各相关测试技术研究,尤其在试验设备有限的情况下,通过测试技术研究充分挖掘试验设备的试验能力,通过更加先进的测试方法揭示航空发动机内部复杂流动、工作性能及评定发动机工作的可靠性。

在航空发动机设计和制造过程中涉及的大量特种检测和测试问题,其中某些特种测试手段长期得不到解决,已成为发动机研制水平和质量的瓶颈。因此,应当开展高温流场、高温压力、叶尖间隙、旋翼运动与变形、传动系统载荷、传动机机匣裂纹、桨叶复合材料在线监测、无损探伤、高频检测等技术研究,开发满足我国航空武器系统研究急需的光纤、微机电等特种传感器,以提高设计、制造和试验水平。

为了保证现代数字化测试技术研究工作的顺利进行,促进测试专业的发展,应当加快航空测试设备研发能力建设的步伐。研发能力应包括数字化测试技术研究的开发工具、测试诊断对象的仿真环境、测试诊断过程的试验环境、测试性设计工具及验证评估手段以及测试设备试制的保障条件。

附录
典型试车台简介

1. 涡轴发动机试车台

附图 1 为某涡轴发动机试车台台架主体部分,其采用可移动式台架,台架上安装发动机安装架、测功器、测功器液压站、测功器进回水管路等设备,试车台可用于涡轴发动机常规整机试验。

附图 1　涡轴发动机试车台

2. 涡桨发动机室内桨台

附图 2 是普惠公司的室内涡桨发动机试车台,采用地面支撑式台架,可以安装发动机短舱,具体参数不详。

3. 涡桨发动机室内轴台

附图 3 是某涡桨发动机室内轴台台架主体部分,采用测功器代替螺旋桨吸收并测量发动机的输出功率,并采用飞轮模拟螺旋桨的转动惯量。涡桨发动机轴台

附图 2　室内涡桨发动机试车台

附图 3　涡桨发动机室内轴台

具有占地面积小、噪声小、发动机上下台便捷的特点,广泛应用于涡桨发动机整机试车领域。

4. 涡轴发动机姿态试车台

附图 4 是国外某涡轴发动机姿态试车台,可用于涡轴发动机的俯仰、侧滚等姿态试验,以考核发动机滑油系统的工作情况。车台采用悬挂式姿态台架,台架上布置测功器,用于吸收发动机的输出功率。

附图 4　涡轴发动机姿态试车台

5. 涡桨发动机 1P 载荷试车台

附图 5 是国外某涡桨发动机 1P 载荷试车台,用于考核涡轴发动机在螺旋桨 1P 载荷力作用下的工作能力。发动机台架设置液压加载机构,用于模拟螺旋桨的 1P 载荷。

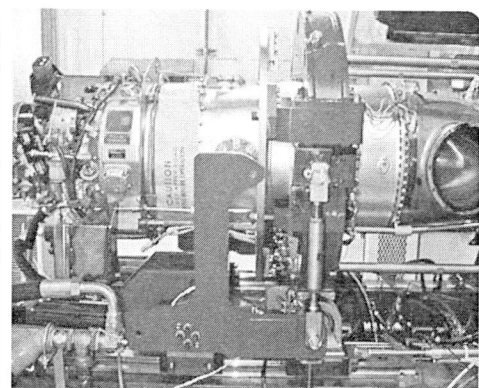

附图 5　涡桨发动机 1P 载荷试车台

6. 涡扇发动机试车台

附图 6 是国外某涡扇发动机试车台，主要用于发动机的维修和翻修期试验。

附图 6　涡扇发动机试车台